全球科技创新中心指数报告丛书

GLOBAL INNOVATION HUBS INDEX SERIES

测度全球科技创新中心

Mapping Global Science and Technology Innovation Hubs

指标、方法与结果

Matrix, Methods and Results

主　编　陈　玲　薛　澜
副主编　李　芳

社会科学文献出版社

SOCIAL SCIENCES ACADEMIC PRESS (CHINA)

编　委　会

主要编撰者简介

陈 玲 清华大学公共管理学院长聘副教授、清华大学产业发展与环境治理研究中心（CIDEG）主任，中国科学学与科技政策研究会理事。2005年在清华大学获管理学博士学位。主要研究领域为科技与产业创新政策、决策理论与政策过程。著有《制度、精英与共识：寻求中国政策过程的解释框架》等学术专著，在 *Nature*、*Research Policy*、《管理世界》等刊物发表中英文论文若干。近年来，作为国家社科重大项目"以市场为导向的创新体系中政府作用的边界、机制及优化"首席专家，主要关注若干关键产业的技术轨迹和产业政策，包括高铁、核电、5G、人工智能、新能源汽车、平台经济、航空发动机、集成电路等产业和技术。此外，对数字创新生态网络、新兴产业监管等创新前沿也展开相关研究。其他正在开展的研究项目还包括工业数字化调查、创新城市指标体系等。

薛 澜 博士生导师，现任清华大学文科资深教授兼苏世民书院院长。同时兼任清华大学工程科技战略研究院副院长、清华大学产业发展与环境治理研究中心学术委员会联席主席。薛澜教授的研究领域包括公共政策与公共管理、科技创新政策、危机管理及全球治理。他在这些领域多有著述。2000～2018年，他曾先后担任清华大学公共管理学院副院长、常务副院长、院长。他同时还兼任国务院公共管理学科评议组召集人，国家战略咨询与综合评估特邀委员会委员，新一代人工智能治理专业委员会主任，经济合作与发展组织（OECD）科学、技术和创新顾问委员会委员，美国卡内基梅隆大学兼职教授，美国布鲁金斯学会非常任高级研究员，联合国可持续发展网络（SDSN）领导委员会联合主席等。分别于 2003 年、2011 年和 2019 年先后三次为中央政治局集体学习讲课。曾获国家自然科学基金委员会杰出青年基金、教育部"长江学者"特聘教授，复旦管理学杰出贡献奖，中国科学学与科技政策研究会杰出贡献奖，第二届全国创新争先奖章等。

李　芳　北京城市系统工程研究中心、北京科技战略决策咨询中心副研究员。2017 年在北京理工大学获教育学博士学位。2014 ~ 2015 年哈佛大学肯尼迪政府学院访问学者，2017 ~ 2019 年在北京航空航天大学公共管理博士后流动站工作。教育部国防科技创新与教育发展战略研究中心、清华大学应急管理研究基地兼职研究人员，中国应急管理学会会员。主要研究方向为科技政策、城市治理、风险管理。

序

当前，新一轮的科技革命和产业变革加速演进，世界政治经济格局的不确定性显著增强。我国实施创新驱动发展战略，建设具有全球影响力的科技创新中心，形成尖端人才和领先科技的汇集点和制高点，期待在百年未有之大变局中掌握发展的主动权。

2016 年，中共中央、国务院发布《国家创新驱动发展战略纲要》明确提出，推动北京、上海等优势地区建成具有全球影响力的科技创新中心。北京率先启动了科技创新中心建设，确立了 2030 年成为引领世界科技创新的新引擎的发展目标。上海提出 2030 年形成科技创新中心城市的核心功能，粤港澳大湾区确立 2035 年形成以创新为主要支撑的经济体系和发展模式。科技创新中心建设全面加速，科研根基不断夯实，重大科技成果不断涌现，企业自主创新能力稳步提升。与此同时，我国科学研究还存在明显短板，关键技术领域"卡脖子"问题严峻，具有国际竞争力的现代产业技术体系和创新生态体系还未形成，地区经济结构仍待转型升级。

那么，如何科学测度全球科技创新中心的发展水平？如何评价城市在全球创新网络中的影响力？我国科技创新中心与国际顶尖水平相比情况如何？存在什么差距？如何发挥科技创新中心在国家实施创新驱动发展战略中的示范引领作用？又该如何在全球化的背景下根据城市定位和特征精准施策，快速实现产业结构转型升级，推动高质量发展？这些都是摆在政策研究工作者和实务部门面前的困惑和挑战。

2012 年始，北京市科学技术委员会组织专家开展首都科技创新发展指数、全国科技创新中心指数研究，为综合评价全国科技创新中心作出大量有益探索。2020 年，清华大学产业发展与环境治理研究中心联合自然科研（Nature Research），承担了北京市科技计划专项"全球科技创新中心指数研究 2020"。课题组打破原有的指标体系，放眼全球，秉承科学、客观、独立的原则，基于科学方法和遴选标准，研发并首次发布全球科技创新中心指数 2020（Global Innovation Hubs Index，GIHI）。

我们试图探索在科学中心转移更替的历史长河中寻找关键因素和节点，在气势磅礴的科技革命中挖掘弯道超车的重要契机，去发现创新变革的力量以及有影响力的全球科技创新中心成功的路径。2020 年新冠肺炎疫情肆虐全球，课题组克服交流不畅、调研不便的困难，全力以赴、日夜奋战，终于在 2020 年 9 月北京中关村论坛上推出了 GIHI2020 指数，随后，《自然》网站和刊物上也先后刊登了 GIHI 指数报告和相关介绍。GIHI 指数得到决策部门和政策研究部门的高度关注。

此项工作的难度和引起的关注都是我们始料未及的。作为多年研究创新政策的学者，我们尽管熟知创新系统、创新规律的方方面面，却在指标选择上面临数据可得性、政策引导性、指标稳定性和灵活性等多方面全新的挑战。在确定城市范围进而校准数据的统计范围时，我们才惊觉世界各国对行政意义上的城市定义不一、体量悬殊，因此在横向比较的基准上具有先天障碍。不仅如此，一些对科技创新意义重大的新兴领域和"软实力"，如数字治理、创新生态等，横亘在国际比较面前的却首先是价值理念和发展模式的巨大差异。如何处理这些问题，以及如何向实务部门传递、解释上述差异，是我们工作中的巨大挑战。

值得庆幸的是，清华大学、北京市科委以及自然科研的相关负责人都对我们课题组给予了巨大的信任和支持，以求真务实的科学态度和锲而不舍的精神，反复研讨，精益求精，启发良多。在指数开发的整个过程中，我们与合作伙伴做了很多类似的探索和思考，比如如何测度数字经济和数字治理，如何评估创新生态，如何挖掘论文发表数据，等等，这些作为"中间过程"的努力未能够在最终报告中展示，但对于研究者和实践者来说却是宝贵经验和教训。此外，课题组还细心收集整理了很多城市级别的数据，这些原始数据来之不易，但在指数合成过程中都经过了标准化处理，因而最终展示出来的都是城市之间的相对水平。作为创新研究人员，我们了解原始数据的研究价值和参考意义。因此，本书的出版就是为了展示我们的中间过程、深度思考和原始数据，使后来的研究者少走弯路，在更好的数据基础和理论基础上进行研究和开发。

我们希望本书为学术同仁开展创新评估方面研究有所裨益，同时能为实践者推进全球科技创新中心建设提供一定思路和见解。我们深知构建一个客观、独立、稳健的全球科技创新中心测度指标体系的重要意义。我们预期将以此书为全球科技创新中心系列研究的开端，未来将持续跟踪全球科技创新中心建设情况，捕捉创新研究前沿动态，监测全球创新网络的格局演进。

GIHI 指数开发和本书撰写过程中，我们得到了国内外众多机构和学者的鼎力支持。特别感谢本书编委会全体专家顾问在指标体系构建和专题研讨中提供的专业指导和有益建议，感谢编委会成员为本书撰写付出的辛勤努力。感谢清华大学科研院甄树宁、朱付元，北京市科学技术委员会杨仁全、周静为、刘彦锋、王艳辉，自然科研的岑黎超、闫子君、白洁，北京科技创新研究中心李志军、杨炎，中国科学技术发展战略研究院杨起全，中国科学技术指标研究会宋卫国，北京决策咨询中心张振伟，首都科技发展战略研究院刘杨、孙超奇，北京理工大学尹西明对课题组的支持和建议。感谢独立数据顾问孙晓鹏提供的数据支持。感谢社会科学文献出版社对本书出版给予的大力支持。在此致以诚挚的感谢和敬意。限于学识与能力，书中尚存的任何谬误和疏漏，责任完全在我们自己。敬请读者不吝指教。

编者

2021 年 3 月于北京

摘　要

当今世界正处于百年未有之大变局的重要历史时期，人类发展面临来自社会、环境、技术、伦理等方面的重大挑战。数字经济的迅猛发展逐步打破创新资源的分布版图，新一轮技术革命正在重塑世界创新经济格局。全球科技创新中心城市正是人类发展大变局中引领全球科技创新的关键基点。

党的十八大以来，创新驱动发展战略成为国家发展的主线。十九届五中全会提出建设综合性国家科学中心和区域性创新高地，并规划将北京、上海及粤港澳大湾区建设成为国际科技创新中心。谋划和建设全球科技创新中心是有效应对世界变局和产业竞争格局的重要举措，更是贯彻落实党中央创新驱动发展战略的必然要求。

为了更好地推动我国科技创新中心的发展，提升城市科技创新能力，清华大学产业发展与环境治理研究中心（Center for Industrial Development and Environmental Governance，CIDEG）和自然科研（Nature Research）联合研发全球科技创新中心指数（Global Innovation Hubs Index，GIHI）。GIHI从科学中心、创新高地和创新生态三个维度对全球30个城市（都市圈）的科技发展水平和创新能力进行评估。

作为系统阐释GIHI的首部研究报告，《测度全球科技创新中心：指标、方法与结果》不仅呈现科技创新中心的全球图景，还致力于开发国际城市创新评估的方法，研究国际科技创新中心的新动向。在此基础上，探讨北京等国内城市建设国际科技创新中心的现状和策略。

全书一共包括四个部分：总报告、指标篇、专题篇和城市篇。

总报告系统介绍了 GIHI 的指标体系、评估对象及评估结果，给出 30 个国际科技创新中心城市（都市圈）在科学中心、创新高地和创新生态等各个维度上的创新表现和排名情况。

指标篇旨在阐述研究团队在建构 GIHI 相关指标时的研究和思考。特别地，研究团队在如何评估城市的科学研究水平、数字经济与数字治理、创新生态等方面，系统考察了指标设计的理论依据和测度方法，以期为城市创新能力测度提供新的指南。

专题篇重点关注全球人工智能城市（都市圈）的创新能力，学术论文影响力的提升策略，新冠肺炎疫情中的开放获取行动，并以北京科技创新中心建设为案例，由点及面考察我国科技创新的战略定位。

城市篇以图表的形式展示 30 个主要城市（都市圈）的基本数据与各项指标得分，客观呈现国际科技创新中心的现状和优势，为研究者和实践者提供翔实的参考依据。

关键词： 全球科技创新中心　创新测度　创新能力

目 录 ⤵

I 总报告

II 指标篇

Ⅲ 专题篇

Ⅳ　城市篇

总 报 告
General Report

第一章
全球科技创新中心指数2020

全球科技创新中心指数研究 2020 课题组 *

摘　要：　全球科技创新中心指数（Global Innovation Hubs Index，
GIHI）研究旨在基于科学方法和客观数据，建立反映城市科
技创新的总体特征和发展规律、衡量创新能力和发展潜力的
指标体系，并据此开展评估工作。这一科学过程为我国实施
创新驱动发展战略、加快建成全球科技创新中心提供必要的
参考依据和路径指引。GIHI从科学中心、创新高地和创新生
态三个维度评估全球科技创新中心的发展水平和创新能力，
对全球范围内遴选出的30个城市（都市圈）进行评估。评估
结果显示，第一，全球科技创新中心呈现差异化的发展路径
和定位，国际化大都市和特色城市（都市圈）在创新发展上
相得益彰。第二，欧美主要城市（都市圈）在全球创新网络

---

* 课题组成员：陈玲、布和础鲁、付宇航、姜李丹、孔文豪、李芳、李鑫、孙君、孙晓鹏、汪佳
慧、王晓飞、David Swinbanks、Daniel W. Hook、Helene Draux、Juergen Wastl、Simon J. Porter。

中位势显著；北京在科学中心和创新高地方面表现出强劲的发展势头，科研机构和科研基础设施成果卓著，人工智能领域技术创新能力显著提升。第三，基础研究和技术创新能力仍然是影响城市（都市圈）在全球创新网络位置的重要因素。第四，数字化加速了科技创新和成果转化的进程，创新经济和创新高地的地理布局正在悄然发生变化，亚洲城市的优势凸显。第五，亚洲城市创新生态发展整体偏后，与创新经济的突出表现形成反差。

关键词： 科技创新 科学中心 创新高地 创新生态

一 引言

当今世界正处于百年未有之大变局的重要历史时期。人类发展面临生态系统恶化、传染性疾病暴发、新兴技术风险不确定性显著增加等问题，亟待科学研究的重大突破和科学范式的重大变革。国家、地区、城市和机构之间需要立足于科学中心、大科学基础设施开展更加稳健、互信的合作，携手应对人类命运共同体面临的挑战。

数字化、网络化和智能化的迅猛发展引发了新一轮的科技革命，加速了创新资源在全球范围内的流动，世界经济结构和竞争格局正在重塑。数字经济快速打破了创新活动的地理限制、制度障碍、文化壁垒和固有保护。企业面临技术迭代的猛烈冲击和市场竞争的严峻考验，创新资源的分布将进一步碎片化。创新主体需要凝聚全球创新要素，催生出更为高效的技术创新模式为新兴产业提供原动力，有效地应对当前经济结构和竞争格局的重大变革。

全球科技创新中心城市正是人类发展大变局中引领科技创新的关键基点。在科学活动纵深发展和地理扩散的双重作用下，技术、资金、人才和数据等创新资源进一步聚集，辐射和影响周边地区乃至全球，进而演化出为全球瞩目的科学中心。科学发展为创新企业形成技术优势和核心竞争力提供理论基础，创新企业集聚催生新经济新业态，推动新兴产业发展。科技创新中心城市逐步成为引导和影响产业链与生产资源在全球配置的枢纽城市，发展成为全球科技创新中心，并以其开放、运行良好的创新生态系统引领全球发展。正是基于上述原因，谋划和建设全球科技创新中心已经成为各国应对世界变局和产业竞争变革的重要举措。

由于资源禀赋和历史路径的差异性，全球科技创新中心各具特色，构建一个客观、可比的评价指标体系是一个复杂工程。它既要呈现城市在科技革命、经济增长、创新生态等方面的历史积淀和发展轨迹，也要折射和预测出知识创造、前沿技术、新兴业态和经济发展的未来图景，挖掘出可能存在的技术风险和社会风险，提升城市科技创新能力。全球科技创新中心指数尝试为全球化下日益深度融合和动态发展的创新城市提供一个客观、理性和全面的评价体系，为创新发展的决策者和实践者提供一个基础标杆和决策参考，推动全球科技创新中心的发展。

后续内容安排如下：第二部分阐述全球科技创新中心的定义和特征，建立 GIHI 的概念模型，介绍指标体系构建的基本原则、方法、数据来源和样本选择；第三部分展示 30 个全球科技创新中心城市（都市圈）的各项指标得分和排名情况，分析全球科技创新中心在科学中心、创新高地和创新生态三个方面的表现；第四部分是总结与展望。

二　GIHI 构建：概念模型、指标体系和评估对象

（一）定义和概念模型

1. 全球科技创新中心的定义

全球科技创新中心是指在全球科技和产业竞争中凭借科学研究和技术创新的独特优势，发展形成引导全球创新要素流动方向、影响资源配置效率的

枢纽性城市，使这些城市最终成为科学中心、创新高地和创新生态融合发展的全球城市。

首先，全球科技创新中心是科学活动纵深发展和地理扩散形成的科学中心[1]。科学研究活动的集聚能推动知识共享、思想碰撞与成果溢出，共享科技创新基础设施，降低创新的风险和成本。科学研究活动和创新资源的进一步集聚，能够辐射和影响周边地区乃至全球的科技发展，促进全球科学中心形成。

其次，全球科技创新中心是创新活动和创新经济蓬勃发展后形成的全球创新高地。它聚集了创新和经济活动，引导、指挥和影响全球创新要素的流动方向和发展效率[2]。先进制造业、生产性服务业等产业的集聚不仅为创新提供了技术需求，还提供市场空间和持续推动力。全球化加速了城市之间的经贸往来和创新要素流动，那些在全球城市网络中处于枢纽和支配地位的城市就是全球城市[3]。典型的全球城市如纽约、伦敦、东京、巴黎等，它们不仅是历史悠久的国际贸易和金融中心，而且还是跨国公司的总部所在地和研发中心，指挥并且驱动着产业链和生产资源的全球配置。

最后，全球科技创新中心得益于优良的创新生态。它需要多元创新主体的协作和相互支持，形成治理良好、动态演化的创新生态系统。该系统具有开放性和流动性，使各类人才、技术、资本和数据等重要创新要素得以流动，持续产生创新发展的原创力和产业化能力，促进和驱动全球创新网络的科学研究和创新经济发展[4]。

---

① Csomos, G. and Toth, G., "Exploring the Position of Cities in Global Corporate Research and Development: a Bibliometric Analysis by Two Different Geographical Approaches," *Journal of Informetric*, 2016: 10 (2).

② Sassen, S., *The Global City. Princeton*, NJ: Princeton University Press, 1991. Parnreiter, C., "Global Cities in Global Commodity Chains: Exploring the Role of Mexico City in the Geography of Global Economic Governance," *Global Networks*, 2010: 10 (1).

③ Sassen, S., *The Global City: New York, London, Tokyo*, Princeton, NJ: Princeton University Press, 2001.

④ Derudder, B. and Taylor, P. J., "Central Flow Theory: Comparative Connectivities in the World-city Network," *Regional Studies*, 2017: 52 (8).

因此，本报告从科学中心、创新高地和创新生态三个方面来评估全球科技创新中心的发展水平和创新能力。

2. 全球科技创新中心评估的概念模型

根据上述定义，报告确立了全球科技创新中心的三个核心内涵——科学中心、创新高地和创新生态，并对其中关键要素进行细化分析，建立了全球科技创新中心评价指标体系的概念模型，如图 1 所示。

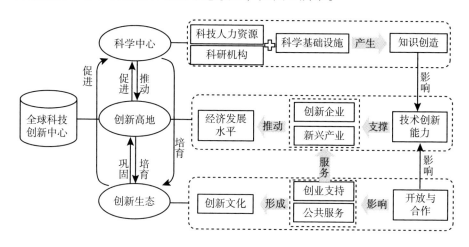

图 1　GIHI 评估的概念模型

（1）科学中心

人力资源是科技创新的重要资本，科技人力资源反映出一个城市科技人才的储备水平和供给能力。科研机构是科技人力资源的重要提供者，其整体实力引领基础科学的前沿方向，提供技术发展赖以生存的基础理论。科学基础设施是科研人员从事科学研究不可或缺的工具和物质载体，其性能、规模在很大程度上影响和制约科研成果产出。而知识创造是指创新主体创造、扩散新知识并将新知识应用于创新的过程，它主要是指科研成果的产出。

科技人力资源、科研机构和科学基础设施三者紧密结合，共同作用产生出知识创造；知识创造又为技术创新提供理论基础，影响和促进技术创新能力的提升。

（2）创新高地

技术创新能力体现了企业支持技术创新应对市场竞争的知识存量和优势，而拥有发明专利和输出专利的规模是衡量技术能力的重要指标。创新企业是拥有自主知识产权、依靠技术创新能力获取竞争优势的企业，其数量和规模能反映出城市创新能力和经济活力。新兴产业是以信息技术、新材料、生物科技等高技术为代表的新知识和新经济形态，推动传统工业经济向高质量、智慧化经济形态发展，其发展水平反映出城市经济发展的潜力和未来趋势，推动经济发展的良性循环。经济发展水平则是衡量城市竞争力和现代化的核心指标，也是技术创新能力先进性的重要体现。

技术创新能力是创新企业得以生存发展的核心竞争力，是产业发展的原动力；而创新企业作为新产业和新经济的重要推动者，其规模、市值反映出特定新兴技术产业的发展状况，它和新兴产业的发展共同推动城市提升经济发展水平。

（3）创新生态

开放与合作是城市参与创新活动所秉持的理念与态度，它有利于创造创新的环境，其深度与广度是构建创新生态的基础。创业支持是指创新和创业活动需要的经济社会、环境等组成的外部支持体系。公共服务是政府部门、服务机构为创新和创业活动提供的基础设施和便利条件。创新文化是创新活动实践过程中产生和留下的精神财富或物质财富，它也有利于促进创新。

科技创新及其产业化的过程充满不确定性，需要经济、政治和社会系统相互支持。一个城市开放与合作的理念在很大程度上影响并形成特定的创业支持系统和公共服务体系，使创新主体和创新要素充分流动，而创新文化、社会与市场彼此融合，形成良好的创新生态。

综上，科学中心推动创新高地的形成，创新高地的形成促进提升科学中心的投入产出；科学中心和创新高地的持续发展有助于培育创新生态，优良的创新生态有助于促进科学中心的发展和巩固创新高地的地位。

（二）指标体系和评估对象

1. 基本原则和过程

本报告构建指标体系遵循如下原则。

（1）平衡指标体系的理论性与可操作性

指标体系应反映评估对象的概念内涵与评估方法之间的内在逻辑，并运用相对准确的指标来测度相应概念[①]。在指标选择上，本报告采用"契合理论、国际可比、数据可得、方法透明"的原则，根据全球科技创新中心的概念内涵来选取指标，并充分考虑指标的简明、清晰和可操作性。

（2）兼顾指标体系评估现状和引领未来的功能

指标体系既要客观反映全球科技创新中心的历史积淀和创新实力，也要反映该城市在新兴技术和前沿领域的动态能力与未来趋势。

（3）确保指标体系的独立性、稳定性和趋势性

指标体系应具有独立、客观和稳定的数据来源。同时，所选择的指标应能反映出评估对象的动态变化情况，反映全球科技创新中心的演变趋势，为持续开展评估、动态调整既有指标留下空间。

（4）保持指标体系内在的逻辑一致性

例如，重复测度创新投入和产出，可能夸大特定创新主体如大学的贡献度。考虑到创新投入的效率差异，我们侧重评估创新能力和绩效。

指标体系的构建过程分为定性设计、定量筛选与反馈检验三个阶段。定性设计阶段，主要是在反映评估对象概念内涵的基础上，考虑评估逻辑，选取符合上述指标构建原则的指标进行分析研判。定量筛选阶段，我们对收集到的数据逐个分析指标的数据变异度和时间分布特征，剔除差异度较低（所有评估对象的得分十分接近）、时间敏感度过高或过低（随着时间变化过于活跃或几乎没有变化）的指标。反馈检验阶段，则是将综合评估结果

---

① OECD/Eurostat, Oslo Manual 2018：Guidelines for Collecting, Reporting and Using Data on Innovation, 4th Edition, OECD Publishing, 2018.

与专家和普通人的直觉做对比，检验评估结果是否违背直觉和常识，且是否难以科学解释，进而对指标体系做出修正。

由于受到数据可获得性和时间的限制，加上新冠肺炎疫情的影响，2020年度 GIHI 评估体系仅针对数量有限的城市开展评估。部分城市级别数据无法获得时，我们采用国家级别数据来替代；部分需要通过问卷调查获取的主观定性数据，如城市文化和制度的相关评价，我们则是采用国际上已有的相应评估数据。在各指标的权重分配上，由于缺乏大范围专家调查基础，我们就基于三级指标数目，尽量采取等权重的原则。未来，评估团队将会在此测试版基础上，根据情况调整和优化指标体系、扩大评估范围、进一步深挖指标相应数据，使之成为科学、可信和广泛接受的全球科技创新中心评价指标体系。

2. 指标体系

基于全球科技创新中心概念模型和指标构建的原则，我们构建了 GIHI指标体系。科学中心、创新高地和创新生态构成了 GIHI 指标体系的一级指标。各维度所包含的关键要素构成 GIHI 指标体系的二级指标。GIHI 指标体系的权重分布如下：一级指标权重总值为 100%，即科学中心为 30%，创新高地为 30%，创新生态为 40%。最终使用线性加权法计算综合评分。GIHI指标体系如表 1 所示。每个指标的详细解释和数据来源请见附录一。

表 1　GIHI 指标体系

一级指标	一级指标权重	二级指标	二级指标权重	三级指标
A 科学中心	30.0%	A1 科技人力资源	30%	研究开发人员数量（每百万人）
				高被引科学家数量
				顶级科技奖项获奖人数
		A2 科研机构	30%	世界一流大学 200 强数量
				世界一流科研机构 200 强数量
		A3 科学基础设施	10%	大科学装置数量
				超算中心 500 强数量
		A4 知识创造	30%	高被引论文比例
				论文被专利、政策报告、临床试验引用的比例

续表

一级指标	一级指标权重	二级指标	二级指标权重	三级指标
B 创新高地	30.0%	B1 技术创新能力	25%	有效发明专利存量(每百万人)
				PCT 专利数量
		B2 创新企业	25%	创新100强企业数量
				独角兽企业估值
		B3 新兴产业	25%	高技术制造业企业市值
				新经济行业上市公司营业收入
		B4 经济发展水平	25%	GDP 增速
				劳动生产率
C 创新生态	40.0%	C1 开放与合作	25%	论文合著网络中心度
				专利合作网络中心度
				外商直接投资额(FDI)
				对外直接投资额(OFDI)
		C2 创业支持	25%	创业投资金额
				私募基金投资金额
				营商环境便利度
		C3 公共服务	25%	数据中心(公有云)数量
				宽带连接速度
				国际航班数量(每百万人)
		C4 创新文化	25%	人才吸引力
				企业家精神
				文化相关产业的国际化程度
				公共博物馆与图书馆数量(每百万人)

GIHI 指标体系有几个显著的特色。

一是融合创新评价的个体类和网络型指标。GIHI 指标体系遵循创新活动的基本规律，吸纳了针对单个创新中心的一般性、共识性评价指标，如该地区的研究开发人员数量、大科学装置数量、高被引论文比例等，以测度该地区的创新能力和绩效。同时，GIHI 指标体系还创造性地使用了论文合著网络中心度和专利合作网络中心度等指标，以测度该地区创新生态的开放与合作程度。

二是数据粒度相对细化。为了提高指标体系的客观性和准确性，GIHI
尽可能采用直接的微观数据，包括各个地区的高技术制造业企业市值、新经
济行业上市公司营业收入、专利合作与论文合著网络中心度、创业投资金额
和私募基金投资金额、外商直接投资额（Foreign Direct Investment，FDI）和
对外直接投资额（Outward Foreign Direct Investment，OFDI）、国际航班数量
等，并建立了庞大的数据库。

三是采用了国际组织基于大规模调查的主观数据。部分与文化和制度
相关的主观指标，如企业家精神、营商环境便利度、人才吸引力等，由于
其方法论上涉及大规模的问卷调查，短时间内难以实现，且城市层级数据
无法获得，本报告采用了世界银行、世界经济论坛等国际组织的国家层面
数据来替代。这是出于兼顾主观评价指标、维护指标体系的权威性和公平
性考虑。

四是聚焦前沿技术和新兴经济领域。前沿技术和新兴经济是第四次工业
革命的核心，也是未来科技竞争的重点。本报告紧跟时代需求，以新一代人
工智能技术专利为例，考察各个城市人工智能发明专利的存量和专利合作协
定（Patent Cooperation Treaty，PCT）规模，刻画全球科技创新中心的技术创
新能力。此外，报告采用高技术制造业企业市值和新经济行业上市公司营业
收入两项指标测度新兴产业发展水平，其中，高技术制造业企业市值重点考察
了生物制造、高技术装备和信息与通信技术（Information and Communications
Technology，ICT）三个领域，新经济行业上市公司营业收入重点关注 ICT 和
生物医药领域。

3. 评估对象

本报告采用都市圈（Metropolitan Area，MA）的定义来界定评估对象。
都市圈是指由人口稠密的城市核心区和人口较稀少的周边地区组成的区域，
区域内各地区紧密联系、共同参与劳动分工。大都市圈通常由多个行政区划
单位组成，如市、镇、郊区、县、地区等；有的都市圈几乎模糊了独立的行
政区划城市之间的地理界限，例如，有的欧洲都市圈甚至跨越国家界限，常

以通勤时长和方式来衡量。

选取都市圈定义基于以下考虑。①契合科技创新中心的内涵。"具有全球影响力的科技创新中心"要体现出中心城市的影响力，特别是核心区域对周边区域的辐射带动作用，如果仅仅根据行政区划定义城市，可能会人为割裂城市经济社会联系、削弱核心区影响力；而采用都市圈定义则能更加全面、客观地反映核心区域对周边地区的影响力。②符合城市空间体系演化趋势。领先城市的空间往往是由单一中心城市向多元中心都市圈，再到连绵城市群，最后到一体的城市带演变的。① ③保持评估对象指标评估口径的一致性。自然指数（Nature Index）根据各国政府部门的官方规范或法律文件中对都市圈的定义界定评估对象，并考虑相邻行政区域间的社会经济一体化程度。为保持各指标之间统计口径的一致性，本报告对都市圈的范围界定与自然指数基本保持一致。

为了确保评估对象覆盖范围的客观性、全面性和有效性，本报告参考同类城市排名报告，如《自然指数·科研城市》《全球城市竞争力报告》《全球创新指数》等，遴选出候选城市名单，再通过核心指标综合排名和分类逐层排名两套方案交叉对比，形成预评估城市名单，最后通过专家"城市画像"的方式确定最终评估城市名单。城市遴选的过程见附录二。GIHI 评估对象共 30 个城市（都市圈），名单如表 2 所示，各都市圈范围详见附录三。

上述 30 个城市（都市圈）覆盖了 151 个行政区划城市，人口仅占全球总人口的 3.70%②，但在科学中心、创新高地、创新生态领域表现突出，集聚全球顶尖创新资源与创新成果。科学中心方面，它们拥有近 60 所世界一流大学、近 80 家世界一流研究机构③，吸引 178 位诺贝尔奖、图灵奖、菲

---

① 《中国社会科学院（财经院）与联合国人居署共同发布〈全球城市竞争力报告 2019～2020：跨入城市的世界 300 年变局〉》，http：//gucp.cssn.cn/zjwl/hzhb/201911/t20191118_5044016.shtml。

② 根据世界银行数据，2018 年全球总人口达 75.94 亿人，https：//datacatalog.worldbank.org/。

③ 世界一流大学参考 ARWU 世界大学排名 200 强，世界一流研究机构参考 Nature Index 2020 论文发表 200 强科研机构。

表2　GIHI 评估城市（都市圈）名单

序号	城市（都市圈）	所属国家	序号	城市（都市圈）	所属国家
1	北京	中国	16	柏林	德国
2	上海	中国	17	慕尼黑	德国
3	香港	中国	18	东京	日本
4	深圳	中国	19	京都－大阪－神户	日本
5	旧金山－圣何塞	美国	20	新加坡	新加坡
6	巴尔的摩－华盛顿	美国	21	首尔	韩国
7	波士顿－坎布里奇－牛顿	美国	22	斯德哥尔摩	瑞典
8	纽约	美国	23	多伦多	加拿大
9	洛杉矶－长滩－阿纳海姆	美国	24	伦敦	英国
10	西雅图－塔科马－贝尔维尤	美国	25	班加罗尔	印度
11	费城	美国	26	特拉维夫	以色列
12	芝加哥－内珀维尔－埃尔金	美国	27	悉尼	澳大利亚
13	教堂山－达勒姆－洛丽	美国	28	阿姆斯特丹	荷兰
14	巴黎	法国	29	赫尔辛基	芬兰
15	里昂－格勒诺布尔	法国	30	哥本哈根	丹麦

尔兹奖等世界顶级科技奖项的获奖者就职。创新高地方面，以上30个城市（都市圈）2018年GDP总量约占全球GDP总量的17.15%[1]，拥有54家全球百强创新企业[2]、367家2019全球独角兽500强企业[3]。创新生态方面，它们是经济全球化的核心主导者，其2019年OFDI绿地项目投资金额约占全球总额的34.48%。

三　GIHI 2020的评价结果与分析

（一）全球科技创新中心的综合排名分析

考虑到各项指标数据量纲存在差异，本报告采用Z-score方法对所有指

[1]　根据IMF分析统计，2018年全球GDP总量约为84.74万亿美元。
[2]　全球百强创新企业参考《德温特2018~2019年度全球百强创新机构》评估报告。
[3]　2019全球独角兽500强企业参考中国人民大学中国民营企业研究中心与北京隐形独角兽信息科技院（BIHU）联合发布的《2019全球独角兽企业500强发展报告》。

标原始数据进行标准化处理。数据标准化与计算方法见附录四。GIHI 指标体系评分与排名计算结果如表 3 所示。

表 3 全球科技创新中心综合排名

城市（都市圈）	综合		科学中心		创新高地		创新生态	
	得分（分）	排名	得分（分）	排名	得分（分）	排名	得分（分）	排名
旧金山－圣何塞	100.00	1	91.59	3	100.00	1	100.00	1
纽约	88.44	2	100.00	1	67.63	11	94.26	2
波士顿－坎布里奇－牛顿	85.57	3	98.49	2	67.91	10	87.73	4
东京	84.75	4	82.99	10	90.92	2	76.37	15
北京	84.68	5	85.96	8	86.49	3	77.96	11
伦敦	80.69	6	88.49	4	63.63	18	88.09	3
西雅图－塔科马－贝尔维尤	77.61	7	81.80	14	69.47	9	80.04	9
洛杉矶－长滩－阿纳海姆	76.88	8	85.10	9	63.46	19	81.18	6
巴尔的摩－华盛顿	76.72	9	87.96	5	63.74	15	77.90	12
教堂山－达勒姆－洛丽	76.58	10	87.13	7	64.20	14	77.81	13
巴黎	76.43	11	87.80	6	66.78	12	74.20	20
阿姆斯特丹	75.64	12	82.30	11	62.87	22	81.01	7
芝加哥－内珀维尔－埃尔金	75.11	13	80.43	15	62.76	23	81.39	5
新加坡	74.36	14	77.80	18	63.66	16	80.86	8
哥本哈根	73.62	15	82.20	12	61.47	27	77.15	14
首尔	73.46	16	77.75	19	71.29	7	70.84	24
上海	73.44	17	75.36	23	72.28	5	71.95	23
费城	72.66	18	77.20	21	61.68	26	78.89	10
慕尼黑	72.37	19	77.69	20	63.66	17	75.67	17
斯德哥尔摩	72.25	20	81.90	13	63.24	20	72.00	22
多伦多	72.14	21	78.68	17	63.23	21	74.61	18
香港	71.94	22	76.71	22	64.64	13	74.42	19
特拉维夫	70.46	23	74.59	24	71.43	6	65.58	27

续表

城市（都市圈）	综合		科学中心		创新高地		创新生态	
	得分（分）	排名	得分（分）	排名	得分（分）	排名	得分（分）	排名
柏林	70.15	24	73.20	27	61.77	25	75.74	16
深圳	70.07	25	64.89	29	77.24	4	67.46	26
悉尼	69.75	26	79.82	16	60.00	30	70.48	25
赫尔辛基	68.83	27	73.83	25	60.76	28	72.69	21
京都－大阪－神户	68.56	28	73.43	26	70.12	8	62.91	29
里昂－格勒诺布尔	65.00	29	72.69	28	60.59	29	63.71	28
班加罗尔	60.00	30	60.00	30	62.43	24	60.00	30

结果显示，综合排名居榜首的是旧金山－圣何塞，得分遥遥领先。综合排名前10的其他城市（都市圈）依次为纽约、波士顿－坎布里奇－牛顿、东京、北京、伦敦、西雅图－塔科马－贝尔维尤、洛杉矶－长滩－阿纳海姆、巴尔的摩－华盛顿和教堂山－达勒姆－洛丽。

从城市职能来看，作为首都的东京、北京、伦敦创新优势显著。这些城市汇聚了世界和本国顶尖的创新企业，是科学研究的重要阵地，无论在存量数据上还是增量数据上都表现优异。其他非首都城市则各有特色：旧金山－圣何塞得益于其在科学中心、创新高地和创新生态的均衡发展并相得益彰；波士顿－坎布里奇－牛顿、纽约保持其在科技人力、科研机构、创新能力等领域的传统优势，稳居世界前列；西雅图－塔科马－贝尔维尤在科学中心和创新生态指标上的得分相对均衡，这与微软、亚马逊等科技公司在技术能力等方面的卓越表现密不可分。教堂山－达勒姆－洛丽素有"北卡三角区"之称，是美国目前最知名的高科技研发中心之一，也是全球产学研合作重要的领跑者，尽管在创新高地指标上排名并不高，但其在生物技术领域的成就尤为突出，是全球创新不可或缺的重要力量。

从城市发展范式来看，全球科技创新中心表现出差异化发展路径和特色化定位。除旧金山－圣何塞等少数城市各项指标发展均衡外，大部分城市的科学中心、创新高地、创新生态三个单项排名存在明显的分化趋势。比如，东京、北京在科学中心和创新高地两项指标上表现优异且相对均衡，纽约、波士顿－坎布里奇－牛顿则在科学中心指标上表现优异，伦敦、洛杉矶－长滩－阿纳海姆等城市的创新生态较为突出。

从城市人口规模来看，国际化大都市的创新集聚效应与中等城市的特色创新路径相得益彰。综合排名10强城市（都市圈）中，千万级人口规模的城市（都市圈）如纽约、洛杉矶－长滩－阿纳海姆、东京、北京、伦敦等，知名学府和跨国公司云集，国际交流频繁，经济发达，充分体现出大城市在创新发展上的集聚效应。百万级人口规模的中等城市（都市圈）如旧金山－圣何塞、波士顿－坎布里奇－牛顿、教堂山－达勒姆－洛丽、西雅图－塔科马－贝尔维尤，在信息通信技术、生物技术等领域发挥重要作用，探索出特有的创新发展之路。

根据全球科技创新中心综合排名和各一级指标得分，绘制出前10强全球科技创新中心发展模式图，如图2所示。

进一步对GIHI指标体系三个一级指标评分与综合得分进行皮尔逊相关性分析，结果显示，三个一级指标全部与综合得分显著相关（$p < 0.01$），其中创新生态得分与综合得分相关性最强，相关系数为0.877；其次是科学中心，相关系数为0.823，创新高地得分与综合得分相关性最弱，相关系数为0.675（各城市的一级指标评分散点图如图3所示）。进一步分析三个一级指标的相关性可知，科学中心得分与创新生态得分相关性最强，相关系数得分为0.815（$p < 0.01$），说明良好的创新生态环境可以促进科学研究的发展。

科学中心得分前10的城市（都市圈）依次为：纽约、波士顿－坎布里奇－牛顿、旧金山－圣何塞、伦敦、巴尔的摩－华盛顿、巴黎、教堂山－达勒姆－洛丽、北京、洛杉矶－长滩－阿纳海姆、东京。从整体得分来看，纽约、波士顿－坎布里奇－牛顿和旧金山－圣何塞表现格外显著，其他城市得分相对均衡。基础研究作为科技创新的重要原动力，获得世界高度共识，并成为各国和城市提升科技创新能力的重要着力点。

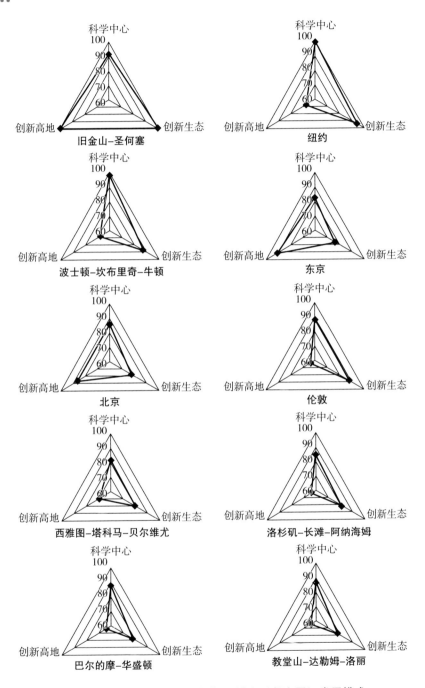

图 2　全球科技创新中心评分前 10 城市（都市圈）发展模式

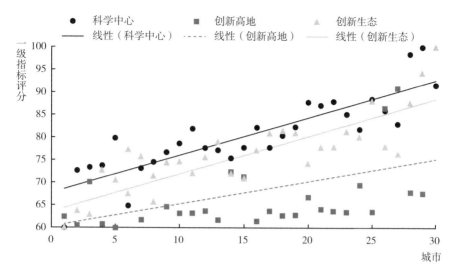

图3 全球科技创新中心一级指标评分散点

在创新高地指标上，旧金山－圣何塞独占鳌头，东京紧跟其后，北京位居第三；其他10强城市（都市圈）依次为深圳、上海、特拉维夫、首尔、京都－大阪－神户、西雅图－塔科马－贝尔维尤、波士顿－坎布里奇－牛顿，其中亚洲一共获得7个席位。除了排名三强外，其他城市（都市圈）得分均聚集于67～78分区间，两极化的趋势比较明显。旧金山－圣何塞作为世界最重要的高新技术研发基地之一，是世界500强企业的重要集结地。东京继续保持老牌全球科技创新城市优势，科技创新企业规模和市值、PCT专利数量一直处于世界领先水平，近年来在人工智能专利上的布局和优势使东京在全球创新网络中的地位进一步巩固。北京、深圳等中国城市在创新经济领域迅速崛起，成为重要的创新高地，在PCT专利数量、独角兽企业、高技术装备制造业等领域均有不俗表现。以色列特拉维夫以其在劳动生产率上的绝对优势进入创新高地10强榜单。

在创新生态指标上，旧金山－圣何塞拔得头筹，纽约和伦敦分别位居第二和第三，波士顿－坎布里奇－牛顿排名第四，其他10强城市（都市圈）依次为芝加哥－内珀维尔－埃尔金、洛杉矶－长滩－阿纳海姆、阿姆斯特丹、新加坡、西雅图－塔科马－贝尔维尤、费城，得分较为接近。创新生态反映出城市科技创新的外部环境、开放程度和创新财富沉淀情况，美国城市在创新生态方面表现出优势，在 10 强中摘得 7 个席位。

（二）全球科技创新中心的分项排名分析

1. 科学中心

科学研究是创新的基石。全球科技创新中心多为科学研究的前沿阵地和全球知识传播的源泉。GIHI 通过测度科技人力资源、科研机构、科学基础设施、知识创造等 4 个二级指标、9 个三级指标考察"科学中心"。

图 4 展示全球科技创新中心科学中心前 10 城市（都市圈）发展模式。它们在知识创造、科技人力资源和科研机构上得分相对集中，但多数在科学基础设施方面略显短板。北京情况则有所不同，在科学基础设施和科研机构方面实力强劲。

（1）科技人力资源

科技人才是科学研究的重要资本，科技人才储备规模和人才结构决定科研产出，以及科学研究的可持续性和未来趋势。本报告选取研究开发人员数量（每百万人）、高被引科学家数量（2000～2018）、顶级科技奖项获奖人数来分别测量城市科研人才存量、顶尖科研人才规模和吸引力。

在科技人力资源的得分中，排名前 10 的城市（都市圈）的分别为波士顿－坎布里奇－牛顿、东京、纽约、巴黎、旧金山－圣何塞、巴尔的摩－华盛顿、首尔、京都－大阪－神户、哥本哈根、洛杉矶－长滩－阿纳海姆。

在顶级科技奖项获奖人数方面，波士顿－坎布里奇－牛顿傲居全球榜首，吸引了包括菲尔兹奖获得者、图灵奖得主、诺贝尔奖（除文学奖和和平奖）得主等在内的 40 余位世界顶级科技奖项获奖者在此任职，不仅夯实了该区域的基础研究能力，也有利于吸引更多顶尖科研团队加入。纽约、旧金山－圣何塞、巴黎、洛杉矶－长滩－阿纳海姆位列其后，居第二至第五位。从榜单前五位的城市（都市圈）来看，美国在吸引科技人才上占据绝对优势。从研究开发人员数量（每百万人）来看，以色列特拉维夫以每百万人 8342 名研究开发人员排名第一，紧随其后的是哥本哈根、首尔、斯德哥尔摩

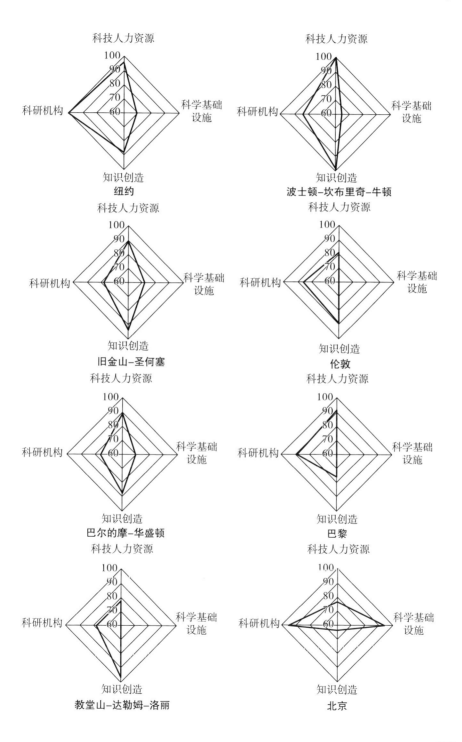

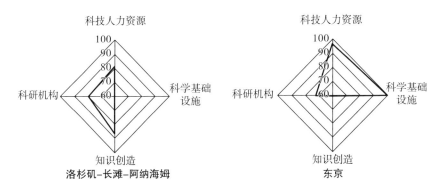

图4　科学中心评分前10城市（都市圈）发展模式

与赫尔辛基。在高被引科学家数量方面，东京居全球首位，按2000～2018年所发论文计，共有9514位全球高被引科学家，巴尔的摩 – 华盛顿和纽约分别位列第二、第三，但与东京仍相差较远。图5展示了科学中心得分前10城市（都市圈）高被引科学家数量（2000～2018年）和一流科研机构情况。

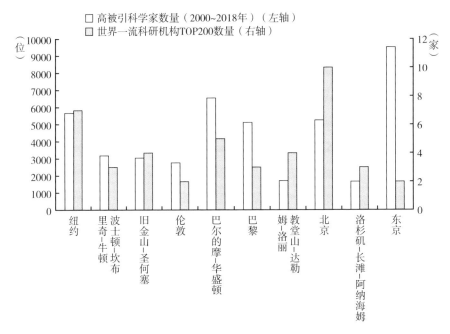

图5　科学中心得分前10城市（都市圈）高被引科学家数量（2000～2018年）和 Nature Index 科研产出前200科研机构数量

（2）科研机构

科研机构是有组织地从事研究与开发活动的机构。它是知识创造和原始创新的重要主体，肩负国家和城市重大基础理论研究、重大战略性研究的使命。本报告综合 ARWU 世界大学排名前 200 高校数量和 Nature Index 论文发表名列前 200 科研机构数量①来测量城市科研机构的综合实力和科研实力。

科研机构得分排名前 10 的城市（都市圈）分别为纽约、北京、巴黎、伦敦、波士顿－坎布里奇－牛顿、上海、洛杉矶－长滩－阿纳海姆、旧金山－圣何塞、教堂山－达勒姆－洛丽、巴尔的摩－华盛顿。其中仅纽约和北京得分在 90 分以上。

世界大学排名 200 强数量最多的城市（都市圈）分别是纽约、巴黎、伦敦、波士顿－坎布里奇－牛顿；世界一流科研机构 200 强数量最多的城市（都市圈）依次是北京、纽约、上海、巴尔的摩－华盛顿。

（3）科学基础设施

科学基础设施是科研人员从事高质量、前沿性科学活动，实现重大科学技术目标的技术平台，也是吸引国际顶尖科研团队与科研项目的重要资本。本报告选取大科学装置数量和超算中心 500 强数量测度城市（都市圈）科学基础设施发展状况。

在科学基础设施评分中，东京和北京以显著优势居第一、二位。东京集聚了全球顶尖的大科学装置，如位于东京的日本高能加速器研究机构 KEK，汇集了质子同步加速器 PS、脉冲散裂中子装置 KENS、光子工厂 PF 等 8 个世界顶级大科学装置，形成举世闻名的国际大科学装置群，大大提升了东京乃至日本的科技竞争力，为产业和经济繁荣做出巨大贡献。重大科学基础设施的开放共享是吸引全球科学家共同推进原创性重大科技成果创新的重要机制，东京也是开放共享机制的先行者。1980 年它向国内外科学家开放脉冲散裂中子装置 KENS，1998 年开始运行的非对称正负电子对撞机 KEKB 吸引

---

①　这两者会有重合，但 ARWU 世界大学排名关注高校综合实力，包括声誉；Nature Index 论文发表主要关注科研机构的科研产出。

了由 13 个国家 53 个研究单位约 300 位研究人员组成的 Belle 实验组，备受世界瞩目。① 北京科学基础设施建设异军突起。目前，北京拥有 12 个超算中心、46 台全球算力 500 强的超级计算机，还拥有北京正负电子对撞机、北京同步辐射光源装置、地球系统数值模拟器等一大批大科学基础设施。这些"国之重器"正在为北京提升科技创新能力、打造全球科技创新中心奠定坚实的基础。

（4）知识创造

知识创造是衡量科研实力的重要指标，直观地体现在高质量的科技论文产出上。本报告选取城市科研人员所发表高被引论文占发表论文总量的比例测量科技论文的整体质量和学术影响；选取科技论文被专利、政策报告、临床试验所引用的比例测量科技论文产出对社会、产业界等领域的实践效力。

知识创造评分前 10 的城市（都市圈）分别是西雅图 – 塔科马 – 贝尔维尤、波士顿 – 坎布里奇 – 牛顿、教堂山 – 达勒姆 – 洛丽、阿姆斯特丹、旧金山 – 圣何塞、哥本哈根、多伦多、伦敦、纽约、巴尔的摩 – 华盛顿。

从本领域前 1% 的高被引论文数量占城市发表论文总量比例的数据看，波士顿 – 坎布里奇 – 牛顿和旧金山 – 圣何塞占比最高，分别为 3.52% 和 3.30%。从科技论文被专利、政策报告、临床试验引用比例来看，教堂山 – 达勒姆 – 洛丽、西雅图 – 塔科马 – 贝尔维尤占比最高，分别为 1.39% 和 1.37%。图 6 展示出知识创造评分前 10 城市（都市圈）高被引论文占比和论文被专利、政策报告、临床试验引用比例情况。教堂山 – 达勒姆 – 洛丽论文被专利、政策报告、临床试验引用比例高于其他城市（都市圈），得益于其坚持以市场为导向引领生物技术、临床医学等领域知识创新和产业创新，它不仅拥有杜克大学、北卡罗来纳大学教堂山分校和北卡州立大学等知名学府，还拥有世界科技园翘楚"三角科技园"（Research Triangle Park）。北京是中国的科学中心，在全球科学中心排名第八。

---

① 参考中国科学院重大科技基础设施共享服务平台，http：//lssf. cas. cn/lssf/kpyd/zsk/kyjd/201006/t20100616_ 4513343. html。

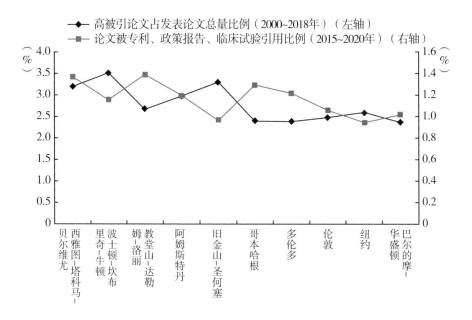

图6 知识创造得分前10城市（都市圈）高被引论文占比和论文外部引用比例

2. 创新高地

全球科技创新中心是创新活动和创新经济蓬勃发展后形成的创新高地。GIHI通过测度技术创新能力、创新企业、新兴产业和经济发展水平等4个二级指标、8个三级指标考察"创新高地"。

图7展示了全球科技创新中心创新高地得分前10城市（都市圈）发展模式。旧金山－圣何塞在四个三级指标上表现相对较为均衡，其他10强城市（都市圈）均存在不同程度的差异化发展态势。比如，新兴产业方面，各城市（都市圈）得分呈现两极化趋势，旧金山－圣何塞、东京得分在90分以上，其他城市（都市圈）大部分得分在60～70分；技术创新能力方面，深圳、北京、东京表现出众，得分均在90分以上；特拉维夫在劳动生产率方面的贡献度极高，因此呈现单极发展态势。

（1）技术创新能力

知识产权是国际公认的衡量技术创新能力的重要指标。本报告聚焦人工智能这一信息时代赋能型技术领域，分别选取有效发明专利存量（每百万

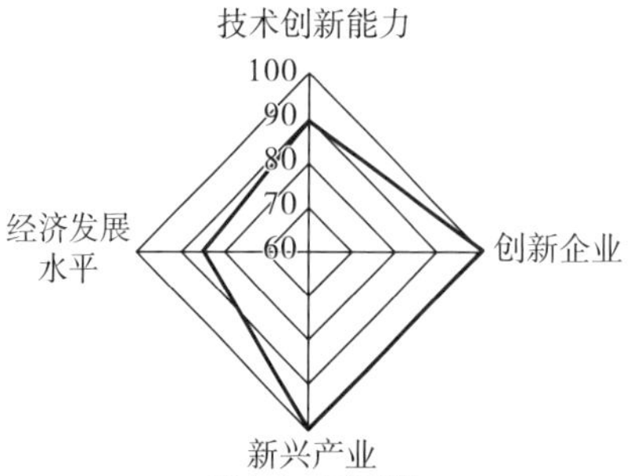

旧金山–圣何塞

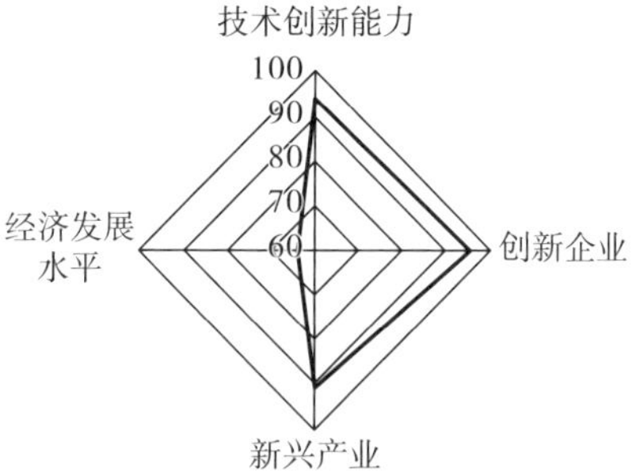

东京

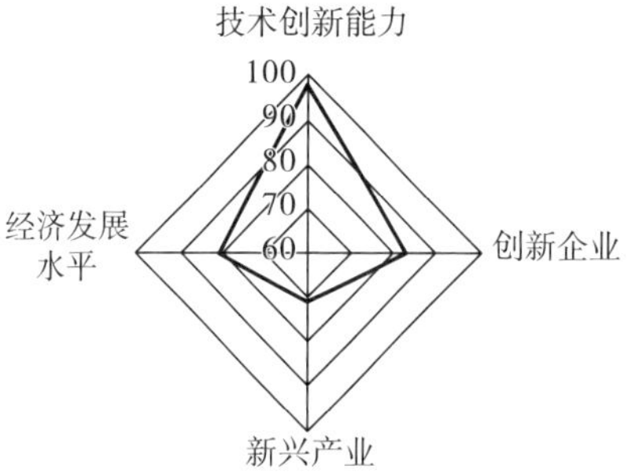

北京

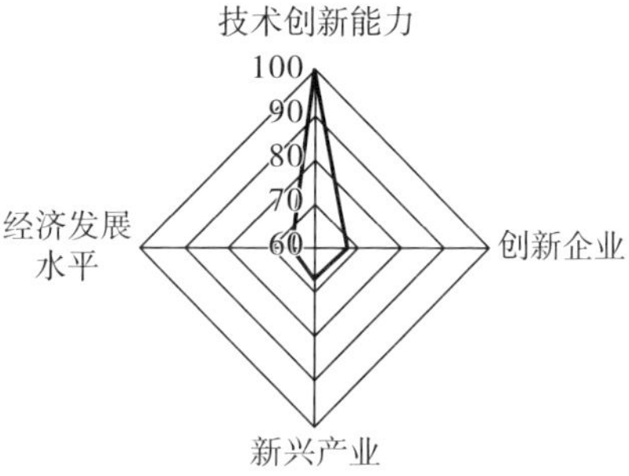

深圳

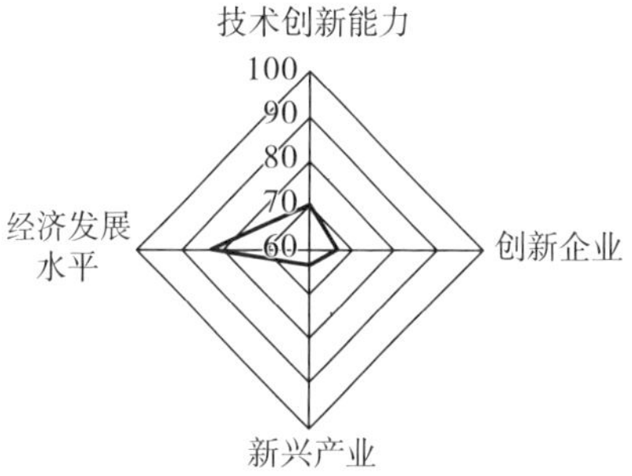

上海

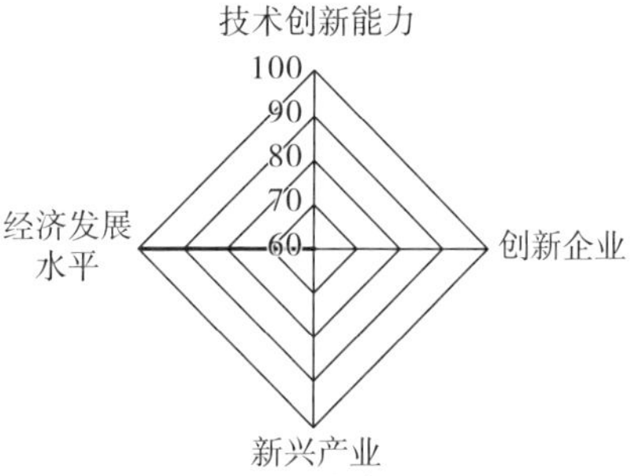

特拉维夫

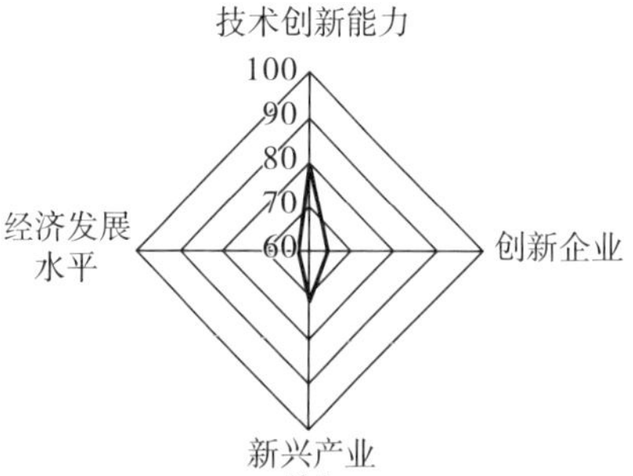

首尔

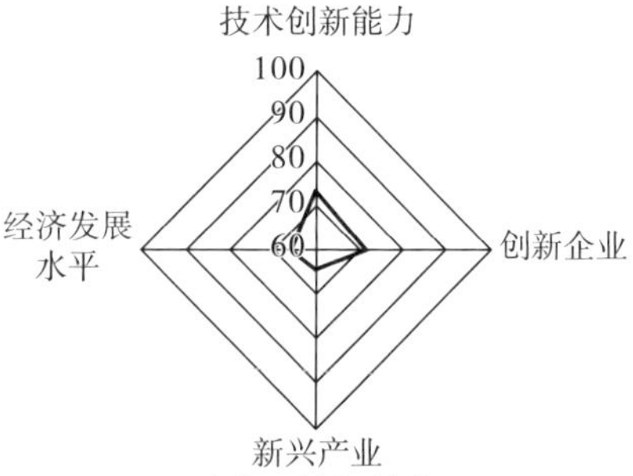

京都–大阪–神户

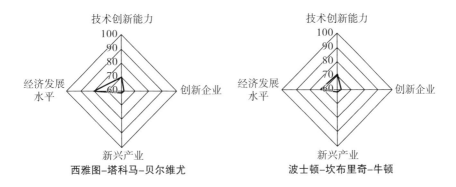

图7　创新高地得分前10城市（都市圈）发展模式

人）（1970~2018年）、PCT专利数量（1970~2019年）测量城市技术储备规模、国际化程度及对外影响力。

技术创新能力得分前三名的城市（都市圈）是深圳、北京和东京。在人工智能领域有效发明专利存量方面，北京以每百万人842件居全球首位，其次是深圳、旧金山-圣何塞；在PCT专利数量上，东京以2877件居全球首位，其次是深圳、旧金山-圣何塞。深圳在专利上的优异表现，使得深圳人工智能领域技术创新能力位居全球第一；深圳是中国改革开放的窗口地区，集聚了大量的人工智能企业，深圳市政府高度重视人工智能产业的发展，2019年5月10日，深圳市政府发布了《深圳市新一代人工智能发展行动计划（2019~2023年)》，着力将深圳发展成为中国人工智能技术创新策源地和全球领先的人工智能产业高地。该指标显示了中国在人工智能这一领域技术创新能力的优势。技术创新能力得分前10城市（都市圈）人工智能领域有效发明专利存量和PCT专利数量如图8所示。

（2）创新企业

创新企业一般是拥有自主知识产权和技术创新优势的企业，独角兽企业主要集中于高科技领域，被视为新经济发展的风向标。创新企业的数量和独角兽企业估值反映出该区域的经济活力和发展趋势。本研究报告综合"德温特2018~2019年度全球百强创新机构"和"世界500强独角兽企业估值"两项指标测量创新企业规模和城市创新企业活力。

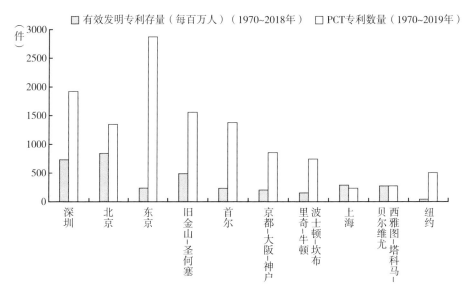

图8 技术创新能力得分前10城市（都市圈）人工智能领域有效发明专利存量和PCT专利数量

创新企业得分前三名的城市（都市圈）是旧金山－圣何塞、东京和北京。从2018～2019年度全球百强创新机构总部数量来看，24家位于东京，8家位于京都－大阪－神户，6家位于旧金山－圣何塞。根据中国人民大学中国民营企业研究中心与北京隐形独角兽信息科技院（BIHU）联合发布的《2019全球独角兽企业500强发展报告》，旧金山－圣何塞拥有103家全球独角兽500强企业，企业估值全球第一；旧金山湾区依然是高科技最集中的地区，技术与市场已经形成良性互动。北京、上海、深圳和纽约全球独角兽企业500强总估值位居第二至五位。中国独角兽企业的崛起与以云计算、大数据等技术为基础的智能交通、智能科技行业布局密不可分，典型独角兽企业包括滴滴出行、大疆无人机等。创新企业得分前10城市（都市圈）全球独角兽企业500强总估值和创新100强企业数量如图9所示。

（3）新兴产业

新兴产业主要指生物医药、电子信息、新材料、新能源、高端装备制造等前瞻性产业，具有高技术含量、高附加值和资源集约等特点。它是支撑区

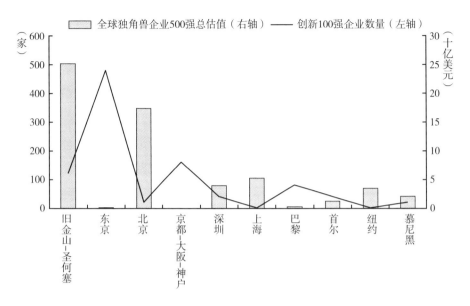

图9 创新企业得分前10城市（都市圈）全球独角兽企业
500强总估值和创新100强企业数量

域经济结构转型升级、保持区域经济持续竞争力的关键力量。本报告结合全球行业分类标准（Global Industry Classification Standard，GICS），将高技术制造业界定为生物制造、高技术装备和信息与通信技术（Information and Communications Technology，ICT）行业，数据来源于《福布斯》2000强企业中高技术制造企业的市值；新经济行业指以信息技术与通信服务为主的前瞻性、赋能型产业，测算依据是"新经济行业上市公司2019年营业收入"。

新兴产业得分前三的城市（都市圈）分别为旧金山－圣何塞、东京、首尔；北京位居第四。从高技术制造业企业分布来看，旧金山－圣何塞是全球高技术企业最集中的城市，其所拥有的高科技公司市值是东京的6.4倍；从新经济行业上市公司全球总体分布来看，2019年东京是新经济行业上市公司营业收入最高的城市，是旧金山－圣何塞都市圈的2.36倍。新兴产业得分前10城市（都市圈）高技术制造业企业市值和新经济行业上市公司营业收入如图10所示。

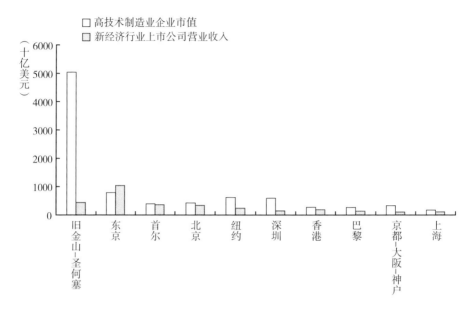

图 10 新兴产业得分前 10 城市（都市圈）高技术制造业企业市值和新经济行业上市公司营业收入

（4）经济发展水平

创新驱动经济高质量发展，提高人民生活福祉与社会生产力。本报告采用 2018 年按购买力平价（Purchasing Power Parity，PPP）计的 GDP 增速测量城市经济发展整体水平与人民生活水平，采用 2018 年劳动生产率测量城市社会生产力的发展水平。

经济发展水平得分前三的城市（都市圈）是特拉维夫、旧金山－圣何塞和上海。从 GDP 增速情况看，前三的城市（都市圈）分别是上海、北京和旧金山－圣何塞；劳动生产率排名第一的城市是特拉维夫，遥遥领先于排名第二、第三的旧金山－圣何塞和巴尔的摩－华盛顿。特拉维夫是以色列的经济技术中心和创业圣地，有"小型洛杉矶"和"硅溪"（Silicon Wadi）的美誉。以色列是移民国家，特拉维夫大学和巴伊兰大学的国际生比例较高。经济发展水平得分前 10 城市（都市圈）GDP（PPP）增速与劳动生产率（2018）如图 11 所示。

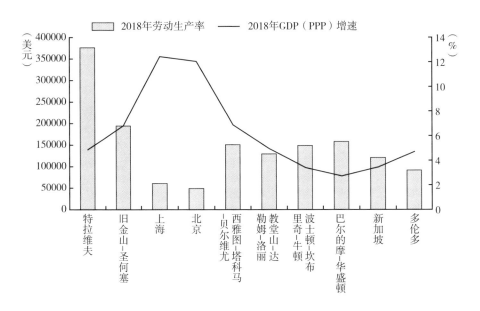

图11　经济发展水平得分前10城市（都市圈）GDP（PPP）增速与劳动生产率（2018）

3.创新生态

创新生态系统，包括良好的经济、政治和社会环境对科技创新起到重要支持作用。全球科技创新中心往往形成了良好的创新生态，能够实现创新主体和要素的充分流动。GIHI通过测度开放与合作、创业支持、公共服务和创新文化4个二级指标、14个三级指标考察创新生态。

图12展示了全球科技创新中心创新生态得分前10城市（都市圈）发展模式。各城市（都市圈）在公共服务和创新文化两项指标上得分整体差距不大，但在开放与合作和创业支持表现上出现分化，较多城市（都市圈）得分分布在60～80分；在创业支持上，除旧金山－圣何塞处于较高领先地位以外，其他城市（都市圈）得分相对集中。

（1）开放与合作

开放与合作着重测度城市在科学技术和经济活动层面的开放合作水平。科学技术的开放与合作加快知识扩散和创造过程，有助于提升知识可得性和技术影响力；经济的开放与合作则包含了一个城市对国际资本的吸引力以及

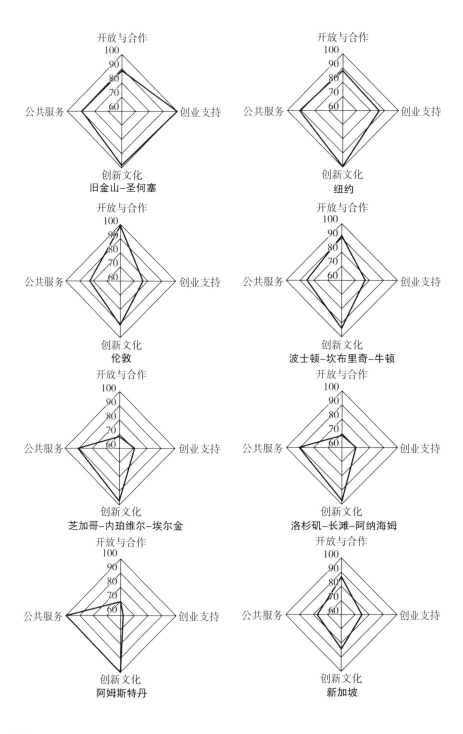

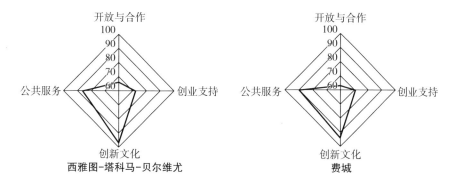

图 12 创新生态得分前 10 城市（都市圈）发展模式

城市经济的国际影响力。本报告通过论文合著网络中心度、专利合作网络中心度、FDI（2019）、OFDI（2019）4 个指标来测量城市开放与合作的程度。其中，论文合著网络中心度体现合作者之间的学术交流与关系网络；专利合作网络中心度则反映专利权人之间的技术交流与关系网络；FDI 体现了国际城市网络中资本要素流动与主体间控制权，其与风险投资等间接投资的根本区别在于获得被投资企业的控制权，OFDI 则体现了城市资本对外输出的辐射力。

开放与合作得分前 10 的城市（都市圈）分别为东京、伦敦、波士顿－坎布里奇－牛顿、北京、旧金山－圣何塞、纽约、新加坡、巴黎、上海、首尔。

图 13 展示了论文合著网络中心度（2019）。节点大小表示该城市（都市圈）在全球合作网络中的重要程度，该节点的重要程度取决于与其相邻节点的数量。图中显示，波士顿－坎布里奇－牛顿、纽约、巴尔的摩－华盛顿、旧金山－圣何塞等城市（都市圈）在创新网络中重要性更加显著。

图 14 展示了人工智能领域专利合作网络中心度（2019）。东京、北京、旧金山－圣何塞、波士顿－坎布里奇－牛顿在专利合作方面表现积极；但从合作范围来看，东京对外布局和合作范围所覆盖的城市（都市圈）数量优势明显，与北京合作最为密切的城市是中国的上海和深圳。

图 15 展示了开放与合作得分前 10 城市（都市圈）2019 年 FDI 和 OFDI 绿地投资项目总额。2019 年 FDI 绿地投资项目总额前三分别是上海、伦敦、

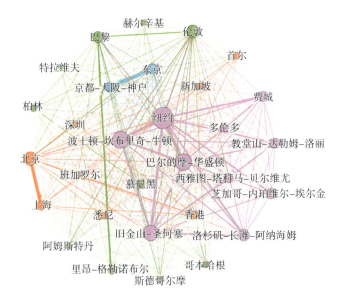

图13 全球科技创新中心论文合著网络中心度（2019）

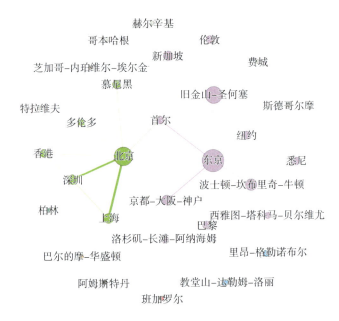

图14 全球科技创新中心人工智能领域专利合作网络中心度（2019）

新加坡，OFDI 绿地投资项目总额前三分别是伦敦、巴黎、首尔，可见伦敦作为老牌全球金融城市，其资本国际吸引力和辐射力都居前列。总体来说，排名前列的全球科技创新中心多以对外投资建设为主，OFDI 绿地投资项目总额远高于 FDI 绿地投资项目总额，资本辐射全球，直接影响东道国生产能力、产出和就业的增长。例如，巴黎 2019 年对外投资建设的 OFDI 绿地投资项目总额约是吸引外资在本地建设的 FDI 绿地投资项目总额的 12 倍。

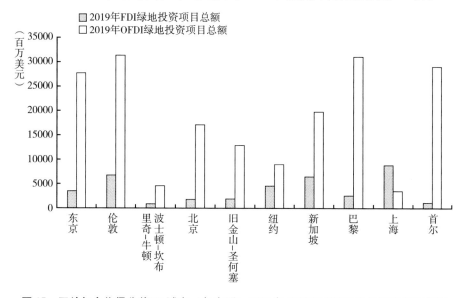

图 15　开放与合作得分前 10 城市（都市圈）2019 年 FDI 和 OFDI 绿地投资项目总额

（2）创业支持

创业支持是推动创新成果转化的重要保障，对推动技术革新和产业发展具有重要意义。本报告通过测度创业投资金额、私募基金投资金额、营商环境便利度来评价创业支持。创业投资主要是指向初创企业提供资金支持并取得该公司股份的一种融资方式，是推动创新成果转化的重要资金保障，这里主要测度风险投资（Venture Capital，VC）金额。私募基金（Private Equity，PE）是指拟上市公司 Pre-IPO 时期所接受的成长资本（Growth Capital），投资活跃的地区也往往是技术创新、商业模式创新频发的地区。营商环境便利度则反映了市场主体在市场准入和退出以及经营活动的外部环境。

图 16 展示了创业支持得分前 10 城市（都市圈）2019 年 VC 和 PE 投资总额。旧金山－圣何塞 2019 年 VC 总额约是纽约的 3 倍，完善的创业生态系统、开放的投资和创业环境使得旧金山－圣何塞成为创业公司的孵化基地。北京在创业支持维度高居第三，2019 年初创企业所吸引到的 VC 和 PE 投资均居全球第二，仅次于旧金山－圣何塞。同期上海市初创企业所吸引到的 VC 和 PE 投资均居全球第四，展现了当前中国城市初创企业发展活力强、资本活跃度高的景象。

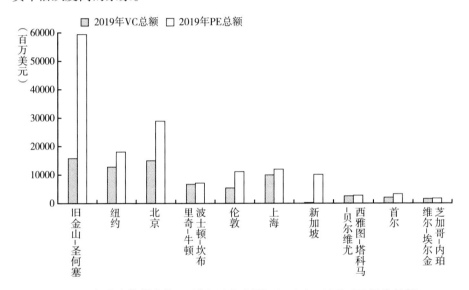

图 16　创业支持得分前 10 城市（都市圈）2019 年 VC 和 PE 投资总额

（3）公共服务

城市公共服务反映出城市为创新和创业所提供的基础设施和便利条件。在知识经济时代，知识的交换与创造有赖于通信技术和交通的发展，特别是面对面、直接的沟通交流有助于在隐性共识基础上形成合力。因此，通信和交通是开展创新活动不可或缺的工具。国际航班数量（每百万人）可以用来衡量城市国际交流的频率，宽带连接速度体现跨区域媒介交流和数据获取的效率，它与数据中心（公有云）数量可以共同表示城市网络基础设施发展成熟度。

公共服务得分前 10 的城市（都市圈）分别是阿姆斯特丹、教堂山 – 达勒姆 – 洛丽、纽约、洛杉矶 – 长滩 – 阿纳海姆、芝加哥 – 内珀维尔 – 埃尔金、费城、旧金山 – 圣何塞、西雅图 – 塔科马 – 贝尔维尤、波士顿 – 坎布里奇 – 牛顿、哥本哈根。

阿姆斯特丹拥有发达的国际航空交通体系，国际航班数量优势极为显著。教堂山 – 达勒姆 – 洛丽在本国托管数据中心（公有云）数量、宽带平均速度 Mbps 指标上均位列榜单第一。数据中心（公有云）数量采用的是国家宏观数据，美国托管数据中心市场规模居全球首位；德国、法国、荷兰、加拿大、澳大利亚、中国和日本排名依次跟随。宽带连接速度得分前 10 全部为欧美城市，其中"北卡三角区"教堂山 – 达勒姆 – 洛丽的宽带连接速度居全球首位。

（4）创新文化

创新文化是创新活动实践过程中产生和留下的精神财富或物质财富，是增强城市竞争力、实现城市长期繁荣的重要外部条件。本报告采用人才吸引力、企业家精神、文化相关产业的国际化程度、公共博物馆与图书馆数量（每百万人）来衡量创新文化。人才吸引力体现人们对城市创新文化的认可度。企业家是推动技术创新的重要力量，企业家精神是持续创新、创业的信念支撑，是经济增长的源泉之一。运用全球城市 GaWC 等级反映的该城市在广告、会展、法律、咨询、保险和会计等领域所表现出来的发展，则可用来衡量文化相关产业的国际化程度，体现出创新文化的开放水平。而公共博物馆与公共图书馆数量反映出城市公共文化的氛围。

创新文化单项得分前 10 的城市（都市圈）分别是阿姆斯特丹、纽约、旧金山 – 圣何塞、洛杉矶 – 长滩 – 阿纳海姆、芝加哥 – 内珀维尔 – 埃尔金、西雅图 – 塔科马 – 贝尔维尤、哥本哈根、柏林、波士顿 – 坎布里奇 – 牛顿、费城。

美国在人才吸引力上具有较大优势，排名第一，排在其后的分别为瑞典、加拿大、荷兰和德国。以色列在企业家精神上位列全球第一，与以色列政府提供的风险投资基金体系下形成的完整的生态系统相关，美国与瑞典位列其后。哥本哈根、赫尔辛基、柏林、深圳与阿姆斯特丹的公共博物馆和公共图书馆数量均达到每百万人 50 所以上，为其公众广泛提供了公益性文化服务。在全球化与世界城市研究网络排名中，纽约与伦敦展现了其绝对优势，而东京、上海、北京、深圳、巴黎、香港、新加坡位列其后，显示了其作为综合性强的世界城市在生产服务业中的主导作用。

四　总结与展望

本报告从科学中心、创新高地和创新生态三个方面构建全球科技创新中心指标体系，通过客观数据呈现不同城市在关键指标上的优劣势和排名。报告初步探索创新变革的力量、关键要素和条件，展现了城市参与经济全球化过程中的必要准备、核心竞争力、发展方向和未来前景，从而激发全球科技企业、政府部门持续追求创新，培育和缔造全球产业高端价值链赖以发展的创新生态体系。我们期待，全球科技创新中心指数 2020 为科技政策制定者和创新发展实践者提供可用指南，共同推动创新和经济发展。

研究主要发现如下。

第一，由于历史路径和科技前沿的多样性，全球科技创新城市呈现差异化的发展路径和定位。除了个别城市各项指标发展均衡外，大部分城市在科学中心、创新高地、创新生态三个单项排名中存在比较明显的分化趋势，得分分布区间表现离散。在三级指标层面，一些城市（都市圈）有明显短板，比如在专利对外布局和输出方面、数字经济建设方面，有些城市仍有较大提升空间。

第二，深厚的科学积淀和技术创新能力仍然是影响城市（都市圈）在全球创新网络位置的重要因素。旧金山－圣何塞、波士顿、纽约、东京、伦敦等主要城市（都市圈）集聚了全球顶尖创新主体与创新资源，基础科学和技术创新实力雄厚，在世界创新网络中的地位难以撼动。教堂山－达勒姆－洛丽、西雅图－塔科马－贝尔维尤则以其在科学研究或特定技术领域的独特优势占据全球创新网络的重要席位。北京作为中国首都，在科学中心和创新高地等方面表现出强劲的发展势头。

第三，创新高地的地理布局正在悄然发生变化，亚洲城市正在崛起。在创新高地排名中，亚洲占据 7 个席位。北京、深圳、上海等中国城市的迅速崛起与中央实施创新驱动发展战略、不断深化科技体制改革密不可分，大批知名科技型企业涌现出来，成为推动技术创新的主力军和经济发展的重要支柱。东京、首尔、特拉维夫、京都－大阪－神户等其他亚洲城市（都市圈）在专利技术、创新企业和新兴行业等领域表现出实力，成为全球重要的创新高地。

第四，创新生态排名靠前的仍然集中于欧洲和北美，亚洲城市的创新生态排名相对于创新高地排名仍存在一定差距。创新生态是激发科技创新持续竞争力的重要因素，也是巩固创新高地的重要支撑。目前创新生态排名的顶尖城市（都市圈）中美国占据7个席位，欧洲占2个席位，新加坡是唯一入围的亚洲城市（都市圈）。尽管亚洲其他城市的创新经济表现不俗，并逐渐呈现占领创新高地的趋势，但创新生态的发展仍存在一定差距。创新经济蓬勃发展和持续强劲，不仅在于创新企业、新兴产业的技术创新能力提升，而且培育和发展出更为成熟、稳健的创新生态系统也是未来的重要着力点。

构建一个全球范围、城市级别的创新评估指标体系极具挑战。本报告基于全球科技创新中心的概念、内涵和特征构建 GIHI 评估模型，并力求平衡历史与前沿、科技与经济、绩效与环境等因素来选取测量指标，同时还吸收了世界经济论坛、联合国发展规划署、世界银行、洛桑管理学院、上海交通大学等第三方机构问卷调查的结果，以弥补主观评估指标缺乏的不足，使该评估体系具有坚实的理论基础和广泛的指标覆盖度。诚然，由于研究者的能力和时间的限制、新冠肺炎疫情的影响，2020 年度 GIHI 评估体系仍有不足，且只针对数量有限的城市开展测试性评估。未来，本报告还将持续改进、逐年发布，从而跟踪与识别全球科技创新网络的动态演化，力求成为全球科技创新主体、创新评估者与政策决策者的可信参照。

参考文献

科睿唯安、莫京（翻译）、马建华（审校）：《德温特 2018～2019 年度全球百强创新机构》，《科学观察》2019 年第 2 期。

倪鵬飛、馬爾科·卡米亞、王海波：《全球城市競爭力報告（2017～2018）》，中國社會科學出版社，2018。

上海市信息中心：《2017 全球科技創新中心評估報告》，2017。

薛瀾、陳玲、王剛波等：《中美產業創新能力比較：基於對 IC 產業的專家調查》，《科研管理》2016 年第 4 期。

〔挪〕詹·法格伯格、〔美〕戴維·莫利、〔美〕理查德·納爾遜主編《牛津創新手冊》，柳卸林等譯，知識產權出版社，2009。

朱旭峰、李楠等：《中國可持續發展目標的地方評價和展望研究報告——基於 2004～2017 年省級數據的測算》，世界自然基金會，清華大學全球可持續發展研究院，2020。

張座銘、彭甲超、易明：《中國技術市場運行效率：動態演進規律及空間差異特征》，《科技進步與對策》2018 年第 20 期。

Csomos, G. and Toth, G., "Exploring the Position of Cities in Global Corporate Research and Development: a Bibliometric Analysis by Two Different Geographical Approaches," *Journal of Informetric*, 2016: 10 (2).

Derudder, B. and Taylor, P. J., "Central Flow Theory: Comparative Connectivities in the World-city Network," *Regional Studies*, 2017: 52 (8).

Hugo, H., Nordine, E. S., Iris, M., and Aishe, K., European Innovation Scoreboard 2020, European Commission, 2020.

Kraay, A., Kaufmann, D., and Mastruzzi, M., *The Worldwide Governance Indicators: Methodology and Analytical Issues*, The World Bank, 2010.

Klaus, S., The Global Competitiveness Report 2019, World Economic Forum, 2019.

OECD/Eurostat, Oslo Manual 2018: Guidelines for Collecting, Reporting and Using Data on Innovation, 4th Edition, OECD Publishing, 2018.

Parnreiter, C., "Global Cities in Global Commodity Chains: Exploring the Role of Mexico City in the Geography of Global Economic Governance," *Global Networks*, 2010: 10 (1).

Sassen, S., *The Global City. Princeton*, NJ: Princeton University Press, 1991.

Sassen, S., *The Global City: New York, London, Tokyo*, Princeton, NJ: Princeton University Press, 2001.

Soumitra, D., Bruno, L., and Sacha, W. V., The Global Innovation Index 2019: Creating Healthy Lives—The Future of Medical Innovation. Cornell University, INSEAD, and WIPO, 2019.

Valley, J. V. S., 2020 Silicon Valley Index, Joint Venture Silicon Valley, 2020.

指 标 篇
Indicator Construction Reports

第二章
创新评估的理论依据与测度模型

全球科技创新中心指数研究 2020 课题组*

摘　要：　本章在国内外相关文献的基础上，研究现有的创新系统理论
与创新评价模型。首先根据创新理论的发展脉络，对区域创
新系统理论与集群创新理论的演变进行文献述评；其次，回
顾投入－产出模型、创新链模型和《奥斯陆手册》创新测度
模型。研究发现：一是区域创新的理论与测度模型之间的契
合性较低；二是既有创新测度模型忽视了创新要素与结构之
间的互动。通过从理论和实践两个层面进行探讨，本章为全
球科技创新中心指数（Global Innovation Hubs Index，GIHI）
的构建提供理论基础。

关键词：　创新系统　创新测度模型　GIHI

---

* 课题组成员包括陈玲、布和础鲁、付宇航、姜李丹、李芳、李鑫、孙君、孙晓鹏、汪佳慧、
孔文豪、王晓飞。

全球科技创新中心是在创新资源的全球配置中发挥重要作用的枢纽城市。城市创新研究来源于区域创新系统和创新理论研究。本章从区域创新系统理论出发，厘清理论界和实践界对创新活动核心要素、结构的认知的变迁，及当前应用广泛的测度模型，从而更好地理解区域创新能力评估背后的理论与实践逻辑，为构建具有权威性、系统性的全球科技创新中心评估体系奠定基础。

一 区域创新系统理论演变与述评

回顾创新理论发展脉络，基本遵循"熊彼特创新思想—企业创新系统—国家创新系统—区域创新系统"的主线。创新理论鼻祖熊彼特主要从微观系统角度揭示企业的创新行为，将创新主体界定为企业家。在企业创新系统和国家创新系统阶段，学者更加重视对技术创新过程、技术经济基础、技术轨迹与范式等微观系统的分析；新熊彼特学派的学者后来演化出国家创新系统[1]，更加强调创新的系统化、网络化特征，涵盖从微观技术到宏观产业、从地区到国家、从资源到制度等多个层面的内容。

随着全球一体化进程加快，区域成为真正意义上的经济利益体[2]，在国家创新系统理论基础上，学界出现了区域创新系统理论。对于欧洲企业而言，虽然经济全球化和外资控股迅猛发展，但是企业关键性的商业联系仍集中于区域范围内[3]。与此平行的还有欧洲创新环境理论[4]和以美

---

[1] Freeman, C., "Technical Innovation, Diffusion, and Long Cycles of Economic Development. The Long-Wave Debate. Springer Berlin Heidelberg, 1987: 295 – 309. Lundvall, B., *National Systems of Innovation: Towards a Theory of Innovation and Interactive Learning*, Thomson Learning, 1992. Nelson, R. R., National Innovation Systems: A Retrospective on a Study. *Organization and Strategy in the Evolution of the Enterprise*, London: Palgrave Macmillan, 1996: 347 – 374. Edquist, C., "Systems of Innovation Approaches-Their Emergence and Characteristics. Systems of Innovation: Technologies," *Institutions and Organizations*, 1997: 1 – 35.

[2] Ohmae, K., "The Risc of the Region State," *Foreign Affairs*, 1993: 72 (2) 78 – 87.

[3] Cooke, P. and Morgan, K. J., *The Associational Economy: Firms, Regions and Innovation*, Oxford: Oxford University Press. 1998.

[4] Aydalot, P. and Keeble, D., *High Technology Industry and Innovative Environments: The European Experience*, London: Routledge, 1988.

国硅谷为代表的"技术区"观点等，两者同属于区域创新理论范畴。理论界从不同维度对区域创新系统做出阐释。Cooke 和 Morgan 阐释了"区域"、"创新"和"系统"具体内涵，侧重分析了金融资本、制度性学习和系统创新的生产文化对区域创新系统构建的作用。[1] Krugman 认为区域成为全球竞争力的关键要素，区域治理系统是组织和促进经济发展的关键。[2]

随着区域创新理论的发展，区域创新系统的要素和结构亦逐渐明晰，为构建区域创新系统的测量指标奠定基础。Howells 将国家创新系统的要素分析方法应用到区域层面上。他指出地方政府机构、地方特殊产业的长期发展、产业结构核心和外围的差异性以及创新绩效等是区域创新系统的分析要素。[3] Cooke 和Schienstock 认为，地理概念的区域创新系统由具有明确地理界定、行政归属的创新网络与机构共同组成，这些创新网络和机构以正式和非正式的方式相互作用，不断提高区域内部企业的创新产出；内部的机构包括研究机构、大学、技术转移机构、商会或行业协会、银行、投资者、政府部门、个体企业以及企业网络和产业集群等。他们还提出，区域创新系统的架构可以从知识应用和开发子系统、知识产生和扩散子系统两个方面进行分析。[4] Radosevic 通过研究中东欧区域创新系统，给出了区域创新系统的四要素框架：国家层次要素、行业层次要素、区域层次要素和微观层次要素。[5]

---

① Cooke, P. and Morgan, K. J., *The Associational Economy: Firms, Regions and Innovation*, Oxford: Oxford University Press. 1998.

② Krugman, P., *Geography and Trade*, Cambridge: The MIT Press, 1991.

③ Howells, J., "Developments in the Location, Technology and Industrial Organization of Computer Services: Some Trends and Research Issues," *Regional Studies*, 1987, 21 (6): 493 – 503.

④ Cooke, P. and Morgan, K. J., *The Associational Economy: Firms, Regions and Innovation*, Oxford: Oxford University Press. 1998.

⑤ Radosevic, S., "Regional Innovation Systems in Central and Eastern Europe: Determinants, Organizers and Alignments," *Journal of Technology Transfer*, 2002, 27 (1): 87 – 96.

二 区域创新和集群创新理论演变与述评

当创新系统研究发展到区域创新阶段，便与产业集群逐渐结合起来①。创新理论家们的注意力开始转向区域创新和集群创新的融合。比较典型的有Asheim 和 Isaksen 等，他们认为区域创新系统是由两类主体互动构成的区域集群，一类是主导企业和支撑产业，另一类是制度基础结构，如研究和高等教育机构、技术扩散代理机构、职业培训机构、行业协会、金融机构等。② 结合他们的观点，以及国家创新系统、区域创新系统的有关论述，集群创新系统可以被定义为：狭窄的地理区域内，以产业集群为基础并结合规制安排而组成的创新网络与机构，通过正式和非正式的方式促进知识在集群内部创造、储存、转移和应用的各种活动和相互关系③。区域创新与集群创新的融合在于促进产业集群内知识的积累、溢出、共享，为企业技术创新活动提供创新平台，进而促进产业集群的创新活动及知识的积累以提高产业集群的竞争力④。这种结合以产业集群为载体，以创新活动为内容，以提高创新绩效为目的；以合作创新为主要形式，以资源、信息、技术共享为目的；以产业集群内的创新主体为节点，以节点之间的创新联结为纽带，具有层次性和开放性特征⑤。

集群创新系统的构成要素研究是构建指标体系的基础。Padmore 和Gibson 分析提出了以产业集群为基础的区域创新系统构成三要素和六因素，三要素分别是环境、企业和市场。环境要素是整个创新系统的供应要素，即生产过程的投入要素，包括资源和基础结构设施两个因素。企业要素是整个

---

① Tödtling, F., and Kaufmann, A., "Innovation Systems in Regions of Europe—a Comparative Perspective," *European Planning Studies*, 1999, 7 (6): 699–717.

② Asheim, B. T. and A. Isaksen, "Regional Innovation Systems: The Integration of Local 'Sticky' and Global 'Ubiquitous' Knowledge," *The Journal of Technology Transfer*, 2002, 27 (1): 77–86.

③ 魏江：《创新系统演进和集群创新系统构建》，《自然辩证法通讯》2004 年第 1 期。

④ 汪安佑、高沫丽、郭琳：《产业集群创新 IO 要素模型与案例分析》，《经济与管理研究》2008 年第 4 期。

⑤ 陈理飞、曹广喜、李晓庆：《产业集群创新系统的演化分析》，《科技管理研究》2008 年第 11 期。

系统的结构要素,它决定了集群生产效率,该要素由供应商和相关产业两个因素构成。[1] 市场要素是整个集群的需求要素,该要素也包括两个因素——外部市场和内部市场。但三要素和六因素分析存在一定缺陷:一是割裂了各要素的联结,如将市场要素和企业要素分离,破坏了集群内部企业成员之间在价值链等方面的联结[2],而现实中供应商、企业、用户三者难以清晰界定和剥离;二是由于要素之间缺乏主次感和权重,不利于对各要素影响集群创新系统的作用强度进行分析[3],这是指标构建中需要特别注意的地方。

从区域与集群创新系统的实践情况来看,区域与集群创新的结构主要包括技术要素(实验室、高校等技术研发部门,技术平台、创业企业部门等技术传播扩展部门)、经济要素(创新驱动者、创新培育者以及社区便利设施)、物理空间要素(公共领域的物理空间、私人领域的物理空间、连接创新城区与大都市区的物理空间)、网络要素(如技术常客、工作室以及专业科技人员的培训会、创新集群专业会议等)[4]。中国学者结合区域性特征和指标权重对区域创新系统和集群创新进行了有益探索:产学研合作的模式[5]、国家创新体系理论的中国流派[6]、创新系统的环境[7]、区域创新能力的塑造与评估[8]。

总结来看,学者们对集群创新系统的构成要素进行分类和权重赋予时,最关注以下要素。首先,产业集群内外相关企业集合以及由它们所组成的网络[9],

---

① Padmore, T. and Gibson, H., "Modelling Systems of Innovation: II. A Framework for Industrial Cluster Analysis in Regions," *Research Policy*, 1998: 26 (6): 625–641.

② 赵骅:《企业集群价值网络的形成与集聚化研究》,重庆大学硕士学位论文,2008。

③ 王知桂:《要素耦合与区域创新体系的构建——基于产业集群视角的分析》,《当代经济研究》2006 年第 11 期。

④ 田桂玲:《区域创新链、创新集群与区域创新体系探讨》,《科学学与科学技术管理》2007 年第 7 期。付丹、李柏洲:《基于产业集群的区域创新系统的结构及要素分析》,《科技进步与对策》2009 年第 17 期。

⑤ 穆荣平、赵兰香:《产学研合作中若干问题思考》,《科技管理研究》1998 年第 2 期。

⑥ 王春法:《关于国家创新体系理论的思考》,《中国软科学》2003 年第 5 期。

⑦ 肖广岭、柳卸林:《我国技术创新的环境问题及其对策》,《中国软科学》2001 年第 1 期。

⑧ 柳卸林:《构建均衡的区域创新体系》,科学出版社,2011。

⑨ 全哲锡:《基于产业集群视角的企业技术创新影响因素研究》,吉林大学硕士学位论文,2006。

该网络以集群内部企业为主体，也包括集群外部相关企业，通过合作与信息网络、供应链关系以及内部联结模式进行互动。其次，集群技术基础设施，包括硬件基础设施和软件基础设施；其中软件基础设施包括提供知识生产的研究开发机构、实验室和大学，提供人力资源的培训机构以及提供相关服务的金融机构、产业协会和技术服务机构等。最后，集群环境因素，包括社会、文化、政府、外部资源和制度规制等。根据这些要素在产业集群中的定位和作用方式不同，把集群创新系统分为核心层次要素、辅助层次要素和外部层次要素三大类，集群创新系统的构成要素详见表1。核心层次要素包括供应商与用户企业、竞争企业与关联企业、研究单位，它们构成了集群及其创新网络的核心主体，通过产业价值链、竞争合作或其他内部联结模式实现互动。辅助层次要素，即基础设施要素，包括三个因素——硬件技术基础设施、集群代理机构①和公共服务机构。辅助层次要素服务于集群创新系统的持续创新产出，离开核心层次要素，辅助层次要素就失去存在意义。外部层次要素包括政府、制度规制、市场三因素。其中"政府"在国外学者的研究②中作为要素下面的变量考虑，而在中国环境中则需要作为单独的要素研究。

表1 集群创新系统的构成要素

集群层次	构成要素	该要素的变量
核心层次	供应商与用户企业 竞争企业与关联企业 研究单位	研发与技术创新的投入产出,生产要素的投入,产品之间的市场与技术关系,企业之间的技术网络与信息互动等
辅助层次	硬件技术基础设施 集群代理机构 公共服务机构	基础设施投入产出;行业协会、技术协会、企业家协会等;技术转化,研究服务,技术培训等

① Bianchi, P., and Bellini, N., "Public Policies for Local Networks of Innovators," *Research Policy*, 1991, 20 (5): 487-497.

② Krugman, P., *Geography and Trade*, Cambridge: The MIT Press, 1991. Padmore, T. and Gibson, H., "Modelling Systems of Innovation: II. A Framework for Industrial Cluster Analysis in Regions," *Research Policy*, 1998: 26 (6): 625-641. Asheim, B. T. and A. Isaksen, "Regional Innovation Systems: The Integration of Local 'Sticky' and Global 'Ubiquitous' Knowledge," *The Journal of Technology Transfer*, 2002, 27 (1): 77-86.

集群层次	构成要素	该要素的变量
外部层次	政府 制度规制 市场	政府有关机构的指导与扶助,包括科技、工信系统等;正式与非正式制度关系;市场条件,如资本、人力等

资料来源:魏江《创新系统演进和集群创新系统构建》,2004。

三 区域创新的主要测度模型

目前,学术界与实务界创新评价模型主要是投入－产出模型、创新链模型和《奥斯陆手册》创新测度模型等。本部分将结合经典文献与评估实践简要介绍这三种方法。

(一)投入－产出模型

投入－产出模型主要从科技创新投入与产出的角度反映创新的强度与水平[①],关注创新效率问题。投入－产出模型主要测量变量有:创新投入方面体现在创新所需的人力资本投入、经费投入、基础设施及科研设施投入。部分创新指数将创新主体所在区域的制度与政策也作为创新投入的一部分。创新产出方面主要包括创新产品价值、创新产品利润、新产品开发周期、创新产品技术水平等。投入－产出模型被应用于世界知识产权组织主导的全球创新指数(GII)、中关村创新发展研究院编制的"中关村指数"。

但由于科技创新活动的外部性特征,现有的投入、产出测量指标可能很难全面反映创新活动的真实绩效与社会价值。同时,该模型忽略了创新环境、创新网络等影响创新产出的重要维度,无法对科技创新中心的创新能力及潜力做出预见性评估。

---

① 吴运建、吴健中、周良毅:《企业技术创新能力测度综述》,《科学学与科学技术管理》1995 年第 10 期。

（二）创新链模型

创新链模型侧重于从科学技术的创造与利用角度来测度科技创新能力。创新链是从创新产生到产业化成功和市场价值实现的有序链式结构[1]，其本质是揭示知识、技术在整个过程中的流动、转化和增值效应，反映各创新主体在整个过程中的衔接、合作和价值传递[2]。科技创新的本质可以说是利用现有知识创造新知识的过程[3]，该测度模型很好地呈现科学技术从基础创新到应用创新的全过程，有利于对科技创新的各个阶段进行分项评估，从而找出创新链中的薄弱环节，为提升创新能力的政策实践提供决策依据。因此，创新链模型在创新测度实践中得到广泛应用。目前采用创新链模型进行创新测度的指数报告主要有由欧盟委员会发布的欧盟创新记分牌（EIS）、由中国科学技术发展战略研究院主导构建的国家创新指数及区域创新能力指标体系等。

但是，与投入–产出模型相比，创新链模型更注重创新的产出，对创新投入的测度相对忽视，难以直观衡量区域创新的效率，在一定程度上不利于创新主体提高创新绩效。

（三）《奥斯陆手册》创新测度模型

《奥斯陆手册》（Olso Manual）由 OECD 于 1992 年首次推出，是一部专门用于测度科技创新活动的核算体系。《奥斯陆手册》认为创新主要有产品创新、工艺创新、营销创新、组织创新四种形态。1992 年的《奥斯陆手册》确定了创新测度的基本理论框架为：基础设施和制度、企业创新（产品、工艺、组织、制度）、创新政策、教育和公共研究体系、创新需求。随着创新实践的不断丰富，《奥斯陆手册》几经修订发展形成如图 1 所示框架。

---

[1] 吴晓波、吴东：《论创新链的系统演化及其政策含义》，《自然辩证法研究》2008 年第 12 期。
[2] 王刚波、孙春欣：《新兴产业创新链分析框架——以中关村移动互联网为例》，《工业经济论坛》2015 年第 1 期。
[3] 吴运建、吴健中、周良毅：《企业技术创新能力测度综述》，《科学学与科学技术管理》1995 年第 10 期。

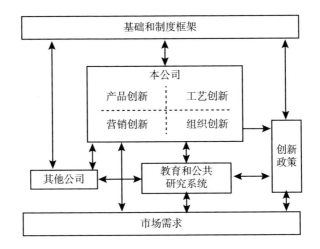

图1 OECD《奥斯陆手册》创新测度模型

资料来源：OECD《奥斯陆手册》（*Olso Manual*），2005。

在《奥斯陆手册》创新测度模型中，主要测量对象为企业，测度维度包括创新投入产出、基础和制度框架、创新政策、市场需求等。该模型重视各创新主体间的互动，着重于交互和合作内容的测量，如合作研发、开放信息获取等方面的评估。由于评估机构的权威性、评估内容的系统性和评估历史的悠久性，《奥斯陆手册》已成为国际认可的创新调查指南，是当前世界各国测度创新必备的指导书。

四 既有创新评估理论与测度模型的不足与优化

尽管如此，既有的区域创新评估相关理论与测度模型还无法直接应用到全球科技创新中心的评估中，其原因主要包括如下几点。

一是区域创新的理论与测度模型之间的契合性较低。理想来讲，区域创新的测度模型应基于创新理论、区域创新理论，根据创新要素和结构来发展创新测度框架，细化创新测度的具体维度与指标；反之，应通过创新测度的具体实践来补充区域创新的要素与结构，丰富和发展创新理论。但已有创新测度模型采用的测量框架和主要维度并不能充分体现和回应经典创新理论中的创新要素和结构。理论发展与测量指标之间的契合度和互动性相对较低。

二是既有创新测度模型忽视了创新要素与结构之间的互动。随着创新活动复杂性逐渐加深,"系统化"的理论开始呈现边界模糊、重点泛化的倾向。在熊彼特经典理论中反复强调的市场与基础研发、技术产业化、产业创新化等复杂互动关系反而消失在政府—市场—社会的大系统之中。区域创新系统是由相关要素组成的特定网络系统,它强调以促进技术研发、扩散和应用为目的,但现有指标体系过分强调特定要素的投入－产出,或者把创新链各个环节相互分离,在一定程度上割裂了要素和结构之间的互动。

为了弥补上述缺陷和不足,全球科技创新中心指数(Global Innovation Hubs Index,GIHI)研究在厘清全球科技创新中心的内涵特征及结构要素的基础上,对当下主流的创新测度模型做出扩展与完善,开发完成契合区域创新理论和测度指标、融合创新评价个体指标和网络指标、兼顾创新效率和综合评价的指标体系,以期实现创新理论与创新测度的良性互动。

参考文献

陈理飞、曹广喜、李晓庆:《产业集群创新系统的演化分析》,《科技管理研究》2008 年第 11 期。

付丹、李柏洲:《基于产业集群的区域创新系统的结构及要素分析》,《科技进步与对策》2009 年第 17 期。

柳卸林:《构建均衡的区域创新体系》,科学出版社,2011。

穆荣平、赵兰香:《产学研合作中若干问题思考》,《科技管理研究》1998 年第 2 期。

全哲锡:《基于产业集群视角的企业技术创新影响因素研究》,吉林大学硕士学位论文,2006。

田桂玲:《区域创新链、创新集群与区域创新体系探讨》,《科学学与科学技术管理》2007 年第 7 期。

汪安佑、高沫丽、郭琳:《产业集群创新 IO 要素模型与案例分析》,《经济与管理研究》2008 年第 4 期。

王春法:《关于国家创新体系理论的思考》,《中国软科学》2003 年第 5 期。

王刚波、孙春欣:《新兴产业创新链分析框架——以中关村移动互联网为例》,《工业经济论坛》2015 年第 1 期。

王知桂：《要素耦合与区域创新体系的构建——基于产业集群视角的分析》，《当代经济研究》2006 年第 11 期。

魏江：《创新系统演进和集群创新系统构建》，《自然辩证法通讯》2004 年第 1 期。

吴晓波、吴东：《论创新链的系统演化及其政策含义》，《自然辩证法研究》2008 年第 12 期。

吴运建、吴健中、周良毅：《企业技术创新能力测度综述》，《科学学与科学技术管理》1995 年第 10 期。

肖广岭、柳卸林：《我国技术创新的环境问题及其对策》，《中国软科学》2001 年第 1 期。

赵骅：《企业集群价值网络的形成与集聚化研究》，重庆大学硕士学位论文，2008。

Asheim, B. T. and A. Isaksen, "Regional Innovation Systems: The Integration of Local 'Sticky' and Global 'Ubiquitous' Knowledge," *The Journal of Technology Transfer*, 2002, 27 (1): 77 – 86.

Aydalot, P. and Keeble, D., *High Technology Industry and Innovative Environments: The European Experience*, London: Routledge, 1988.

Bianchi, P., and Bellini, N., "Public Policies for Local Networks of Innovators," *Research Policy*, 1991, 20 (5): 487 – 497.

Cooke, P. and Morgan, K. J., *The Associational Economy: Firms, Regions and Innovation*, Oxford: Oxford University Press. 1998.

Cooke, P. and Schienstock, G., "Structural Competitiveness and Learning Regions," *Enterprise & Innovation Management Studies*, 2000, 1 (3): 265 – 280.

Edquist, C., "Systems of Innovation Approaches-Their Emergence and Characteristics. Systems of Innovation: Technologies," *Institutions and Organizations*, 1997: 1 – 35.

Freeman, C., "Technical Innovation, Diffusion, and Long Cycles of Economic Development. The Long-Wave Debate. Springer Berlin Heidelberg, 1987: 295 – 309.

Howells, J., "Developments in the Location, Technology and Industrial Organization of Computer Services: Some Trends and Research Issues," *Regional Studies*, 1987, 21 (6): 493 – 503.

Krugman, P., *Geography and Trade*, Cambridge: The MIT Press, 1991.

Lundvall, B., *National Systems of Innovation: Towards a Theory of Innovation and Interactive Learning*, Thomson Learning, 1992.

Morgan, K., "Regional advantage: Culture and competition in Silicon Valley and route 128: AnnaLee Saxenian," *Research Policy*, 1996: 25 (3) 484 – 485.

Nelson, R. R., National Innovation Systems: A Retrospective on a Study. *Organization and Strategy in the Evolution of the Enterprise*, London: Palgrave Macmillan, 1996: 347 – 374.

Ohmae, K. , "The Rise of the Region State," *Foreign Affairs*, 1993: 72 (2) 78 – 87.

Padmore, T. and Gibson, H. , "Modelling Systems of Innovation: II. A Framework for Industrial Cluster Analysis in Regions," *Research Policy*, 1998: 26 (6): 625 – 641.

Radosevic, S. , "Regional Innovation Systems in Central and Eastern Europe: Determinants, Organizers and Alignments," *Journal of Technology Transfer*, 2002, 27 (1): 87 – 96.

Tödtling, F. , and Kaufmann, A. , "Innovation Systems in Regions of Europe—a Comparative Perspective," *European Planning Studies*, 1999, 7 (6): 699 – 717.

第三章
典型创新指数的简要比较与评述

全球科技创新中心指数研究 2020 课题组 *

摘　要： 本章梳理了全球范围内既有的评估创新能力的指数指标体系，根据评估对象进行分类归纳，简述每套指标体系的指标构成与特征。通过横向比较各套指数指标体系，分析其优势与短板，为全球科技创新中心指数（Global Innovation Hubs Index，GIHI）的构建提供参考与借鉴。

关键词： 创新指数　创新能力　科技创新中心

为了衡量国家、区域、城市的创新能力，世界知识产权组织、世界经济论坛等国际组织和各国政府开展了大量创新指数研究工作，并在全球范围内形成大量有影响力、权威性的指数报告。本章将重点梳理和比较分析国家层面和区域层面既有的创新指数及其指标构成，为构建和优化全球科技创新中心评估指标体系提供借鉴。

一　国家层面创新指数简述

（一）全球创新指数（GII）

全球创新指数（Global Innovation Index，GII）是世界知识产权组织于

---
* 课题组成员包括陈玲、李鑫、孙君、汪佳慧等。

2007 年创立和主导的衡量全球主要经济体创新能力表现的年度排名榜单，至今已出版第十二版。它是全球政策制定者和企业管理执行者工作的重要参考。"全球创新指数"以创新投入、创新产出两个次级指数的平均值计算得出，其中创新投入次级指数包括制度、人力资本和研究、基础设施、市场成熟度、商业成熟度等五大类 15 项细分指标，创新产出次级指数包括知识和技术产出以及创意产出等两大类 6 项细分指标。全球创新指数指标框架如表 1 所示。

表 1　全球创新指数指标框架

指标	一级指标	二级指标
全球创新指数（创新效率比）	创新投入次级指数	制度
		人力资本和研究
		基础设施
		市场成熟度
		商业成熟度
	创新产出次级指数	知识和技术产出
		创意产出

资料来源：全球创新指数（Global Innovation Index，GII），2019。

全球创新指数的突出优势在于，一是通过政治环境、监管环境、商业环境等细分指标量化衡量了国家创新体制机制；二是基于典型的投入 – 产出型评价框架，利用创新产出次级指数得分与创新投入次级指数得分之比测算创新效率，为各国家或地区提高创新效率提供导向。

（二）欧盟创新记分牌

欧盟创新记分牌（European Innovation Scoreboard，EIS）是由欧盟委员会发布的测度欧盟各成员国的科研与创新表现的评分榜，自 2001 年发布以来，经过不断修正完善，目前已成为规范程度最高的国家创新能力测度方案之一。EIS 以各项指标合成得出的综合创新指数（Summary Innovation Index，SII）衡量创新表现。该指数主要包括框架条件、投资、创新活动、影响力 4 个一级指标 10 个二级指标 27 个三级指标。伴随着知识经济与服务型经济的兴起与发展，EIS 指数体系的关注重点从局部创新要素渗透至创新全过程，构建起以创新过程为中心的创新绩效评价体系。EIS 指标框架如表 2 所示。

表 2 EIS 指标框架

指标	一级指标	二级指标	三级指标
欧盟创新记分牌	框架条件	人力资源	新增博士毕业生
			25~34 岁接受高等教育的人口
			终身学习
		有吸引力的研究系统	国际合作出版物
			全球引用率前 10% 论文占比
			外国博士生
		创新友好型环境	宽带普及率
			机会驱动型企业
	投资	金融支持	公共研发支出
			风险资本支出
		企业投资	商业部门研发支出
			非研发创新支出
			提供 ICT 培训的企业
	创新活动	创新者	具有产品或流程创新的中小企业
			具有营销或组织创新的中小企业
			具有内部创新的中小企业
		联动	与外部合作的创新型中小企业
			公私合作出版物
			私营部门对公共研发的联合资助
		知识资产	专利合作条约（Patent Cooperation Treaty, PCT）专利申请
			商标申请
			设计申请
	影响力	就业影响	知识密集型活动就业
			快速增长的创新型企业就业
		销售影响	中高科技产品出口
			知识密集型服务出口
			市场和公司新产品的销售

资料来源：2019 年欧盟创新记分牌（European Innovation Scoreboard，EIS），2019。

（三）国家创新指数

国家创新指数由中国科学技术发展战略研究院组织构建，评价对象为 40 个科技创新活动活跃的国家（R&D 经费投入之和占全球总量 95% 以上）的创新能力。国家创新指数系统梳理从创新概念提出到研发、知识产出再到商业化应用的完整过程，包括创新资源、知识创造、企业创新、创新绩效和创新环境 5 个方面。国家创新指数指标体系如表 3 所示。

表 3　国家创新指数指标体系

指标	一级指标	二级指标
国家创新指数	创新资源	研究与发展经费投入强度
		研究与发展人力投入强度
		科技人力资源培养水平
		信息化发展水平
		研究与发展经费占世界比重
	知识创造	学术部门百万研究与发展经费科学论文被引次数
		万名研究人员科技论文数
		知识密集型服务业增加值占 GDP 比重
		亿美元经济产出发明专利申请数
		万名研究人员发明专利授权数
	企业创新	三方专利数占世界比重
		企业研究与发展经费与增加值之比
		万名企业研究人员 PCT 专利申请数
		综合技术自主率
		企业研究人员占全部研究人员比重
	创新绩效	劳动生产率
		单位能源消耗的经济产出
		有效专利数量占世界比重
		高技术产业出口占制造业出口比重
		知识密集型产业增加值占世界比重
	创新环境	知识产权保护力度
		政府规章对企业负担影响
		宏观经济环境
		当地研究与培训专业服务状况
		反垄断政策效果
		企业创新项目获得风险资本支持的难易程度
		员工收入与效率挂钩程度
		产业集群发展状况
		企业与大学研究与发展协作程度
		政府采购对技术创新影响

资料来源：《国家创新指数报告 2016 ~ 2017》，2017。

国家创新指数参考了欧盟国家创新绩效评价的方法，采用综合指数评价方法。5 个一级指标之下共有 30 个二级指标，其中包含 20 个突出创新规模、质量、效率和国际竞争能力评价的定量指标，以及 10 个反映创新环境的定性指标。兼顾定量和定性指标，侧重创新环境难易程度评价是国家创新指数的重要特征。

二 区域层面创新指数简述

（一）国家高新区创新能力评价指标体系

国家高新区创新能力评价指标体系始于 2013 年，由科技部领导，科技部火炬高技术产业开发中心、中国高新区研究中心具体实施，主要评估国家高新区整体创新能力的动态变化。国家高新区创新能力评价指标体系聚焦于"技术创新"与"创新经济发展"，致力于将高新区打造为"经济片区"。指标体系由创新资源集聚、创新创业环境、创新活动绩效、创新的国际化及创新驱动发展 5 个一级指标构成，下设 25 个二级指标。国家高新区创新能力评价指标体系如表 4 所示。

（二）区域创新能力指标体系

区域创新能力指标体系由中国科技发展战略研究小组[①]于 1999 年首次发布，评估对象为中国 31 个省、自治区、直辖市。2016 年版区域创新能力指标体系包括 5 个一级指标 20 个二级指标 40 个三级指标和 137 个四级指标。一级指标包括知识创造、知识获取、企业创新、创新环境和创新绩效。

---

① 中国科技发展战略研究小组，是由一群对中国科技发展问题有着丰富研究经验的中青年学者构成的学术群体。从 1999 年开始，该学术群体每年围绕一个核心主题，选择中国科技发展的相关问题进行研究与讨论，并以《中国科技发展研究报告》和《中国区域创新能力报告》的形式发表研究成果。研究小组成员主要来自科学技术部、清华大学、中国科学院、国家发展计划委员会宏观研究院、中国社会科学院、北京系统工程研究所、国务院体改办和长城企业战略研究所等机构。

表 4 国家高新区创新能力评价指标体系

指标	一级指标	权重	二级指标
国家高新区创新能力	创新资源集聚	20%	企业研究与试验发展人员全时当量
			企业研究与试验发展投入与增加值比例
			财政科技支出与当年财政支出比例
			各类研发机构数量
			当年认定的高新技术企业数量
	创新创业环境	20%	当年新增企业数与企业总数比例
			各类创新服务机构数量
			企业开展产学研合作研发费用支出
			科技企业孵化器及加速器内企业数量
			创投机构当年对企业的风险投资总额
	创新活动绩效	25%	高技术产业营业收入与营业收入比例
			企业 100 亿元增加值拥有知识产权数量和各类标准数量
			企业当年完成的技术合同交易额
			高技术服务业从业人员占从业人员比重
			企业营业收入利润率
	创新的国际化	10%	内资控股企业设立的海外研发机构数量
			内资控股企业万人拥有欧美日专利授权数量及境外注册商标数量
			技术服务出口占出口总额比重
			企业委托境外开展研发活动费用支出
			企业从业人员中海外留学归国人员和外籍常驻员工所占比重
	创新驱动发展	25%	园区全口径增加值与所在城市 GDP 比例
			企业单位增加值中劳动者报酬所占比重
			规模以上企业万元增加值综合能耗
			企业人均营业收入
			企业净资产利润率

资料来源：《国家高新区创新能力评价报告 2017》，2017。

知识创造用来衡量区域不断地创造新知识的能力；知识获取用来衡量区域利用全球一切可用知识的能力；企业创新用来衡量区域内企业应用新知识、推出新产品或新工艺的能力；创新环境用来衡量区域为知识的产生、流动和应用提供相应环境支撑的能力；创新绩效用来衡量区域创新的产出能力。中国区域创新能力指标体系如表 5 所示。

该指标体系的特点是基于创新链各环节来建构创新指标，并将二级指标划分为实力、效率与潜力三个层面，提出区域创新能力分析框架。其优势在于可以相对准确地观测到被评估对象在区域创新能力整体实力上的变化，也能观测到被评估对象在创新链各个环节创新能力的变化速度与幅度，劣势是缺乏对制度和政府效率的直接测度。

表5　中国区域创新能力指标体系

指标	一级指标	二级指标
中国区域创新能力	知识创造	研究开发投入综合指标
		专利综合指标
		科研论文综合指标
	知识获取	科技合作综合指标
		技术转移综合指标
		外资企业投资综合指标
	企业创新	企业研究开发投入综合指标
		设计能力综合指标
		技术提升能力综合指标
		新产品销售收入综合指标
	创新环境	创新基础设施综合指标
		市场环境综合指标
		劳动者素质综合指标
		金融环境综合指标
		创业水平综合指标
	创新绩效	宏观经济综合指标
		产业结构综合指标
		产业国际竞争力综合指标
		就业综合指标
		可持续发展与环保综合指标

资料来源：《中国区域创新能力评价报告2016》，2016。

（三）硅谷指数

硅谷指数（Silicon Valley Index）是评价硅谷地区经济和社区发展的综合性区域发展评估报告。主体框架包括人口、经济、社会、空间和地方行政。

硅谷指数由硅谷联合投资（Joint Venture Silicon Valley）于 1995 年首创，后与硅谷社区基金会（Silicon Valley Community Foundation）联合制定并发布。2018 年版硅谷指数指标体系包括人口（People）、经济（Economy）、社会（Society）、生活场所（Place）、治理（Governance）等 5 个一级指标，下设16 个二级指标 79 个三级指标。硅谷指数框架体系如表 6 所示。

硅谷指数强调"以人为本"的指标设计理念。硅谷指数注重综合性评估，而非绩效评价性或导向性指标体系。它通过对硅谷地区自然发展所呈现状态的抽象描述，映射出一个以"创新经济"为灵魂、以产城一体为特征的"综合型社区"或"创新型城区"。

表 6　硅谷指数框架体系（2018）

指标	一级指标	二级指标
硅谷指数	人口	人才流动与多样性
	经济	就业
		收入
		创新和企业家精神
		商业空间
	社会	为经济成功做准备
		早期教育与关怀
		艺术与文化
		健康质量
		安全
	生活场所	居住
		交通
		土地使用
		环境
	治理	城市财政
		公民参与

资料来源：硅谷指数（Silicon Valley Index），2018。

（四）中关村指数

中关村指数是全面评价中关村创新、创业和高技术产业发展状况与水平的评估报告，能够较为客观、全面地追踪中关村的发展轨迹，被誉为我国高新技术产业园区发展的"晴雨表"和"风向标"。中关村指数借鉴了硅谷指数的编制思想和方法，自 2005 年首次发布后，历经数次改版，着重突出即时性指标以便及时反映出中关村发展的新变化。2018 年版中关村指数由中关村创新发展研究院和北京方迪经济发展研究院共同研究编制。指标体系设置了创新引领、双创生态、高质量发展、开放协同、宜居宜业等 5 个一级指标 11 个二级指标。中关村指数框架体系如表 7 所示。

中关村指数对园区发展提供多维度动态监测，但由于指标体系多次改版，指标的可追溯性和稳定性有待增强。

表 7　中关村指数框架体系

指标	一级指标	二级指标
中关村指数	创新引领	创新投入
		创新产出
	双创生态	创业活力
		成果转化与孵化
	高质量发展	创新经济
		质量效益
	开放协同	国际拓展
		资源引入
		区域辐射
	宜居宜业	营商环境
		生活品质

资料来源：《中关村指数 2018》，2018。

（五）全球科技创新中心综合评分

《全球科技创新中心评估报告》由上海市信息中心于 2017 年首次发布。报告遵循全球通行、横向可比、纵向可考、动态更新的原则开展对全球科技创新中心建设的评估，动态反映出全球科技创新中心的演进历程。报告参考《全球最具创新力城市指数》《2016 年全球创新指数》，选取了全球知名度较高、经济发达、创新力较强的 165 个城市或都市圈作为评估对象。

2017 年报告构建了包括基础研究、产业技术、创新经济和创新环境 4 项一级指标和 25 项二级指标的指标体系。全球科技创新中心综合评分指标体系如表 8 所示。

表 8　全球科技创新中心综合评分指标体系

指标	一级指标	权重	二级指标分类	二级指标	权重
全球科技创新中心综合评分	基础研究	25%	论文发表	自然指数（Nature Index）	12.5%
				SCI 高引用论文	12.5%
			一流大学	世界大学排名 TOP200 上榜数量	25%
			科研获奖	世界顶级科技奖励获奖人数	25%
			科研设施	大科学设施数	20%
				超算中心科学计算能力	5%
	产业技术	25%	专利申请	PCT 专利申请量	25%
			高科技制造业	医药化工制造业福布斯 2000 企业上榜数	8.33%
				电子信息制造业福布斯 2000 企业上榜数	8.33%
				高端设备制造业福布斯 2000 企业上榜数	8.33%
			生产性服务业	GaWC 生产性服务业世界一线城市分级	25%
			企业研发投入	企业研发投入	25%
	创新经济	25%	生产力水平	人均 GDP	33.3%
			金融支撑	VC 募资	11.1%
				PE 募资	11.1%
				众筹募资	11.1%
			企业活力	独角兽企业	11.1%
				企业创新力	11.1%
				企业成长性	11.1%
	创新环境	25%	人才	高端职位供给	20%
			便利化	航线连接性	10%
				高级宾馆	10%
			宜居	宜居和生活质量	20%
			繁荣	夜晚灯光亮度	20%
			政策舆论	创新关键词检索	20%

资料来源：上海市信息中心《全球科技创新中心评估报告》，2017。

报告重点关注和比较上海与世界领先城市的差距，突出"为我所用"的评估路径，在保证全球可比性的基础上突出上海地方特色，为上海建设成为全球科技创新中心提供数据依据和决策参考。

（六）上海科技创新中心指数指标体系

上海科技创新中心指数是反映上海创新发展的特征和总体水平、监测和评价科技创新中心建设进程的报告，由上海市科学学研究所发布。指标体系设计遵循创新3.0时代科技创新与城市功能发展规律，着眼于创新资源集聚力、科技成果影响力、创新创业环境吸引力、新兴产业发展引领力、区域创新辐射带动力5个一级指标和30项二级指标。该指数亮点有三：一是凸显了上海地方特色；二是突出创新生态视角，强化科技创新中心对周边区域的辐射、带动作用；三是二级指标具有较强可操作性。上海科技创新中心指数指标体系（2016）如表9所示。

表9 上海科技创新中心指数指标体系（2016）

指标	一级指标	二级指标
上海科技创新中心指数指标体系	创新资源集聚力	全社会研发经费支出占GDP的比例
		规模以上工业企业研发经费与主营业务收入
		主要劳动年龄人口受过高等教育比例
		每万人研发人员全时当量
		基础研究占全社会研发经费支出比例
		创业投资及私募股权投资总额
		国家级研发机构数量
		科研机构、高校使用来自企业的研发资金
	科技成果影响力	国际科技论文收录数
		国际科技论文被引用数
		PCT专利申请量
		每万人口发明专利拥有量
		国家级科技成果奖励占比
		500强大学数量及排名
	创新创业环境吸引力	环境空气质量优良率
		研发经费加计扣除与高企税收减免额

续表

指标	一级指标	二级指标
上海科技创新中心指数指标体系	创新创业环境吸引力	公民科学素质水平达标率
		新设立企业数占比
		在沪常住外国人口
		固定宽带下载速率
	新兴产业发展引领力	全员劳动生产率
		信息、科技服务业营业收入亿元以上企业数量
		知识密集型产业从业人员占全市从业人员比重
		知识密集型服务业增加值占 GDP 比重
		每万元 GDP 能耗
	区域创新辐射带动力	外资研发中心数量
		向国内外输出技术合同额占比
		高技术产品出口额占商品额出口比重
		上海对外直接投资总额
		财富 500 强企业上海本地企业入围数和排名

资料来源：上海市科学学研究所《2016 上海科技创新中心指数报告》，2017。

三　竞争力指数简述

竞争力指数是反映国家或城市综合竞争力的指数，指标体系涵盖了社会、经济、政治、环境等多个维度。其在科技创新维度的指标亦对评估全球科技创新中心具有参考意义。

（一）全球竞争力指数

全球竞争力指数（Global Competitiveness Index，GCI）由世界经济论坛自 1979 年首次发布，40 多年持续跟踪监测了近 140 个国家或经济体的竞争力状况，有效帮助决策者确定国家经济增长的优势和面临的挑战。《2017～2018 年全球竞争力报告》将国家竞争力定义为"决定经济体生产力水平的一系列机构、政策和影响因素的集合"。

全球竞争力指数框架按照要素驱动、效率驱动和创新驱动维度分为基础条件分类指数、效能提升分类指数、创新成熟度分类指数，一共 12 项主要竞争力因素。全球竞争力指数框架如表 10 所示。

表 10　全球竞争力指数框架

指标类型	指标	指标目标对象
基础条件分类指数	制度建设	要素驱动型经济体
	基础设施	
	宏观经济环境	
	健康与初等教育	
效能提升分类指数	高等教育与培训	效率驱动型经济体
	商品市场效率	
	劳动力市场效率	
	金融市场发展	
	技术就绪度	
	市场规模	
创新成熟度分类指数	商务成熟度	创新驱动型经济体
	创新水平	

资料来源：世界经济论坛《2017～2018 年全球竞争力报告》，2017。

（二）全球城市竞争力标杆指数

全球城市竞争力标杆指数（Benchmarking Global City Competitiveness）由英国《经济学家》智库（Economic Intelligence Unit）发布。指标体系考察了全球 120 个城市的经济竞争力、人力资本、机构效率、金融产业融合度、国际吸引力、有形资本、环境与自然危害、社会与文化特质等 8 个一级指标 31 个二级指标。在指标权重上突出经济增长、人力资本、机构效率等要素，与科技创新直接相关的指标较少，而文化多样性、环境及安全要素相对弱化。

（三）GN 中国城市综合竞争力评价指标体系

GN 中国城市综合竞争力评价指标体系是一项以经济、地理和行政划分为基础，对中国省区综合竞争力进行全面研究的总体评价指数，由中外城市竞争力研究院、香港桂强芳全球竞争力研究会、世界城市合作发展组织联合组织发布。城市综合竞争力是指城市整合自身经济资源、社会资源、环境资源与文化资源参与区域资源配置竞争及国际资源配置竞争的能力。该指标体系涵盖经济、社会、环境、文化四大系统，由综合经济竞争力，产业竞争力，财政金融竞争力，商业贸易竞争力，基础设施竞争力，社会体制竞争力，环境、资源、区位竞争力，人力资本教育竞争力，科技竞争力和文化形象竞争力等 10 项一级指标 50 项二级指标 216 项三级指标构成。

四　现有指数比较分析

无论国家层面还是区域层面的创新指数，指标体系设计各有千秋，在不同维度给予全球科技创新中心评估提供有益借鉴。综合考察上述指标体系有如下特征。

从结构来看，国家层面指数总体结构简洁，指标数量较少，区域层面指数结构庞杂。如区域创新能力指标体系为 4 级，指标总数达 137 个，GN 中国城市综合竞争力评价指标体系 3 级指标总数达 216 个，数据层级和覆盖面在一定程度上增加了持续评估和总体监测的难度。

从影响力来看，国际创新评估起步早、持续时间长，评估机构多为具有国际影响力的企业或权威国际组织；国内评估机构类型较为单一，多为政府部门或大学、研究院等事业单位，评估机构的知名度和影响力相对较弱。

国内外知名创新指数指标体系对比情况见表 11。

进一步看国家层面的 4 个创新指数发现各持侧重。欧盟创新记分牌（EIS）与国家创新指数都重视过程型指标，指标贯穿创新过程或者创新链；国家创新指数采用定性指标与定量指标相结合的方法评估了创新环境；全球创新指数（GII）关注创新效率，构建了创新体制机制要素的量化指标；全球竞争力指数细化了竞争力要素和发展阶段的划分，有效提高了指标的可比性，尽管指数体系结构丰富，科技创新指标却较少。

表 11 国内外知名创新指数指标体系对比

评估层次	名称	评价机构	评价对象	起始年份	指标等级	一级	二级	三级	四级
国家层面	全球创新指数（GII）	世界知识产权组织	世界各地近130个经济体	2007	4	2	7	21	—
	欧盟创新记分牌（EIS）	欧盟委员会	欧盟各成员国	2001	3	4	10	27	—
	全球竞争力指数（GCI）	世界经济论坛	近140个国家	1979	2	3	12	—	—
	国家创新指数	中国科学技术发展战略研究院	40个科技创新活动活跃的国家	2011	2	5	30	—	—
区域层面	硅谷指数	硅谷联合投资	硅谷地区	1995	3	5	16	79	—
	全球城市竞争力标杆指数	英国《经济学家》智库	全球120个城市	2012	2	8	31	—	—
	中关村指数	中关村创新发展研究院	中关村示范区	2005	3	5	11	35	—
	国家高新区创新能力评价指标体系	科技部火炬高技术产业开发中心等	146 + 1家高新区	2013	2	5	25	—	—
	中国区域创新能力指标体系	中国科技发展战略研究小组	中国31个省、自治区、直辖市	1999	4	5	20	40	137
	全球科技创新中心综合评分	上海市信息中心	全球165个城市、都市圈为评估对象	2017	2	4	25	—	—
	上海科技创新中心指数指标体系	上海市科学学研究所	上海市	2016	2	5	30	—	—
	GN中国城市综合竞争力评价指标体系	中外城市竞争力研究院等	中国主要城市	2002	3	10	50	216	—

资料来源：笔者根据相关指数报告和官网整理。

　　整体来看，国家层面创新指数指标体系普遍依靠单纯数量和质量指标进行排名，但缺乏关联性指标，很难考察特定评估对象在全球创新网络的位置和影响力，亦无法分析在全球创新网络中不同创新主体的互动关系。国家层面创新指数指标体系对比情况详见表12。

表12　国家层面创新指数指标体系对比情况

名称	指标框架体系	指标体系特点
全球创新指数	投入：制度、人力资本和研究、基础设施、市场成熟度、商业成熟度 产出：知识和技术产出、创意产出	基于投入－产出框架，体系由创新投入指标与创新产出指标组成
欧盟创新记分牌	框架条件：人力资源、有吸引力的研究系统、创新友好型环境 投资：金融支持、企业投资 创新活动：创新者、联动、知识资产 影响力：就业影响、销售影响	以创新过程为中心的创新绩效评价体系
全球竞争力指数	基础条件分类指数 效能提升分类指数 创新成熟度分类指数	将竞争力要素指标分为三大类，分别对应世界经济体所处的三个主要发展阶段
国家创新指数	创新资源、知识创造、企业创新、创新绩效、创新环境	从整个创新链主要环节来建构创新指标；定量、定性相结合

资料来源：笔者根据相关指数报告和官网整理。

区域层面的8个经典创新指数有以下主要特征。①指标体系与区域功能、定位相契合。硅谷指数与中关村指数较为相似，均突出了科技创新园区科产城融合的发展方向与功能定位。国家高新区创新能力评价指标体系与之相反，重点突出高新区"创新经济"发展功能。②全球可比指标与地区特色指标相平衡。全球科技创新中心综合评分和上海科技创新中心指数指标体系在保持全球可比性的同时突出了地区特色，指标体系重点服务于上海。③区域层面创新指数注重协同性和辐射性功能，如中关村指数中的"开放协同"指标、国家高新区创新能力评价指标体系中"创新的国际化"指标、上海科技创新中心指数指标体系"区域创新辐射带动力"指标。区域层面指数指标体系对比情况详见表13。

总体来讲，当前尚未出现专门针对全球科技创新中心进行评估的权威的、有国际影响力的指数体系。已有评估对象以国家或特定城市为主，未从

表 13 区域层面指数指标体系对比情况

名称	指标框架体系	指标体系特点
硅谷指数	人口、经济、社会、生活场所、治理等5个一级指标	"以人为本",在关注经济指标的同时,关注环保、教育、健康、地方治理等综合性指标
全球城市竞争力标杆指数	经济竞争力、人力资本、机构效率、金融产业融合度、国际吸引力、有形资本、环境与自然危害、社会与文化特质等8个一级指标	突出经济增长、人力资本、机构效率等要素的权重,与科技创新直接相关的指标较少
中关村指数	创新引领、双创生态、高质量发展、开放协同、宜居宜业等5个一级指标	学习了"硅谷指数",重视科产城融合
国家高新区创新能力评价指标体系	创新资源集聚、创新创业环境、创新活动绩效、创新的国际化及创新驱动发展等5个一级指标	聚焦于"创新经济发展",致力于将高新区打造为"经济片区",忽视了区域内的人文环境
中国区域创新能力指标体系	知识创造、知识获取、企业创新、创新环境和创新绩效等5个一级指标	从整个创新链主要环节来建构创新指标,其指标聚焦且简洁
全球科技创新中心综合评分	基础研究、产业技术、创新经济和创新环境4个一级指标	保证全球可比性的基础上突出上海市地方特色
上海科技创新中心指数指标体系	创新资源集聚力、科技成果影响力、创新创业环境吸引力、新兴产业发展引领力、区域创新辐射带动力等5个一级指标	凸显上海地方特色,突出创新中心对周边区域的辐射、带动作用
GN中国城市综合竞争力评价指标体系	涵盖经济、社会、环境、文化四大系统	全球可比性强,指标详细全面

资料来源:笔者根据相关指数报告和官网整理。

科技创新活动的集聚这一空间视角对全球城市或都市圈进行分类评估。如何将全球城市或都市圈嵌入全球创新网络,兼顾指标层级复杂性特征和监测持续性目标、融合定量与定性指标,统筹城市竞争力和科技创新能力评价,全面考察全球科技创新中心发展潜力和成功路径是本课题重点关注的理论和实践问题。

我们期待建立一套全面系统的、具有广泛国际合作网络的"全球科技创新中心评估指标体系",以提高评估的国际、国内影响力,掌握我国在全球科技创新中心测度领域的国际话语权。

综合既有创新相关指数的指标设计及评价经验，本研究在构建全球科技创新中心评价指标体系的过程中，着重考虑以下几点。一是评估机构的权威性。依托清华大学学科优势，建立广泛的国际合作网络，提升指标体系的科学性与国际影响力。二是评估目标的预见性。指标体系设计不仅要基于全球科技创新中心的特征、功能定位，更要准确预见全球科技创新中心的未来发展。三是平衡不同监测指标的功能性。要明确指标体系的类别与功能，区分监测指标和评价指标、反映性指标和导向性指标，防止指标过于"刚性"而损害创新主体创新积极性。四是重视对于创新生态的评估。五是突出方法的科学性。处理好指标体系理论性与可操作性、全面性与简洁性的关系，将创新能力测度与国家创新能力发展的机理分析相结合，使全球科技创新中心指数（Global Innovation Hubs Index，GIHI）不仅成为全球科技创新中心实力排名的权威手册，而且成为各创新中心提升创新水平的重要参考。

参考文献

胡海鹏、袁永、廖晓东：《基于指标特征的国内外典型创新指数比较研究》，《科技管理研究》2017 年第 20 期。

邱均平、谭春辉：《国家创新能力测评五十年》，《重庆大学学报》（社会科学版）2007 年第 6 期。

沙德春：《硅谷指数与中国国家高新区评价指标体系比较研究》，《中国科技论坛》2012 年第 12 期。

王智慧、刘莉：《国家创新能力评价指标比较分析》，《科研管理》2015 年第 1 期。

中国科学技术发展战略研究院：《国家创新指数报告 2016～2017》，科学技术文献出版社，2017。

第四章
测度城市科学研究水平

李 鑫[*]

摘　要：　科学研究是创新的知识源头，也是全球科技创新中心的根
基，为创新经济发展、培育创新生态提供必要的支撑。首
先，全球科技创新中心指数（Global Innovation Hubs Index,
GIHI）在科学中心维度的测量上，以科研能力与绩效两个维
度为出发点，着重关注在存量与质量上的统计，强调具有持
久影响力的关键要素。其次，围绕全球科技创新中心的核心
内涵，以影响力、前瞻性等特征为落脚点，重点关注能够推
动重大科学创新、具有重大影响力的科学研究要素。最后，
本章对主要的测量指标进行了介绍与梳理，以期为城市的科
学研究水平测度提供一定的方向与参考。

关键词：　科学中心　科学研究　全球科技创新中心

　　科学中心是全球科技创新中心形成的根基与核心，对科学中心内涵的理
解，对科学中心评估指标的构建及测量，是进行全球科技创新中心评估的前
提与基础。

---

　*　李鑫，清华大学公共管理学院博士候选人，主要研究方向为产业政策、科技创新政策。

一 科学中心的内涵与功能

"科学中心"的概念由英国著名科学社会学家贝尔纳于 1954 年首次提出。在此基础上，日本著名科学史家汤浅光朝指出当一个国家科学成果数超过同期世界总数的 25% 时，该国则可以被定义为世界科学活动中心。此外，科学中心在全世界范围内存在周期转移的现象，平均周期为 80 年左右，即所谓的"汤浅现象""红州现象"。

综观人类历史发展的长河，世界科学中心转移过程中国家实力消长亦清晰可见。世界科学中心发生过 5 次大转移，从古代中国转移到欧洲，经意大利转至英国，再到法国、德国，漂洋过海直抵美国。近代欧洲发起了以文艺复兴为标志的思想启蒙运动，为科学革命、科技革命的到来提供思想沃土。伴随生产力水平的提高以及科学技术的广泛应用，工业革命的浪潮应运而生。工业革命反作用于科学技术与生产力，为新技术、新方法的应用提供了必要的场景和支撑，推动欧洲成为近现代以来的世界科学中心、文化中心、经济中心。

美国作为全球最大的移民国家，崇尚开拓、竞争等多元社会文化，继承了近代欧洲的科学遗产和思想遗产，且免受战争的侵袭与破坏，在新垦的土地上建立起备受瞩目的科学和文化中心。时至今日，欧美国家特别是美国仍牢牢掌握着科学技术带动工业化发展的先发优势，即使在当今的数字化时代，它们仍然在经济、科学和技术等多个领域领先于其他国家。

从科学中心的崛起历史和转移路径来看，世界科学中心的形成有赖于先进科学技术的应用与经济发展的良性互动，新兴技术的应用推动生产力水平提高并助推经济发展。当经济发展到一定阶段时，经济为科技进步提供物质保障、创造市场需求。区域内经济与科技的交互推动科学研究水平进一步提高，城市在此过程中形成自己独有的科学研究、技术优势，再推动经济进一步发展，如此反复，进而形成科学中心。

综上，本研究认为科学中心是指科学研究水平位居全球前列，能够有效集聚全球科研资源，科研成果影响和辐射全球，并在全球的科学发展中发挥引领作用的地区或国家。从具体功能上来说，科学中心能够为科学研究活动的开展提供充分的人力、资金、物理等要素的支撑，为全球输出重大科学研究成果与一流的科研人才。要素构成上包括衡量科学研究能力的科技人力资源、科研机构、科学基础设施三方面。科技人力资源是从事科学研究、知识创造等相关工作的人员，是科学中心的核心要素；科研机构是组织要素；科学基础设施为从事科学研究活动提供物理支撑。从影响力、绩效的角度来说，本研究将其科研成果概括为知识创造水平，以此衡量一个地区科学研究绩效的指标，表现形式有科技论文、专著或专利技术及其带来的影响力等。

二 科学中心的测度

（一）科技人力资源

人才是创新的第一资源。科技人才是知识创造的主体，是科学研究、科技创新活动的重要提供者。科研人才储备规模和高影响力人才结构决定科研产出质量以及科学研究的可持续性和未来趋势。以美国为例，在第二次世界大战以前，美国通过技术引进和吸收转化已建立起雄厚的工业基础，但科学研究的水平仍落后于欧洲大陆国家。世界大战期间，为了躲避战乱，欧洲大量科学家辗转到美国。科技人才的集聚与涌入为美国科技研发活动储备了人力资源，美国科学研究能力迅速提升，为美国成为世界科技强国奠定了雄厚的人力基础。

科技人力资源包括顶级科学家与研究开发人员。顶级科学家是能够推动人类科技进步的塔尖式人物，高被引科学家的数量可以彰显城市的人才储备水平与质量。研究开发人员是指直接从事研发活动的人员，他们是科技人力资源的塔基。研究开发人员规模是对城市参与科研活动的最直观的评估，可以彰显城市科研人才的储备规模。

首先，研究开发（Research and Development，R&D）人员是科技人力资源的核心部分，是科学研究活动中最活跃、最具潜力的要素，是构成城市研发人才储备金字塔的中坚力量。已有研究表明，R&D人员规模在相当程度上影响其国家的创新绩效。要提高创新绩效，最关键的是提高人力尤其是R&D人员的质量和规模。

其次，从影响力的角度出发，科学中心的崛起都伴随着顶级科学家的推动。高被引科学家是其所属学科领域中具有显著代表性与影响力的科研人员，高被引科学家代表着科学研究的最新前沿与方向，城市内拥有的高被引科学家数量在一定程度上可以揭示该城市的学科发展现状与影响力。此外，顶级科学大奖往往代表着具有历史意义和世界意义的科学成就，其获奖者能在全球范围内发挥创新资源集聚与成果辐射的作用，对于推动城市科学资源集聚、提升科研成果影响力都具有直接作用。诺贝尔物理、化学、医学奖以及经济学奖[①]代表着对人类做出重大贡献的认可。菲尔兹奖被视为数学界的诺贝尔奖，目的是表彰和支持做出了重大贡献的年轻数学研究人员。图灵奖是在计算机界最负盛名、最崇高的奖项，有"计算机界的诺贝尔奖"之称。以上三大奖项分别代表在各自领域内的最高成就。

全球科技创新中心指数（Global Innovation Hubs Index，GIHI）选取研究开发人员数量（每百万人）、高被引科学家数量（2000～2018）、顶级科技奖项获奖人数[②]来分别测量城市科研人才存量、顶尖科研人才规模和吸引力。

（二）科研机构

科研机构是有组织地从事研究与开发活动的机构，是知识创造和原始创新的重要承担者。科研机构主要包含两大类，一是以好奇心驱动的知识创新的主体，基础研究的主力军，承载教育、输送人才功能的大学；二是以使命驱动的基础研究主体，专门从事科学研发、技术应用的研究机构。

---

① 本研究将诺贝尔文学奖、和平奖排除在外。
② 三大顶级奖按照获奖者当前（工作/居住）所在城市统计。

教育兴盛是历次科学中心形成的必要条件，为人才储备提供了至关重要的供给保障。教育不仅培养了科学家，还通过传递和传播科学知识，实现科学技术的再生，同时肩负传承科学精神、推动科学研究活动的兴起与繁荣的使命。世界一流大学是尖端科学研究和教育人才的主要力量，能够吸引全世界的优秀人才和领军人才，发挥着重要的人才集聚、人才输送与知识创造的作用。

目前关于世界一流大学的评估重点各不相同，影响力比较大的有U. S. News 世界大学排名（U. S. News & World Report Best Global Universities Rankings）、泰晤士高等教育世界大学排行榜（Times Higher Education World University Rankings）、夸夸雷利·西蒙兹（Quacquarelli Symonds，QS）世界大学排行榜、上海软科世界大学排行榜（Shanghai Ranking's Academic Ranking of World Universities，ARWU）等。

U. S. News 世界大学排名由美国《美国新闻与世界报道》（*U. S. News & World Report*）于1983年首次发布，根据大学的全球学术声誉等13项指标（见表1）得出全球最佳大学排名。该指标的特点是客观评估（定量）与主观评估（打分机制）指标兼而有之，评价指标分类较细，科学研究在评价中占主导地位。

《泰晤士高等教育》（*Times Higher Education*，THE）是创刊于1971年的一份英国出版的高等教育周刊。从2010年起，《泰晤士高等教育》与汤森路透科技信息集团合作推出世界一流大学榜单——THE 世界大学排名。该排名每年更新一次，涵括教学、研究、论文引用、国际化程度、产业收入等5个范畴（见表2），榜单涉及全球90多个国家和地区的1000余所大学。评

表1 U. S. News 世界大学排名具体指标与权重

单位：%

序号	排名指标	权重
1	全球学术声誉	12.5
2	地区学术声誉	12.5
3	论文发表	10.0
4	图书	2.5

续表

序号	排名指标	权重
5	会议	2.5
6	标准化论文引用影响指数	10.0
7	论文引用数	7.5
8	"被引用最多10%出版物"中被引用数	12.5
9	出版物占"被引用最多10%出版物"的比率	10.0
10	国际协作	5.0
11	具有国际合作的出版物总数的百分比	5.0
12	代表领域在"所有出版物中被引用最多前1%论文"中被引用论文数	5.0
13	出版物占"所有出版物中被引用最多前1%论文"比率	5.0

资料来源：U. S. News 世界大学排名方法，详见 https：//www. usnews. com/education/best – global – universities/ articles/methodology。

笔者根据官网资料整理。

价指标关注大学的学术能力，特别是论文引用率在泰晤士排名的量化指标中占比较重。

表2　THE 世界大学排名指标与权重

单位：%

序号	指标范畴	权重
1	教学(学习环境)	30.0
2	研究(论文发表数量、收入和声誉)	30.0
3	论文引用(研究影响)	30.0
4	国际化程度(工作人员、学生和研究)	7.5
5	产业收入(知识转移)	2.5

资料来源：THE 世界大学排名方法，https：//www. timeshighereducation. com/world – university – rankings/world – university – rankings – 2020 – methodology？ site = cn。

笔者根据官网资料整理。

QS 世界大学排行榜是英国一家专门从事教育及就业咨询服务的公司——夸夸雷利·西蒙兹发布的年度排名。该公司成立于1990 年，主要是为全球的本科生、研究生、MBA 和在职学生以及用人单位提供服务，如海外留学指导等。QS 世界大学排名2010 年得到了大学排名国际专家组（IREG）建立的"IREG – 学术排名与卓越国际协会"承认，是参与机构最多、世界影响范围最广的排名之一。QS 世界大学排名以问卷调查形式开展公开、透明的评价，关注学术领域的同行评价、全球雇主声誉、师生比例等指标。但是，因过多主观指标和商业化指标而受到批评。QS 世界大学排名具体指标及其权重如表3 所示。

表3　QS 世界大学排名指标与权重

单位：%

序号	具体指标	权重
1	学术领域的同行评价	40
2	全球雇主声誉	10
3	师生比例	20
4	单位教职的论文引用数	20
5	国际教职工比例	5
6	国际学生比例	5

资料来源：QS 世界大学排名方法说明，https：//www.topuniversities.com/qs – world – university – rankings/methodology。

笔者根据官网资料整理。

ARWU 世界大学学术排名于2003 年6 月由中国上海交通大学教育研究生院（原高等教育研究所）世界一流大学中心（CWCU）首次发布。ARWU 使用6 个客观指标对世界大学进行排名，如获得诺贝尔奖和菲尔兹奖的校友和员工数量、科睿唯安（Clarivate Analytics）选出的被高度引用的研究人员数量、在《自然》杂志与《科学》杂志上发表的文章数量、在科学引文索引扩展（Science Citation Index Expanded，SCIE）与社会科学引文索引（Social Sciences Citation Index，SSCI）上收录的文章数量以及大学的人均绩效。ARWU 每年对1800 多所大学进行排名，并且公布1000 所最佳大学名单。《经济学人》杂志将 ARWU 评为"世界研究型大学中使用最广泛的年度排名"。ARWU 排名方法科学、可靠、稳定、透明，逐渐成为国家促进教育机构改革和制定新战略举措的重要依据。ARWU 具体指标范畴与权重如表4 所示。

表4　ARWU世界大学学术排名具体指标与权重

单位：%

序号	指标范畴	权重
1	教育质量（获得诺贝尔奖和菲尔兹奖的校友折合数）	10
2	教师质量（获得诺贝尔奖和菲尔兹奖的教师折合数）	40
3	科研成果［在《自然》和《科学》上发表论文的折合数、国际论文指被科学引文索引（SCIE）和社会科学引文索引（SSCI）收录的论文数量］	40
4	师均表现（四个指标的加权得分除以专职同等学力人员的数量）	10

资料来源：世界大学学术排名（ARWU），http：//www. shanghairanking. com/ARWU - Methodology - 2019. html。

笔者根据官网资料整理。

综合来说，以上四个大学榜单中，ARWU世界大学学术排名选用客观指标；THE世界大学排名、U. S. News排名以及QS世界大学排名在学术声誉指标上均采用了主观性较强的调查统计方法，其中QS世界大学排名还加入全球雇主声誉指标，对雇主展开了主观性调查。充分借鉴各榜单的优劣势，权衡主客观指标利弊，GIHI在指标设计上坚持数据客观性原则，故采用了ARWU榜单数据，以前200名上榜高校数量作为表征城市一流大学的指标。

科研机构是具有自主科学研究与技术创新能力的组织载体，是区域创新系统中除大学以外最为重要的创新主体之一，通常以基础科学研究、应用技术研究和开发为核心功能。它在知识创新体系中肩负着应用研究的重任，补充大学在资金、人员、设备等方面的不足。世界一流科研机构的规模及其具备的科研条件不仅成为吸引国际顶尖人才的重要因素，更反映出城市的科研实力。自然指数（Nature Index）每年会根据论文发表情况对全球科研机构进行排名，GIHI采用Nature Index 2019全球科学论文发表量、科研机构200强数量作为衡量地区科研机构科学研究能力的指标。自然指数是依托于全球顶级期刊（2014年11月开始选定68种，2018年6月增加到82种），统计各高校、科研院所（国家）在国际上最具影响力的研究型学术期刊上发表论文数量的数据库。与基本科学指标数据库（Essential Science Indicators，

ESI）相比，ESI 选取的文章来自科学引文索引（Science Citation Index，SCI）和 SSCI 所收录的全球 10000 多种学术期刊的论文，自然指数参照的是全球自然科学领域顶级的期刊，对于测度城市的科学研究能力来说，自然指数相较于 ESI 更加专业和聚焦，故 GIHI 采用自然指数。

（三）科学基础设施

科学基础设施是科研人员从事科学研究活动、实现知识生产的物质载体。重大科学基础设施更是吸引国际顶尖科研人才与科研项目的重要资本，是城市科学研究能力中的重要硬件基础。GIHI 以大科学装置与超级计算机中心数量为测度指标来衡量科学基础设施水平。

大科学装置又称重大科技基础设施、大科学工程，是指通过较大规模投入和工程建设来完成，建成后通过长期的稳定运行和持续的科学技术活动，实现重要科学技术目标的大型设施，是人类拓展认知能力、发现新规律、产生新技术的创新载体。大科学装置主要面向科学技术前沿，为国家经济建设、国家安全和社会发展做出战略性、基础性和前瞻性贡献。它具有规模大、耗资巨大、建设周期长等特点，对于提升原始创新能力、科技综合竞争力具有举足轻重的意义。常见的大科学装置包括国家实验室、科学城、重大基础设施等。大科学装置不仅提供科学研究的物质支撑，更是一个国家科技战略意图的体现。

大科学装置一般包括三类：第一类为专用研究装置，即为特定学科领域的重大科学技术目标建设的研究装置；第二类为公共实验平台，即为多学科领域的基础研究、应用基础研究和应用研究服务的，具有强大支持能力的大型公共实验装置；第三类为公益基础设施，这类设施主要是为国家经济建设、国家安全和社会发展提供基础数据和信息服务，属于非营利性、社会公益性的重大科技基础设施。但是，因学科、科技管理体制机制差异，各国在大科学装置的定义与类型划分上并不完全一致，且缺少统一口径的全球层面的统计。在该指标的测量与统计上，数据主要来自各国大科学装置规划、各国大科学装置主要管理机构官网、相关研究文献等渠道，最后经各领域专家学者进行确认和补遗，建立了全球大科学装置目录。

超级计算机又称高性能计算机、巨型计算机，在《计算机科学技术百科辞典》中被定义为"具有非常高的运算速度，有非常快而容量又非常大的主存储器和辅助存储器，并充分使用并行结构软件的计算机"。通俗来讲，超级计算机在计算速度、存储容量等方面有着普通计算机所不具备的超高性能，主要应用于高精尖领域，是一个国家科研实力的体现，是科技发展水平、综合国力的重要标志，为科技创新活动提供强有力的技术支撑，已成为世界各国竞相争夺的战略制高点。GIHI 在超级计算机的评估上，采用了由劳伦斯伯克利国家实验室、田纳西大学等共同编制①的全球 500 强超级计算机榜单。

（四）知识创造

综观世界科学中心的转移与崛起的历史，高质量的科研成果与知识输出是科学中心形成的标志。知识创造水平是指通过基础研究与应用研究活动产生的科研成果，形式包括论文、专利、国际奖项及其带来的影响力。衡量知识创造水平不仅包括有形的成果产物，还包括以论文、专利为载体的国际创新主体之间的合作网络和影响力等无形成果。高水平的知识创造不仅能够实现人才、资金等创新要素的集聚，不断提升城市的科学研究能力与创新能力，而且必将辐射全球的科学研究活动，对于影响和带动其他城市科学研究能力提高具有重要作用。

事实上，真正推动人类知识进步与技术发展的，往往是具有里程碑式、奠基性的知识成果，知识创造不仅体现在论文发表数量、专利数量上，而且更应该从绩效与影响力的角度评估。高被引论文因具有较强的创新性与原始性，是评估科学研究影响力的通用指标，可以用来衡量城市科研成果的影响力。GIHI 对高被引论文的测量主要来自 2000～2018 年的各学科领域前 1% 的高被引论文数量占该城市发文总量的比例。此外，科学研究的影响往往并不

---

① 有关全球 500 强超级计算机榜单的介绍，详见 https：//www. TOP500. org/project/introduction/。

局限于学术共同体内，如何衡量科学研究成果对社会的影响则鲜有表述。GIHI 创造性地采用了数字科学公司（Digital Science）推出的 Dimensions 学术知识大数据发现平台开发的针对科学研究对社会影响的指数体系——外部引用比例，其特征是将影响力测定范畴由学术共同体拓展到实践部门。该指数基于2015～2019 年所发表的科学论文被其他数据库来源的专利、政策报告、临床试验所引用的比例，主要考察科技论文在学术界以外的影响力和知识转化水平。

三　总结与展望

当今世界，科技创新已经成为综合国力形成的关键支撑点。新一轮科技革命与产业变革正在重塑世界经济结构和竞争格局，国家间的竞争将更多地表现为创新体系的竞争，全球科技创新活动进入密集活跃期。从历史经验来看，大国崛起的背后离不开科技创新的支撑，而科学研究能力正是科技创新能力的关键环节，是全球科技创新中心形成的根基。在新一轮科技革命与产业革命的大背景下，面向世界科技前沿、面向国家重大需求、提升科学研究能力，对于推动创新驱动发展战略、实现科技强国目标、建设全球科技创新中心都具有重要意义。

既有的科学评估主要采用投入－产出的方法，测度城市在科学研究领域的人、财、物投入要素，产出测量城市的科研成果如论文数量、专利数量等。这种测度方式的优势是客观、准确、易操作。但是更应该注意到，科学研究能力不仅仅表现为简单的要素投入，其背后的"软要素"与"存量"、"绩效"也相当关键，如科学精神、管理机制、政策体系等。R&D 人员规模、高被引科学家数量、一流大学、重大科学基础设施等"硬要素"指标固然能够衡量科学中心的水平，但这些因素能否发挥作用、推动高水平的知识创造，依赖于背后的基本经济制度、科技管理体制。"软要素"与"硬要素"的相互作用，是科学中心的深层次基础。诚然，受限于测量方式、统计口径的差异性与数据可获得性，建立全球城市层面统一尺度的"软要素"

评估方式仍存在困难。

　　GIHI 指标体系以"能力－绩效"为基本出发点，着重关注城市的科学研究在存量与质量上的统计，在能力侧着重考察城市的科技人力资源、科研机构、科学基础设施三个方面，在绩效侧关注知识创造水平，以此四个维度构成了测评城市科学研究能力的指标体系，以期为城市的科学研究水平测度提供数据方法支持和政策决策参考。

参考文献

　　何庆丰、陈武、王学军：《直接人力资本投入、R&D 投入与创新绩效的关系——基于我国科技活动面板数据的实证研究》，《技术经济》2009 年第 4 期。

　　王攻本：《计算机科学技术百科辞典》，山东教育出版社，1993。

　　吴芸：《政府科技投入对科技创新的影响研究——基于 40 个国家 1982～2010 年面板数据的实证检验》，《科学学与科学技术管理》2014 年第 1 期。

　　王贻芳、白云翔：《发展国家重大科技基础设施　引领国际科技创新》，《管理世界》2020 年第 5 期。

　　〔英〕约翰·德斯蒙德·贝尔纳：《历史上的科学 2：科学革命与工业革命》，伍况甫、彭家礼译，科学出版社，1959。

　　周代数、朱明亮：《R&D 投入强度、R&D 人员规模对创新绩效的影响》，《技术经济与管理研究》2017 年第 5 期。

　　赵红州：《科学能力学引论》，科学出版社，1984。

　　中国科学院综合计划局、基础科学局：《我国大科学装置发展战略研究和政策建议》，《中国科学基金》2004 年第 3 期。

　　张瑞红、任晓亚、谢黎、陈云伟、方曙：《ESI 高被引科学家的分布研究》，《世界科技研究与发展》2019 年第 3 期。

　　张士运、李海：《世界知名科学中心发展研究》，科学出版社，2018。

　　Yuasa，M.，"Center of Scientific Activity：its Shift from the 16th to the 20th Century," *Japanese Studies in the History of Science*，1962（1）：57－75。

第五章
测度数字经济与数字治理：共识与分歧

摘　要： 数字经济是全球经济增长日益重要的驱动力，而数字经济的
持续发展需要数字治理。本章通过综述官产学三部门对于数
字经济和数字治理的评估方法与结果，力图系统地呈现当下
测度数字经济和数字治理的整体图景，分析其中的共识与分
歧，并在此基础上提出测度数字经济和数字治理的发展路
径，为争取数字时代的话语权提供政策建议。

关键词： 数字经济　数字治理　指标体系

一　数字经济的定义

数字经济是全球经济增长日益重要的驱动力。在 2020 年新冠肺炎疫情
中，数字经济展现了其在危机中的韧性。互联网、云计算、大数据、物联
网、金融科技与其他新的数字技术不仅改变了社会互动方式，也在全球逐渐
成为一种日常生活方式和全新的商业模式。十九届五中全会提出"国际环
境日趋复杂，不稳定性不确定性明显增加，世界进入动荡变革期……加快数
字化发展，发展数字经济，推进数字产业化和产业数字化……积极参与数字

---

* 孙君，清华大学公共管理学院博士生，主要研究方向为科技创新政策。

领域国际规则和标准制定"。因此，综合评估数字经济的发展水平与影响效应，完善数据治理制度框架，是各国、各地域应对数字时代不确定性、提升综合竞争力的必由之路。

但如何评估一个区域数字经济的发展水平与影响？数字经济包括哪些维度？既有评估研究可以分为三条路径：一是直接用增加值对数字经济的规模进行测算；二是采用生产法测算数字经济规模，将数字经济分为信息通信产业的直接贡献（即信息产业增加值占 GDP 比例）和信息通信产业的间接贡献（即信息产业应用于传统产业带来的增加值占 GDP 的比例），以上两种路径的共同之处在于测算数字经济的规模大小；三是利用综合指标法来衡量数字经济的发展水平，在不同维度上分别评价数字经济的发展态势。本文认为以上路径无优劣之分，直接测算法聚焦于数字经济的规模，测量更为精确，而综合指标评价法则着眼于数字经济发展的多维度，可以更全面地比较数字经济区域发展的差异化路径。

以上三条评估路径面对的相同困境是数字经济在国际上还未形成被广泛接受的定义。既有研究的共性是从互联网和信息与通信技术（Information and Communications Technology，ICT）产业的角度来定义数字经济，并将数字作为关键性生产要素。2016 年《二十国集团数字经济发展与合作倡议》提出，"数字经济是指以使用数字化的知识和信息为关键生产要素、以现代信息网络为重要载体、以信息通信技术的有效使用为效率提升和经济结构优化的重要推动力的一系列经济活动"。华为《全球联接指数 2019》将数字经济发展等同于 ICT 产业发展以及四大使能技术（宽带、云计算、物联网、人工智能）的发展。中国社会科学院数量经济与技术经济研究所在《中国数字经济规模测算与"十四五"展望研究报告》中，将数字经济分为"数字产业化"和"产业数字化"两部分，前者是指与数字技术直接相关的特定产业部门，后者指融入数字元素后的新经济、新模式、新业态，即信息通信技术渗透效应带来的"产业数字化"部分。定义的差异使得对于数字经济规模的核算差别甚大，联合国贸易和发展会议《2019 年数字经济报告》指出，根据定义的不同，数字经济的规模估计占世界国内生产总值的 4.5%

至 15.5%。中国社会科学院测算结果显示，2019 年中国数字经济增加值规模在同期 GDP 中的占比达 17.2%。

本研究认为，数字经济的发展是多维度、多面向的，数字经济的规模大小仅能体现数字经济当下发展水平，无法反映其发展潜力、均衡性、影响效应等重要维度。因此，本研究归纳整理既有利用综合指标评价法来评估数字经济的指数，并在此基础上分析已有评估结果存在的共识与分歧。

二　数字经济相关指数述评

数字经济受到社会各界瞩目，目前已有官产学研多部门对数字经济发展水平及影响展开评估，评估对象包括国家、省份、城市等多个层级。不同部门在评估时有不同侧重，因此本部分综合梳理了政府部门及政府间国际组织、学术机构、企业等主体的现有数字经济评估方案、指标体系与评估结果，力图呈现数字经济评估的整体图景，并在此基础上总结当前评估指数的共识与分歧。

（一）政府部门与政府间国际组织

1. 美国经济分析局：定义和衡量数字经济

美国政府部门为衡量数字化对国内生产总值和生产率等经济指标的影响，以及各个经济部门的数字化程度，发布了一系列研究报告，其中影响力较大、被广泛引用的是美国经济分析局在 2018 年 3 月的工作文件《定义和衡量数字经济》（Defining and Measuring the Digital Economy）。该评估过程包括三个主要步骤。①界定数字经济的概念，数字经济包括整个 ICT 部门以及计算机网络存在和运行所需的数字支持基础设施，使用该系统进行的数字交易（电子商务），以及数字经济用户创建和访问的内容（数字媒体）。该定义仅包括那些"主要是数字"（primarily digital）的商品和服务，而排除"部分是数字"（partially digital），如同时依靠互联网和线下实体服务的拼车服务（ride-sharing services）。②在第一步中定义的与衡量数字经济相关的供应－使用（supply-use）框架内确定商品和服务。③利用供应－使用框架来确定负责生产这些商品和服务的行业，并估计与此活动相关的产出、附加值、就业、薪酬和其他变量。评估结果显示，2016 年，数字经济对整体经济做出了显著贡献，数字经济占美国国内生产总值的 6.5%，占当前美国总产出的 6.2%、就业的 3.9%、员工薪酬的 6.7%。

2. 欧盟委员会：数字经济与社会指数（DESI）

欧盟自 2016 年开始发布数字经济与社会指数（Digital Economy and Society Index，DESI），用于评估和监测欧盟成员国在经济与社会数字化方面的表现。2020 年 6 月 11 日，欧盟委员会发布《数字经济与社会指数报告 2020》（Digital Economy and Society Index 2020），该指数跟踪了成员国在连通性、人力资本、互联网使用、数字技术融合、数字公共服务等 5 个主要领域的进展（见表 1）。

表 1　2020 年数字经济与社会指数（DESI）

一级指标	二级指标
连通性	固定宽带使用率、固定宽带覆盖范围、移动宽带及宽带价格
人力资本	互联网用户技能（基本的数字技能）和高级技能（ICT 毕业生和 ICT 专家）
互联网使用	公民使用互联网服务和网上交易
数字技术融合	商业数字化、电子商务
数字公共服务	数字政府

资料来源：欧盟委员会《数字经济与社会指数报告 2020》，2020。

结果显示，芬兰、瑞典、丹麦和荷兰是欧盟成员国中数字经济发展水平最高的国家。分指标来看，在连通性上，2019 年欧盟成员国总体有所改善，78% 的家庭拥有固定宽带，4G 网络几乎覆盖了整个欧洲人口，但是在 5G 频谱分配方面进展甚微，到目前为止仅有 17 个会员国分配了 5G 方面的频谱；在人力资本和数字技术融合上，2019 年欧洲有 58% 的人口拥有基本数字技能，但拥有高级数字技能的人才仍无法满足社会需求，2018 年问卷调查中有一半以上的企业报告说目前在招聘中难以填补通信技术专家的空缺，而企业管理者和员工数字素养水平低也造成了企业数字化水平低、疫情期间难以实现在家办公；在数字公共服务方面，2019 年欧盟成员国的数字公共服务的质量有所提高，使用范围有所扩大。报告建议，欧盟成员国应努力提高超高容量网络的覆盖范围，分配 5G 频谱，实现 5G 服务商用，提高公民的数字技能，并使企业和公共部门数字化。

3. 国际电信联盟：ICT 发展指数

国际电信联盟（International Telecommunication Union，ITU）自 2009 年以来每年发布《衡量信息社会报告》（Measuring the Information Society Report）和 ICT 发展指数（ICT Development Index），ICT 发展指数主要从 ICT 接入（基础设施）、ICT 使用（密度）、ICT 技能（能力）三部分建立评估框架（见表2）。

表 2　ICT 发展指数

项目	ICT 接入	ICT 使用	ICT 技能
具体指标	拥有计算机家庭比例(%)	使用互联网的个体比例(%)	平均受教育年限(年)
	拥有互联网入口家庭比例(%)	活跃的移动宽带用户(每 100 名居民)	中等教育毛入学率(%)
	平均每个互联网用户的国际互联网带宽(位/秒)	移动宽带互联网流量(平均每个移动带宽用户)	高等教育毛入学率(%)
	3G 移动网络覆盖的人口比例	固定宽带互联网流量(每个固定宽带用户)	拥有 ICT 技能的个体比例(%)
	按网速等级划分的固定宽带订阅数	移动电话拥有率(%)	

资料来源：国际电信联盟《衡量信息社会报告 2018》，2018。

《衡量信息社会报告 2018》指出，当前发达国家与发展中国家之间，国家内部在 ICT 接入、使用和技能三方面都存在不平等的现状。首先在 ICT 接入和使用方面，当前世界 51.2% 的人口都在使用互联网，在发达国家有 4/5 的人在线，达到饱和水平，但发展中国家仅有 45% 的人口使用互联网，在世界 47 个最不发达的国家中，约 80% 的人口尚未使用互联网；其次缺乏 ICT 技能成为制约发展中国家和最不发达国家未来发展潜力的重要因素，一国或区域内部也存在严重的数字鸿沟，一般来说农村地区个人拥有 ICT 技能的可能性比城市居民低大约 10 个百分点，受过高等教育的人拥有 ICT 技能的可能性是受过高中教育的人的 1.5 ~ 2 倍，是只受过小学教育的人的 3.5 ~ 4 倍。

（二）学术机构

1. 中国信息通信研究院：全球数字经济新图景

中国信息通信研究院（简称"中国信通院"）将数字经济分为"数字产业化部分"和"产业数字化部分"，其中数字产业化部分特指信息产业增加值，具体是数字技术创新和数字产品生产，主要包括电子信息制造业、基础电信业、互联网行业和软件服务业等，数字产业化部分规模（增加值）=电子信息制造业（增加值）+基础电信业（增加值）+互联网行业（增加值）+软件服务业（增加值）；产业数字化部分指数字技术与其他产业融合应用，具体指国民经济其他非数字产业部门使用数字技术和数字产品带来的产出增加和效率提升，产业数字化部分规模（增加值）=ICT 产品和服务在其他领域融合渗透带来的产出增加和效率提升（增加值），采用增长核算账户框架（KLEMS），根据投入产出表中国民经济行业分类，分别计算 ICT 资本存量、非 ICT 资本存量、劳动以及中间投入（见图 1）。

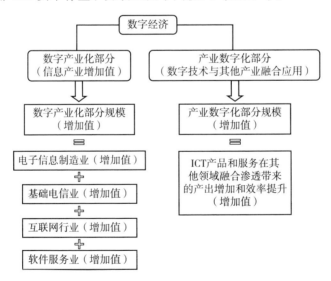

图 1　数字经济测算框架

资料来源：中国信息通信研究院《全球数字经济新图景（2020 年）——大变局下的可持续发展新动能》，2020。

在 2020 年评估的 47 个国家中，美国凭借技术创新优势，数字经济规模居世界第一，2019 年达到 13.1 万亿美元，中国则凭借强大国内市场，倒逼技术革新与模式创新，数字经济规模为 5.2 万亿美元，位居全球第二，德国、日本、英国分居第 3、4、5 位。

2. 上海社会科学院信息研究所：全球数字经济竞争力指标

上海社会科学院自 2017 年起构建全球数字经济竞争力指标体系，选择全球 50 个国家进行定量评估和特征分析（见表 3）。指标体系共有 4 个一级指标 11 个二级指标 22 个三级指标。其中比较有特色的是其对数字设施的测量。全球数字经济竞争力指标从"云、管、端"三个维度来测量数字设施，其中"云"主要指云计算、业务的 IT 化、海量数据的处理，报告中用云投入（数据中心服务器装机量）和安全互联网服务器数量来测量；"管"主要指介于云和端之间的，为终端用户提供云端服务的综合平台，指标体系中用出口带宽（移动宽带普及率）和连接速度（LTE 网络覆盖率）来测量；"端"主要是指移动终端，指标体系中是由移动渗透率和可负担性来测量。

表 3　全球数字经济竞争力指标体系

一级指标	得分权重	二级指标	三级指标
数字产业	25%	经济产出	数字产业总量
			数字产业增长速度
		国际贸易	数字（跨境）贸易总量
			数字（跨境）贸易占比
数字创新	25%	技术研发	数字研发投入水平
			数字专利水平
		人才支撑	国民基本数字素养
			数字创新人才培养
		创新转化	最新技术可用度
			风险资本可用度
数字设施	25%	云	云投入:数据中心服务器装机量
			安全互联网服务器数量
		管	出口带宽
			连接速度
		端	移动渗透率(智能设备)
			可负担性(在线智能设备数量)

续表

一级指标	得分权重	二级指标	三级指标
数字治理	25%	公共服务	电子政务
			数据开放
		治理体系	法律政策
			治理机构
		基础保障	网络安全产业发展水平
			网络安全服务器配置

资料来源：上海社会科学院信息研究所《全球数字经济竞争力发展报告（2019）》，2019。

2018 年评估结果显示，美国、新加坡、中国、英国、芬兰分列排行榜前 5 名，其中美国已经连续三年位居全球数字经济竞争力榜首，从内部指标排名来看，美国数字产业得分最低，数字治理得分最高，中国恰好相反，数字产业得分最高，数字治理得分最低。

（三）商业机构

1. 数字经济论坛、阿里研究院、毕马威：全球数字经济发展指数

阿里巴巴集团是中国数字平台企业的头部企业，2018 年，阿里研究院联合国际四大会计师事务所之一的毕马威发布《全球数字经济发展指数》，对全球 150 个国家和地区数字经济发展水平展开评估，具体通过数字基础设施、数字消费者、数字产业生态、数字公共服务、数字科研五大维度，刻画数字经济的水平、结构与发展路径（见表 4）。

评估结果显示，美国、中国、英国、韩国、瑞典、挪威、日本、丹麦、新加坡、荷兰分列 2018 年全球数字经济发展指数前 10 名。中国在数字消费者分指数中排名世界第一，在数字产业生态、数字科研分指数中仅次于美国，但在数字公共服务中仅排名第 38，而英国在数字公共服务中高居第一，主要得益于英国数字政府战略的落地执行，2011 年英国内阁办公室专设"数字服务小组"（GDS）来定制公众的数字服务，2012 年颁布《政府数字化战略》，2015 年启动"数字政府即平台"计划，2017 年出台《政府转型

表 4　数字经济发展指数结构

一级指数	权重	二级指数	权重
数字基础设施	20%	互联网渗透率	20%
		每百人移动电话用户	20%
		平均网速	20%
		移动电话消费能力指数	20%
		移动流量消费能力指数	20%
数字消费者	20%	社交网络渗透率	30%
		网购渗透率	30%
		移动支付渗透率	40%
数字产业生态	20%	企业新技术吸收水平	30%
		独角兽数量	30%
		数字产业生态发展水平	40%
数字公共服务	20%	在线服务覆盖水平	100%
数字科研	20%	ICT 专利数量	50%
		数学、计算机科学高引用论文指数	50%

资料来源：数字经济论坛、阿里研究院、毕马威《全球数字经济发展指数》，2018。

战略（2017~2020）》推进政府数字服务。中国在全球数字基础设施评分中位居 50 名开外，而该分指数排名前 20 的国家中，75% 为发达国家，主要是由于数字基础设施投资较大、周期较长。综合来看，中国走的是用户数字化－产业生态化的发展道路，中国依靠庞大的数字消费者群体，为大数据、人工智能等领域提供了独特场景。

2. 华为：全球联接指数

自 2014 年起，华为连续发布全球联接指数（Global Connectivity Index，GCI）报告，持续探索 ICT 技术成熟度与 GDP 增长的关联性。2019 年华为《全球联接指数 2019》的主题是"智能联接"，旨在评估和预测多种智能联接趋势，及联接对国家数字经济转型的影响价值。GCI 指标体系分为纵向和横向两个方面，横向上，对比分析四大使能技术（宽带、云计算、物联网、人工智能），纵向上，分析供给、需求、体验和潜力四大维度（见表5）。

表5　全球联接指数

	四大要素			
	供给	需求	体验	潜力
基础	ICT 投资 电信投资 ICT 相关法律法规 国际出口带宽 安全软件投资	应用下载量 智能手机渗透率 电子商务交易量 计算机家庭渗透率 安全互联网服务器数量	电子政务 电信客户满意度 互联网参与度 宽带下载速率 网络安全意识	研发投入 ICT 专利数 IT 从业人员数量 软件开发者数量 ICT 对新商业模式的影响
四大使能技术 宽带	光纤到户 4G 覆盖率	固定宽带用户数量 移动宽带用户数量	固定宽带可支付性 移动宽带可支付性	宽带潜力 移动潜力
云计算	云服务投资	云化率	云服务体验	云服务潜力
物联网	物联网投资	物联网设备总数量	物联网分析	物联网潜力
人工智能	人工智能投资	人工智能机器人	数据生成量	人工智能潜力

资料来源：华为《全球联接指数2019　量化数字经济进程》，2019。

《全球联接指数2018》报告提出人工智能作为新起之秀在经济发展中的作用日益凸显，为了衡量一国的人工智能准备度，该报告制定了一份人工智能准备度评估表，其中包括五个 GCI 指标和一个衡量人工智能投资水平的新增指标（见表6）。

表6　人工智能准备度评估

一级指标	二级指标
算力	数据中心
	云服务投资
算据	物联网设备总数量
	大数据产生量
算法	软件开发者数量
	人工智能投资

资料来源：华为《全球联接指数2018　量化数字经济进程》，2018。

根据 GCI 评估结果，该报告将被评估的 79 个国家划分为三类，分别是起步者、加速者、领跑者，并提出以下相应建议（见表7）。美国、新加坡、瑞典、瑞士、英国分列前5。中国排名第27，居加速者行列。

表 7　处于不同阶段的国家 ICT 政策相关的优先事项

类别	起步者	加速者	领跑者
ICT 基础设施相关优先事项	聚焦高速网络普及（如光纤和4G 网络）	聚焦4G 和数据中心投资	聚焦物联网和超高速宽带建设
产业和企业的优先事项	聚焦电子商务和云计算投资	聚焦云和大数据，构建人工智能底座	聚焦扩大人工智能和分析技术投资
人力相关的优先事项	聚焦云服务和大数据人才培养	聚焦大数据人才培养	聚焦人工智能课程开发，应对未来人才需求

资料来源：华为《全球联接指数2018　量化数字经济进程》，2018。

3. 财新智库：中国数字经济指数

自 2016 年 3 月，财新智库和数联铭品（BBD）联合推出中国新经济指数（New Economy Index，NEI），也是中国首个以实时公开大数据的挖掘方法，量化中国新经济发展状况的指数，中国数字经济指数（DEI）是中国新经济指数的细分领域，包括数字经济产业指数、数字经济融合指数、数字经济溢出指数、数字经济基础指数四大一级指标，按月度发布（见表8）。

表 8　数字经济指数的指标体系

一级指标	二级指标	数据来源
数字经济产业指数	大数据产业	智联、51job、前程、猎聘、拉勾、58 同城、赶集等互联网招聘网站，专利与专利转移中心，各地工商局，私募通、投资中国等风险投资网站，各类招标网站
数字经济产业指数	互联网产业	
数字经济产业指数	人工智能产业	
数字经济融合指数	工业互联网	
数字经济融合指数	智慧供应链	
数字经济融合指数	共享经济	
数字经济融合指数	金融科技	
数字经济溢出指数	制造业对数字经济的利用率	
数字经济溢出指数	制造业占比	
数字经济溢出指数	其他行业对数字经济的利用率	
数字经济溢出指数	其他行业分别占比	
数字经济基础指数	数据资源管理体系	
数字经济基础指数	互联网基础设施	
数字经济基础指数	数字化生活应用普及程度	

资料来源：财新智库、BBD《中国数字经济指数2020》，2020。

数字经济产业指数将数字经济产业细化分为大数据产业、互联网产业和人工智能产业；数字经济融合指数从当期工业、商贸业、服务业和金融等行业测量数字经济和实体经济的融合程度；数字经济溢出指数关注数字经济产业对其他产业的推动作用，度量当期其他产业利用数字经济产品作为中间品的比例；数字经济基础指数主要关注数据资源管理体系、互联网基础设施和数字化生活应用普及程度。

从整体发展趋势来看，近年来，我国数字经济发展水平大幅提高，从产业、融合、溢出、基础四大数字经济一级指数的变化趋势看，我国数字经济产业指数增幅最大，其次是数字经济融合指数，数字经济溢出指数和数字经济基础指数变化甚微，说明大数据、互联网、人工智能等产业在过去五年间得到迅速发展，驱动了以此为技术基础的工业互联网、智慧供应链、共享经济和金融科技的发展，但对于制造业等传统产业的推动作用还未充分显现。

4. 赛迪顾问：中国数字经济发展指数

中国数字经济发展指数（Digital Economic Development Index，DEDI）下设基础、产业、融合、环境等4个一级指标10个二级指标41个三级指标，对全国31个省（自治区、直辖市）的数字经济发展情况进行了评估（见表9）。

表 9　数字经济指数

一级指标	二级指标	三级指标
基础指标	传统数字基础设施	4G 用户数
		4G 平均下载速率
		固定宽带用户数
		固定宽带平均下载速率
		互联网普及率
		网页数量
		域名数量
	新型数字基础设施	数据中心招标数量
		数据中心招标金额
		5G 试点城市数量
		规划 5G 基站数量
		IPv6 比例

续表

一级指标	二级指标	三级指标
产业指标	产业规模	计算机、通信和其他电子设备制造业总产值
		信息传输、软件和信息技术服务业总产值
		电信业务总量
	产业主体	ICT 领域主板上市企业数量
		互联网百强企业数量
		独角兽企业数量
融合指标	工业和信息化融合	"两化"融合水平
		生产设备数字化率
		数字化研发设计工具普及率
		应用电子商务比例
		实现网络化协同的企业比例
		"两化"融合贯标企业数量
		关键工序数控化率
	农业数字化	数字农业农村创新项目数量
		淘宝村数量
	服务业数字化	第三方支付金额牌照数量
		电子商务交易额
		互联网医院数量
		国家信息化教育示范区数量
		智慧景区数量
环境指标	政务新媒体	政府网站数量缩减比例
		政务机构微博数量
		政务头条号数量
	政务网上服务	政府网上政务服务在线办理成熟度
		政府网上政务在线服务成效度
	政务数据治理	政务数据治理平台项目数量
		政务数据平台建设资金投入
		政务数据治理工作推动力
		省级以上政务数据开放平台建设情况

资料来源：赛迪顾问《2020 中国数字经济发展指数（DEDI）》，2020。

从 4 个一级指标的结果看，基础指标、融合指标、环境指标得分均高于平均值（29.6），而产业指标得分低于平均值，数字产业化水平是我国数字经济的发展短板；从排名结果看，广东、北京、江苏、浙江、上海分列2020年中国数字经济发展指数前5名，我国数字经济发展具有突出的区域集聚特征，京津冀、长三角、珠三角是我国数字经济发展的区域核心。而从整体来看，我国数字经济发展水平仍未打破"胡焕庸线"，但西部地区有6个省份相较于2019年的排名有所上升，说明西部地区正在利用数字技术跨越地理特征的优势，拥抱数字经济发展红利。

5. 新华三：中国城市数字经济指数

紫光旗下新华三集团（以下简称"新华三"）数字经济研究院自2017年开始，连续四年发布《中国城市数字经济指数白皮书》，这也是国内第一个面向中国各城市发布的完整数字经济评估体系。

中国城市数字经济指标体系包含数据及信息化基础设施、城市服务、城市治理、产业融合4个一级指标（见表10），2020年发布的评估进一步加强了对AI、大数据、云计算、5G、区块链等数字产业化驱动产业，以及农业、制造业、能源、生活服务业、金融业、交通物流、科教文体和医疗健康八大核心产业的考察。评估对象包括四大重点区域城市群148个城市100个县域（市、区），构建了"重点区域—核心城市—优势县域"三位一体的立体研究体系。

表10　中国城市数字经济指标体系及权重

一级指标	权重	二级指标	权重	三级指标	权重
数据及信息化基础设施	20%	信息基础设施	30%	固网宽带应用渗透率	20%
				移动网络应用渗透率	20%
				城市云平台应用	30%
				信息安全	30%
		数据基础	50%	城市大数据平台	40%
				政务数据共享交换平台	30%
				开放数据平台	30%
		运营基础	20%	运营体制	50%
				运营机制	50%

续表

一级指标	权重	二级指标	权重	三级指标	权重
城市服务	35%	政策规划	15%	覆盖民生领域的政策数量	50%
				民生领域的数字化政策项目	50%
		建设运营	65%	教育数字化	10%
				医疗数字化	10%
				交通服务数字化	10%
				民政服务数字化	10%
				人社服务数字化	10%
				扶贫数字化	10%
				营商环境数字化	15%
				生活环境数字化	15%
				均衡性指标	10%
		运营成效	20%	示范工程应用	50%
				城市服务综合指数	50%
城市治理	20%	政策规划	15%	覆盖治理领域的数量	50%
				治理领域数字化项目的数量	50%
		建设运营	65%	公安治理数字化	15%
				信用治理数字化	15%
				生态环保数字化	15%
				市政管理数字化	15%
				应急管理数字化	15%
				自然资源管理数字化	15%
				均衡性指标	10%
		运营成效	20%	示范工程应用	50%
				城市治理综合指数	50%
产业融合	25%	数字产业化	10%	数字产业化驱动产业	30%
				数字产业化主体产业	70%
		产业数字化	70%	农业	12.5%
				金融业	12.5%
				制造业	12.5%
				能源	12.5%
				生活服务业	12.5%
				交通物流	12.5%
				科教文体	12.5%
				医疗健康	12.5%
		运营成效	20%	示范工程应用	30%
				产业生态	30%
				产业融合综合指数	40%

资料来源：新华三集团《中国城市数字经济指数白皮书（2020）》，2020。

2020 年评估对象为国内 148 个城市，数字经济指数平均得分为 57.3 分，最高分为上海的 90.5 分，深圳、北京、成都、杭州、广州、无锡、宁波、重庆、武汉分列第 2～10 名。评估结果显示，在此次疫情防控中，数字经济越发达的城市，在疫情防控和善后处理工作中表现越突出，数字经济一线城市的疫情防控响应速度明显高于其他城市。

综合以上指数，官产学研等各部门对数字经济的评估各有侧重，体现了不同部门对数字经济发展的差异化历史认知、现状判断与未来预估。从评估维度来看，政府与政府间国际组织所主导的数字经济评估指数不仅关注数字经济本身的发展水平，更关注数字经济的发展均衡性与社会影响力，同时由于政府部门的公共属性，政府与政府间国际组织所主导的数字经济评估指数都将数字技能作为重点讨论对象，分析数字技能人才现状与发展空间；商业机构所进行的评估更多的是立足自身业务特点，聚焦专业领域进行评估，如华为"全球联接指数"聚焦 ICT 技术尤其是新一代通信与人工智能技术进行评估，阿里研究院"全球数字经济发展指数"关注数字消费者与数字产业生态。从评估方法看，商业机构在数据来源、数据搜集上都更为灵活多样，广泛应用了网络大数据挖掘技术，如财新所主导的中国数字经济指数基于实时公开的大数据密切跟踪中国数字经济发展动态，并按月度发布评估结果，时效性强，即时参考价值大；学术机构所进行的评估通常在概念体系、评估方法与数据来源上更加严谨、规范。

三 数字时代的数字治理

数字经济的持续发展和普惠性发展需要数字治理，当前有关数字治理的评估体系非常匮乏，究其根本是数字经济作为一种新兴业态，如何治理是政府、企业、公民都面临的挑战，社会各界缺乏共识。

由于数据的虚拟性和流动性，数字治理并非区域内部传统治理政策，具有区域外部性。一个国家或地区数据治理相关的法律或政策，会对其他地区产生"规范溢出"的影响。据统计，2018 年可数字化交付的服务出口达到

2.9 万亿美元，占全球服务出口的 50%，而随着数字化产品在国际贸易结构中的比重不断提高，跨境数字流动政策、数字贸易政策将是各国制定贸易政策的核心。因此，本部分对数字贸易治理相关评估指数进行单独评述。

（一）欧洲国际政治经济中心：数字贸易限制性指数

目前国际上较为有影响力的、专业评估数字贸易治理的指数是欧洲国际政治经济中心（European Centre for International Political Economy，ECIPE）建立的数字贸易限制指数（Digital Trade Restrictiveness Index，DTRI），该指数评估全球 64 个国家和地区的数字贸易限制程度，并建立"数字贸易评价"（DTE）数据库。DTRI 共分为四级指标体系，一级指标有 4 项，二级指标有 13 项，三级指标有 45 项（见表 11），四级指标有 100 项。

表 11　数字贸易限制指数

一级指标	二级指标	三级指标
A 财政限制	关税和贸易保护	针对 ICT 产品及其投入的适用关税
		针对 ICT 产品及其投入的反倾销、反补贴税和保障措施
	税收和补贴	数字商品和产品税收制度
		在线服务税收制度
		数据使用税
		补贴和税收优惠的歧视性应用
	公共采购	涵盖数字商品和服务的优惠采购计划
		要求放弃专利、源代码或商业秘密
		技术要求（如加密技术、产品标准和格式）
B 准入限制	境外投资	对外国所有权的限制措施
		对董事会和经理人的限制措施
		投资和收购审查
		与外国投资有关的其他限制性做法
	知识产权	专利
		版权
		商业秘密
		与知识产权有关的其他限制性做法
	竞争政策	竞争
		与竞争政策有关的其他限制性做法
	商业流动性	岗位、劳动市场考试和居住期限
		与业务流动相关的其他限制性做法

续表

一级指标	二级指标	三级指标
C 数据限制	数据政策	数据跨境流动限制
		数据留存
		数据隐私主体的权利
		数据隐私的管理要求
		违规处罚
		与数据政策有关的其他限制性做法
	平台责任	避风港框架
		通知和删除制度
		与平台责任有关的其他限制性做法
	内容访问	网络内容的审查和过滤
		宽带和网络中立性
		与内容访问相关的其他限制性做法
D 贸易限制	贸易数量限制	数字商品进口限制
		商业市场的本地内容要求
		数字商品出口限制
	标准	电信标准
		产品安全认证(EMC/EMI、无线电传输)
		产品审查与测试要求
		加密要求
		与标准有关的其他限制性做法
	在线销售与交易	实现障碍
		域名(DNS)注册要求
		在线销售
		消费者保护法对在线销售存在歧视性

资料来源：欧洲国际政治经济中心《数字贸易限制指数》，2018。

　　DTRI 2018 年 4 月发布的评估结果显示，许多主要经济体对数字贸易进行了重大限制，其中 ECIPE 将中国称为异类（Outlier），对数字贸易的限制性最高，其 DTRI 得分为 0.7 分（0 分为完全无限制，1 分为完全限制），远远超过位居第二的俄罗斯（0.46 分），从分指数来看，中国在准入限制、数据限制、贸易限制三个维度得分都最高，财政限制仅次于印度和巴西。总体来看，中国、俄罗斯、印度等新兴和大型经济体对数字贸易限制度高，新西兰、冰岛、挪威、爱尔兰等小型经济体和外贸依存度高的经济体对数字贸易限制较少、开放性高。

以上评估结果引发了大量争议，既有研究认为，ECIPE 的评估结果本质上反映了两种治网模式。例如，金砖四国中中国、俄罗斯、印度、巴西在限制度得分中分别居第 1、2、3、6 名，而受欧盟庇护的欧洲小国基本位于限制度低的区间，这一结果体现了网络治理模式的两大阵营：以中、俄为代表的新兴国家主张网络空间主权，强调数字经济发展的自主性，而美欧等西方发达国家强调信息的自由流动和市场开放，这背后也体现了意识形态的对立与分歧。

（二）国际贸易投资新规则与自贸试验区建设团队：全球数字贸易促进指数

与 DTRI 更注重全球经济体对数字贸易的限制性措施不同，国际贸易投资新规则与自贸试验区建设团队基于正面视角，从市场准入、基础设施、法律政策环境和商业环境等四个方面分析全球各经济体如何为数字贸易发展提供良好的内外部环境和基础设施（见表12）。自 2018 年起，全球数字贸易促进指数综合考察了全球 74 个经济体开展数字贸易的环境，对优劣势进行综合利弊权衡，评价体系更为全面客观，有利于为开展数字贸易的微观主体提供更全面的参考。

评估结果显示，芬兰、卢森堡、瑞士分列全球前 3 位，挪威、荷兰、美国、丹麦、韩国、英国和日本分列第 4 ~ 10 位，发达国家经济体数字贸易促进总指数的总体表现明显高于发展中国家，包括中国在内的大部分国家都处于数字贸易的发展阶段。在主要新兴经济体中，俄罗斯联邦表现最为突出，位列第 39，南非和中国并列第 51。从分指数来看，中国在市场准入子指数中属于"中等开放"国家，在基础设施子指数中位列第 36，在法律政策环境子指数中位列第 59，在商业环境子指数中位列第 40。相对于数字贸易限制性指数，虽然全球数字贸易促进指数中中国排名表现更好，但仍居于中后列，法律政策环境成为中国数字治理最大的短板。

表12　全球数字贸易促进指数的指标框架

子指数	支柱	内容		
市场准入	数字贸易有关的部门开放	在线信息和/或数据检索	市场准入	
			国民待遇	
		在线信息和数据处理	市场准入	
			国民待遇	
基础设施	ICT 基础设施和服务	互联网用户渗透率		
		互联网的国际网络带宽（ITU）		
		平均每户拥有计算机数		
	支付基础设施和服务	使用借记卡人数比重		
		使用手机或互联网访问账户比重		
		过去一年发送或接收数字付款比重		
	交付基础设施和服务	固定宽带设施和服务	每百名居民拥有固定宽带用户	
			固定宽带资费	
		移动宽带设施和服务	每百名居民中活跃的移动宽带用户	
			移动蜂窝订阅费	
		邮政设施服务	家庭邮寄百分比	
			邮政可靠性指数	
		物流及清关服务	国际物流竞争力	
			海关程序负担	
法律政策环境	法律环境	电子签名立法		
		数据保护立法		
		消费者保护立法		
		网络犯罪立法		
		软件盗版率		
	安全环境	GCI 网络安全指数		
		每百万居民的安全互联网服务器数量		
商业环境	数字技术能力	ICT 国际专利申请		
		企业对 ICT 技术的吸收能力		
	数字技术应用	ICT 对商业模式的影响		
		数字技术在 B2B 中的应用		
		数字技术在 B2C 中的应用		

资料来源：国际贸易投资新规则与自贸试验区建设团队《全球数字贸易促进指数报告》，2019。

（三）毕马威、阿里研究院：数据大治理评估指标框架

目前，以上两个数字治理指数都只以政府作为治理主体，忽视了企业、

第三方组织在数字治理中的优势地位和参与必要性。数字治理应是多中心的治理生态，本次疫情中我们可以看到健康码、远程办公、在线教育等诸多创新工具都离不开政府、企业、社会的协同配合，政府在给其他主体赋权的同时，其他主体也在给政府赋能。

　　基于此，阿里研究院在2020年7月首次提出"数据大治理生态体系"的概念并构建如表13所示的数据大治理评估指标框架，指出数据大治理生态具有多物种、多角色、流动性等几大特征，数据大治理强调政府、企业、公众三方协同配合，共同挖掘数据价值。数据大治理效果的评估，综合考虑数据产业发展、个人信息保护和数据安全，在安全和发展之间寻求最佳动态平衡点。

表 13　数据大治理评估指标框架

数据产业发展指标	个人信息保护指标	数据安全指标
数据产业发展情况	个人信息保护立法体系完善程度	数据安全领域立法立规完善程度
数据驱动 GDP 情况	政府执法机制与效能	行政监管和执法效能
政府数据开放度	司法保护实践与规则建构	标准和行业规则完善程度
数据共享和流动情况	标准和行业规则完善程度	企业战略和合规实践
政府数据获取便利程度	企业合规情况	数据安全产业发展情况
	公众隐私和个人信息保护意识	数据安全国际合作情况

资料来源：毕马威、阿里研究院《数据大治理》，2020。

四　数字经济测度中的共识、分歧与展望

　　在全球不确定性加剧的今天，以数字经济为代表的新经济展现了强劲的韧性。尤其是在本次新冠肺炎疫情时期，数字经济因其跨时空性、流动性，通过在线教育、远程会议、跨境电商、远程医疗等服务保障了人们的日常生活。数字经济的发展给社会带来革命性进步的同时也带来了更多不确定性，以上各部门对数字经济的最新评估结果一致显示，数字技能、数字基础设施和公共服务是发展中国家的普遍短板。以中国为例，虽然我国凭借庞大的数字消费市场在数字产业、数字消费领域位居世界前列，但在市场准入、法律

政策环境、跨境数字贸易等治理领域与老牌发达国家差距甚大，尚未形成有效的数字治理体系，这也制约了我国在数字领域的国际话语权。同时，以上评估指数都关注到数字经济发展的不均衡问题，发达国家与发展中国家之间、一国内区域之间、一国内城乡之间都存在不同程度的数字经济规模、数字基础设施、数字使用与数字技能的全方位不均衡，根据中国信通院对47个国家2019年数字经济规模的测量，数字经济南北差距较大，发达国家数字经济体量是发展中国家的2.8倍多。同时数字平台的马太效应也在凸显，谷歌、Facebook、微软、亚马逊等互联网巨头掌握了大量的用户数据和市场，并借助数据优势提高行业准入门槛，其实质垄断性市场地位是否会损害个人的隐私与数据安全，是否会损害数字经济效率与中小企业的创新力，在政治领域是否会加剧信息茧房效应、分裂社会团体？对于以上问题，理论与政策都鲜有回应。

　　普惠性对于建设所有人的数字经济至关重要。通过以上指标的分析我们可以看到，对数字经济规模的测量层出不穷，但对于数字治理的评估仍乏善可陈，西方在传统领域的治理理念延伸到数字治理领域，对以中国为代表的新兴发展中经济体仍充满偏见。因此，发展数字治理的相关理论与评估体系，争夺数字治理标准的话语权，是以后数字经济及治理评估的一大努力方向。向数字时代的过渡必然伴随着经济与社会秩序的转型与重构，这是一个大规模制度涌现与再造的过程，此次新冠肺炎疫情的社会共治也展现了多中心的数据治理生态的强大力量。我们期待迈向更具包容性的全球数字社会、参与主体更加多元的数字治理生态。

参考文献

　　白丽芳、左晓栋：《欧洲"数字贸易限制指数"分析》，《网络空间安全》2019年第2期。

　　毕马威、阿里研究院：《数据大治理》，http：//www.aliresearch.com/ch/presentation/presentiondetails？articleCode＝95066677758267392，2020。

财新智库、BBD：《中国数字经济指数 2020》，http：//nei. caixin. com/upload/szjjzsbgoct. pdf，2020。

《二十国集团数字经济发展与合作倡议》，http：//www. cac. gov. cn/2016 – 09/29/c_1119648520. htm，2016。

国际贸易投资新规则与自贸试验区建设团队：《全球数字贸易促进指数报告》，社会科学文献出版社，2019。

华为：《全球联接指数 2019 量化数字经济进程》，https：//www. huawei. com/minisite/gci/cn/，2019。

华为：《全球联接指数 2018 量化数字经济进程》，https：//www. huawei. com/minisite/gci/assets/files/gci_ 2018_ whitepaper_ cn. pdf？v = 20191217v2，2018。

中国社会科学院数量经济与技术经济研究所：《中国数字经济规模测算与"十四五"展望研究报告》，http：//cec. blog. caixin. com/archives/233815，2020。

赛迪顾问：《2020 中国数字经济发展指数（DEDI）》，http：//www. mtx. cn/#/report？id = 684266，2020。

上海社会科学院信息研究所：《全球数字经济竞争力发展报告（2019）》，社会科学文献出版社，2019。

数字经济论坛、阿里研究院、毕马威：《全球数字经济发展指数》，https：//i. aliresearch. com/img/20180918/20180918153226. pdf，2018。

新华三集团：《中国城市数字经济指数白皮书（2020）》，http：//deindex. h3c. com/，2020。

Barefoot, K. , Curtis, D. , Jolliff, W. A. , Nicholson, J. R. , and Omohundro, R. , Defining and Measuring the Digital Economy. Bureau of Economic Analysis, https ： //www. bea. gov/research/papers/2018/defining - and - measuring - digital - economy, 2018.

ECIPE, Digital Trade Restrictiveness Index, https：//ecipe. org/dte/dte – report/，2018.

European Commission, Digital Economy and Society Index (DESI), https：//ec. europa. eu/digital – single – market/en/news/digital – economy – and – society – index – desi – 2020，2020.

Ferencz, J. , The OECD Digital Services Trade Restrictiveness Index. *OECD Trade Policy Papers*, *No.* 221, Paris：OECD Publishing, https：//doi. org/10. 1787/16ed2d78 – en，2019.

ITU, Measuring the Information Society Report 2018. https：//www. itu. int/en/ITU – D/Statistics/Pages/publications/misr2018. aspx, 2018.

OECD, *Measuring the Digital Economy*：*A New Perspective*, Paris：OECD Publishing, https：//doi. org/10. 1787/9789264221796 – en, 2014.

OECD and IMF, Measuring Digital Trade：Results of OECD/IMF Stocktaking Survey, https：//www. imf. org/external/pubs/ft/bop/2017/pdf/17 – 07. pdf, 2017.

UNCTAD, Digital Economy Report 2019, https：//unctad. org/webflyer/digital – economy – report – 2019, 2019.

第六章
创新生态的测度模型与指标设计

李 鑫 孙 君*

摘 要： 创新生态是全球科技创新中心的环境支撑，是提高创新效率、
激发创新创造活力、提升创新能力的必经路径，是集聚更多、
更高端创新要素的关键变量。全球科技创新中心指数（Global
Innovation Hubs Index，GIHI）在创新生态的测量上，围绕全球
科技创新中心的核心内涵，结合已有的创新评估研究，从开放
与合作、创业支持、公共服务与创新文化四个维度对全球科技
创新中心的创新生态的测量进行了有益尝试，以期为城市科技
进步、培育创新生态提供数据方法支持和政策决策参考。

关键词： 创新生态 创新环境 全球科技创新中心

　　全球科技创新中心的发展依赖于科学中心的影响力与创新经济的蓬勃发
展，而良好的创新生态是科学中心与创新经济发展的重要支撑。创新生态推
动创新资源的集聚和流动，形成创新合力，提高创新效率，激活创新经济。
创新经济的发展进而又反哺创新生态，为创新要素的流动提供现实激励与流
动路径。因此，建设全球科技创新中心、培育良好的创新生态是其应有之
义，更是夯实全球科技创新中心创新基因的重要基石。

---

* 李鑫，清华大学公共管理学院博士候选人，主要研究方向为产业政策、科技创新政策；孙君，
清华大学公共管理学院博士生，主要研究方向为科技创新政策。

一 创新生态的内涵与功能

生态学（ecology）原意是研究生物栖息环境的科学，生态系统（ecosystem）就是在一定空间中共同栖居的所有生物（即生物群落）与其环境之间不断地进行物质循环和能量流动过程而形成的有机的、统一的、稳态的整体。"生态"一词被各领域所引用，着重强调系统的可持续发展。美国《维护国家的创新生态体系、信息技术制造和竞争力》报告中首次使用"创新生态系统"这一概念，强调国家的科学、技术和创新能力取决于有活力的、动态的"创新生态系统"。

创新生态系统在内涵上以生物学隐喻来揭示创新的系统范式，突出表现为有机的、动态的系统范式结构①。多元创新生态系统的核心驱动层，旨在构建集"政、产、学、研、用"于一体的多元化创新共同体，主要包括新技术的创造者——高校和科研院所种群，新产品的生产者——企业种群，应用新产品和制造新需求的消费者——用户种群，以及与各类主体保持联系的支撑者——政府种群，彼此间形成"需求多样、功能互嵌、竞合有序"的发展态势②。创新生态系统研究从关注要素构成和资源配置的静态结构性分析，逐步发展为强调各创新主体之间作用机制的动态演化分析，其主要特征包括多样性共生、自组织演化与开放式协同等。良好的创新生态能够通过物质流、能量流、信息流实现创新体系内部物种、种群、群落之间及与环境之间的物质（人力资本、基础设施等）、能量（知识、金融资本等）和信息（政策、市场信息等）交换，以维持系统的稳定性和高效性，在可持续发展的理念下促进创新持续涌现，实现高质量的经济增长③。

在创新生态的测量上，学者多从创新环境的视角切入。如《中国区域

---

① 李万、常静、王敏杰、朱学彦、金爱民：《创新 3.0 与创新生态系统》，《科学学研究》2014 年第 12 期。

② 薛澜、姜李丹、余振：《如何构筑多元创新生态系统推动科技创新促进动能转换？——以黑龙江省为例的实证分析》，《中国软科学》2020 年第 5 期。

③ 胡曙虹、黄丽、杜德斌：《全球科技创新中心建构的实践——基于三螺旋和创新生态系统视角的分析：以硅谷为例》，《上海经济研究》2016 年第 3 期。

創新能力報告》將區域創新環境劃分為經濟基礎環境、基礎設施環境、市場環境、創業水平和人文環境五個組成部分。胡曙虹、趙彥飛[1]等[2]將創新環境概括為"軟""硬"兩個方面要素，硬環境指為本地技術創新主體服務的公用設施，軟環境主要指社會文化環境、勞動力市場環境、制度法規環境、技術環境、市場環境等。總體來說，創新生態的測度主要關注有利於開放創新的各要素集群效應的途徑、作用方式和機制，以及促進科技成果的形成和轉化、科技與經濟融合發展等[3]，但環境要素的評價難以通過定量方式刻畫，更多地基於定性討論和表述。

本研究認為，創新生態主要是指為創新體系中各主體的穩態運行提供必要的物質、精神及制度保障。它包括政治制度、法律體系、創新文化等軟性因素，也包括基礎設施、技術與經濟存量等硬性因素，它們共同直接或間接地影響創新活動，能夠為創新活動的開展、創新資源的集聚、創新成果的擴散提供支撐。綜上，GIHI 在創新生態的測量上，從生態學和系統學的角度出發，著重考察支持創新活動開展的支撐要素，最終確立了開放與合作、創業支持、公共服務與創新文化四個維度的指標。開放與合作能對城市的創業支持水平、公共服務水平產生影響，創業支持與公共服務的水平在長期的供給中又能形成、塑造成該城市獨有的城市創新文化，四者共同構成了城市的創新生態，具體模型如圖 1 所示。

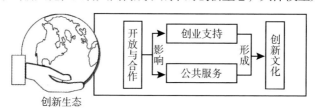

圖 1 GIHI 創新生態測度模型

資料來源：筆者自制。

① 趙彥飛、陳凱華、李雨晨：《創新環境評估研究綜述：概念、指標與方法》，《科學學與科學技術管理》2019 年第 1 期。

② 胡曙虹、黃麗、杜德斌：《全球科技創新中心建構的實踐——基於三螺旋和創新生態系統視角的分析：以矽谷為例》，《上海經濟研究》2016 年第 3 期。

③ 曾國屏、苟尤釗、劉磊：《從"創新系統"到"創新生態系統"》，《科學學研究》2013 年第 1 期。

二　创新生态的测度

创新生态的测度主要是对良好的经济、政治和社会环境对科技创新起到重要支持作用的一种表征，全球科技创新中心往往形成了良好的创新生态，能够实现创新主体和要素的充分流动。GIHI 通过测度开放与合作、创业支持、公共服务和创新文化四个维度来表征城市的创新生态水平。具体来说，①开放与合作着重测度城市在科学技术和经济活动层面的开放合作水平。科学技术的开放与合作加快知识扩散和创造过程，有助于提升知识可得性和技术影响力；经济的开放与合作则包含了一个城市对国际资本的吸引力以及城市经济的国际影响力。②创业支持是推动创新成果转化的重要保障，对推动技术革新和产业发展具有重要意义。③公共服务反映出城市为创新和创业所提供的基础设施和便利条件。④创新文化是创新活动实践过程中产生和留下的精神财富或物质财富，也是增强城市竞争力、实现城市长期繁荣的重要外部条件。具体指标的设计与阐释见下文。

（一）开放与合作

随着跨国贸易拓展、外商直接投资（Foreign Direct Investment，FDI）的增加以及新的国际分工体系的形成，经济全球化已成为不争的事实[1]。城市不再是一个个孤立的地理单元，而是通过经济主体间的贸易和金融联系形成连锁网络（Interlocking Network），城市在发挥商业中心功能时被集体连锁于世界城市网络中[2]。开放式创新成为当今创新的基本范式，开放与合作的深

---

[1] Cohen, R. B., The New International Division of Labour, Multinational Corporations and Urban Hierarchy, *Urbanizationand Urban Planning in Capitalist Societies*, London/New York: Methuen, 1981. Fröbel, F., Heinrichs, J., and Kreye, O., *The New International Division of Labour: Structural Unemployment in Industrialised Countries and Industrialisation in Developing Countries*, Cambridge: Cambridge University Press, 1980.

[2] Derudder, B., and Taylor, P. J., Central Flow Theory: Comparative Connectivities in the World-city Network, *Regional Studies*, 2017.

度及广度是构建创新生态的基础，开放环境下可以通过知识的识别、搜寻、获取、整合和利用加快内部创新①。基于此，当前主流创新评估指数均考察了创新体系的开放程度、国际吸引力与影响力。既有创新评估对开放与合作的评估指标如表1所示。

表1 既有创新评估对开放与合作的评估指标

指标体系	维度	测量指标
GN 中国城市综合竞争力评价指标体系	城市国际吸引指数	实际利用外资总额
		签订外资合同数
		国际旅游收入
		人均国际旅游收入
	产业国际化指数	外资企业数
		外资企业产出规模
		外资企业贡献度
		外资企业平均产出能力
		外资企业相对量
中关村指数	国际拓展	上市企业海外收入
		出口总额
		流向境外的技术交易合同成交额
		企业境外直接投资额
	资源引入	外商实际投资额
		留学归国人员和外籍从业人员数
		跨国公司地区总部数
国家高新区创新能力评价指标体系	创新的国际化	内资控股企业设立的海外研发机构数量
		内资控股企业万人拥有欧美日专利授权数量及境外注册商标数量
		技术服务出口占出口总额比重
		企业委托境外开展研发活动费用支出
		企业从业人员中海外留学归国人员和外籍常驻员工所占比重

---

① Henttonen, K., Ritala, P., Jauhiainen, T., "Exploring Open Search Strategies and Their Perceived Impact on Innovation Performance-empirical Evidence," *International Journal of Innovation Management*, 2011, 15（3）：525 – 541.

指标体系	维度	测量指标
上海市科技创新中心指数	创新创业环境吸引力	在沪常住外国人口
	区域创新辐射带动力	外资研发中心数量
		向国内外输出技术合同额占比
		高技术产品出口额占商品出口额比重
		上海对外直接投资总额
		财富500强企业上海本地企业入围数和排名
欧洲创新记分牌	创新体系吸引力	国际合作科学论文数
		前10%被引论文数
		博士学位外国人口
	产品影响力	中高科技产品出口
		知识密集型服务出口

资料来源：笔者根据相关评估报告整理而成。

当前，主流创新指数对开放与合作的评估指标归为三大类。一是国际资本流动。利用"出口总额""实际利用外资总额""流向境外的技术交易合同成交额""企业境外直接投资额"等，测量国际资本流入与流出。二是人才国际化。利用"留学归国人员和外籍从业人员数""博士学位外国人口""企业从业人员中海外留学归国人员和外籍常驻员工所占比重"等指标测量区域内人才的国际化程度。三是国际机构设立情况。包括"跨国公司地区总部数""外资研发中心数量""内资控股企业设立的海外研发机构数量"等，通过吸引外资在本地设立分支机构或研发中心，或者推动本地机构在外设立机构来提高城市在国际创新网络中的嵌入性与影响力。以上指标均体现"引进来"与"走出去"双重内涵。

以上三大维度中，"人才国际化"和"国际机构设立情况"这两类指标维度更加细化，收集难度更高，更适合对单一区域持续监测。如中关村指数考察"留学归国人员和外籍从业人员数"，国家高新区创新能力评价指标体系考察"内资控股企业设立的海外研发机构数量"。而 GIHI 评估对象是城市层级，并需要进行跨国比较，由于不同国家甚至同一国家不同区域之间的统计体系差异较大，以上两类指标的数据可获得性以及国际可比性较低。因此，GIHI 在评估"开放与合作"程度时未选择"人才国际化""国际机构设立情况"这两类指标，而是通过论文和专利等创新成果的合作网络，以及资本的国际化来反映区域创新开放合作程度，具体选择"论文合著网络中心度""专利合作网络中心度""外商直接投资""对外直接投资"这四个指标来测度。

1. 论文合著网络与专利合作网络的中心度

全球创新网络（Global Innovation Network）是一种在跨组织、跨区域边界上整合分散化的工程应用、产品开发以及研发活动的网络形态①，且网络中的创新主体权力是非对称的。根据各主体（节点）在网络中的表现可以分为全球卓越中心、高级枢纽、追赶者、新前沿四类。当前主流创新指数以数量指标和质量指标为主，缺少反映国家或城市间创新合作与互动的关联性指标，也缺少反映某一国家或地区创新影响力和辐射力的网络性指标，在呈现和刻画全球创新网络中位置、影响力和未来发展趋势方面稍显不足。

GIHI 创造性地使用了论文合著网络和专利合作网络的中心度指标，来测度城市在全球创新网络中的位势。中心度体现节点在网络中的权力等级和大小，刻画单个行动者在网络中所处的核心位置。在城市合作网络中，中心度越高代表网络中城市所拥有的权力越大、地位越重要。

论文合著是衡量科研合作的主要方式之一，是指两个或两个以上科研人员或组织共同致力于同一研究任务，通过相互配合和协同工作实现科研产出最大化的科学活动。论文合著往往反映作者间的学术交流与关系网络，可以促进知识流通、提高研究质量、加快知识扩散。通过论文合著网络来分析知

---

① Ernst, D., A New Geography of Knowledge in the Electronics Industry? Asia's Role in Global Innovation Networks. *East-West Center Policy Studies Series*, 2009.

识在机构、地理上的分布情况并据此测度影响力已成为学界和国际组织普遍使用的评估方法[①]。本研究选用"特征向量中心性"（Eigenvector Centrality）指标，该指标对单个节点的重要性的评价，既考虑其邻居节点的数量（即该节点的度），也考虑其邻居节点的重要性，可以较为精确地反映出城市在网络中的位势。

专利合作是指两个或两个以上科研人员或组织共同申请专利的活动。专利合作体现出科研人员或创新机构之间的技术交流与关系网络。本研究选用专利合作网络中心度的"度数中心度"（Point Centrality），以反映网络中与某个点直接相连的其他节点的情况。如果一个点与许多点直接相连，该节点就具有较高的度数中心度。度数中心度越高，节点在网络中所拥有的权力就越大。本研究关注样本城市在人工智能领域的技术合作，采用以下公式测量[②]。

$$C_i = \sum_{j=1}^{n} D_{ij}, D_{ij} = 0 \text{ 或 } 1 \tag{1}$$

2. 外商直接投资与对外直接投资

FDI 体现了国际城市网络中资本要素流动与主体间控制权。其与风险投资等间接投资的根本区别在于获得被投资企业的控制权。外商直接投资主要形式包括"跨境并购"和"绿地投资"。相较于并购，"绿地投资"更能体现国外金融资源对当地生产资本存量的影响，有助于提高本地技术能力和就业水平。GIHI 通过样本城市在 2019 年"引进来"的"绿地投资项目总额"和本地企业"走出去"的"绿地投资项目总额"数据，两者求均值来测度城市资本吸引力与辐射力。

[①] Sasaki, I., Akiyama, M., Sawatani, Y., Shibata, N. and Kajikawa, Y., "Bibliometric Analysis of Service Innovation Research: Identifying Knowledge Domain and Global Network of Knowledge," *Technological Forecasting and Social Change*, 2013, 80 (6): 1085 – 1093.

[②] 专利合作网络指标的具体测量方法见本书第九章《基于技术挖掘的全球人工智能城市（都市圈）创新能力探究》中"二（一）网络度数中心度"部分。

（二）创业支持

创新创业被视为经济发展最重要的动力源泉[①]。创业支持是创新和创业活动需要的经济社会环境等组成的外部支持体系。通过梳理现有创新指数发现，金融资本和营商环境测度是创业环境的重要指标。如国家创新指数采用了"企业创新项目获得风险资本支持的难易程度"，中关村指数采用"企业当年获得股权投资额"和"全球营商环境综合评价"两个指标，GN 中国城市综合竞争力评价指标体系中考察了"金融资本可获得指数"。既有创新评估指数对创业支持的评估指标如表 2 所示。

表 2　既有创新评估指数对创业支持的评估指标

指标体系	维度	测量指标
国家创新指数	创新环境	企业创新项目获得风险资本支持的难易程度
中关村指数	成果转化与孵化	企业当年获得股权投资额
	宜居宜业	全球营商环境综合评价
GN 中国城市综合竞争力评价指标体系	金融资本可获得指数	获得银行贷款便利度
		获得证券市场资本便利度
		获得民间及风险资本便利度
国家高新区创新能力评价指标体系	创新创业环境	创投机构当年对企业的风险投资总额
全球科技创新中心评估指数	金融支撑	VC 募资
		PE 募资
		众筹募资
欧洲创新记分牌	金融支持	风险资本支出

资料来源：笔者根据相关评估报告整理而成。

资本的本质是逐利，一个地区风险资本越集中，代表该地区的市场机会越充裕、经济增长活力越高；一个地区营商环境越卓越，表明该地区对创新创业主体的吸引度越高，市场效率也越高。因此，GIHI 在创业支持维度选择

[①] Schumpeter, J. A., *The Theory of Economic Development*, Cambridge: Harvard University Press, 1934.

该地区吸引到的"风险投资（Venture Capital，VC）金额"与"私募股权投资（Private Equity，PE）金额"，以及该地"营商环境便利度"三个指标来测度。

1. 风险投资金额与私募股权投资金额

风险投资又称为创业投资，主要是指向初创企业提供资金支持并取得该公司股份的一种融资方式。风险投资并不以经营为直接目的，而是追求具有经营潜力的长期利润而提供资金、专业知识和经验。风险投资为推动创新成果转化提供重要资金保障，风险投资活跃的地区往往是技术创新、商业模式创新频发的地区，进而可以作为衡量地区创新生态的重要指标之一。

本研究选用被评估城市"2019 年该地企业上市前接受的多轮投资总额"测量该地风险投资活跃度。根据企业生命周期，投资可分为两个阶段：第一阶段是 VC，是指企业发展早期所接受的 Pre-Seed、Seed、Angel、Series A、Series B 等五轮融资总额；第二阶段是 PE，是指拟上市公司 Pre-IPO 时期所接受的成长资本（Growth Capital），PE 总额由 Series C、D、E、F、G、H、I、J、K 共九轮融资加总得到。

2. 营商环境便利度

营商环境是指企业主体在市场经济活动中所面临的体制机制性因素和条件[①]。好的营商环境可以推动具有包容性的、可持续的经济增长。在诸多营商环境评估报告中，世界银行《营商环境报告》是国际社会具有广泛权威共识的一份评估报告。该报告自 2005 年每年发布，系统记录了 190 个经济体所实施的逾 3500 项商业监管改革措施，被政府、研究者、国际组织与智库广泛运用于指导政策并引导研究和开发新指数。该报告采用了开办企业、办理施工许可证、获得电力、登记财产、获得信贷、保护少数投资者、纳税、跨境贸易、执行合同和办理破产等 10 个商业监管领域的数据，形成了"营商环境便利度分数"（Ease of Doing Business Score）。它呈现一个经济体相对于最佳监管实践所处的位置，分数越高代表营商环境越便利。《营商环

[①] 《优化营商环境条例》，中华人民共和国中央人民政府网，http：// www. gov. cn/ zhengce/ content/2019 – 10/ 。

境报告》的数据采集覆盖了法律专业人士、信贷登记处工作人员、会计师、建筑师、公职人员等4万余名专业人士、相关经济体的政府部门以及世界银行集团的区域员工等。为了确保数据的可比性，该指标采用标准化案例，评估对象包括人口1亿以下经济体中最大的商业城市、人口超过1亿的经济体中最大和第二大商业城市。GIHI采用世界银行《营商环境报告2020》中各城市所在经济体"营商环境便利度得分"衡量各城市的营商环境。

（三）公共服务

城市公共服务反映出城市为创新和创业所提供的基础设施和便利条件，良好的公共服务有利于提升创新效率、优化创新环境。但是，公共服务的概念相对宽泛，涉及维护性公共服务、经济性公共服务、社会性公共服务等。既有的创新评估指数（见表3）对公共服务的指标设计相对较少，且诸多是基于生活性公共服务。在知识经济时代，知识的交换与创造有赖于通信技术、网络技术的发展，网络公共服务能够为创新活动提供更多的基础支撑。现有评估缺少经济性尤其是数字化、全球化针对科技创新与交流的公共服务方面的测度。

表3 既有创新评估指数对公共服务的评估指标

指标体系	维度	测量指标
国家创新指数	创新环境	知识产权保护力度
		政府规章对企业负担的影响
		当地研究与培训专业服务状况
中国区域创新能力指标体系	创新环境	创新基础设施综合指标
硅谷指数	生活场所	交通
		居住
	经济	商业空间
	社会	安全
中关村指数	宜居宜业	生活品质
全球科技创新中心评估报告	便利化	航线连接性
		高级宾馆
	宜居	宜居和生活质量

指标体系	维度	测量指标
上海科技创新中心指数指标体系	创新创业环境	固定宽带下载速率
GN 中国城市综合竞争力评价指标体系	对外交通设施指数	路网设施指数
		港口设施指数
		航空设施指数
	信息化设施指数	国际互联网普及率

资料来源：笔者根据相关评估报告整理而成。

GIHI 在指标设计上基于科技创新时代背景与趋势的考量，对公共服务的测度主要从数字基础设施与交通通达性两个维度进行设计。其中数字基础设施指数据中心与宽带网络的建设情况，交通通达性主要是针对城市航空网络的测量。

1. 数字基础设施

在数字时代，数据成为一种新的生产要素，各行业纷纷向数字化经济转型。数字经济背后是海量的数据算力支持和计算基础设施的硬件支撑。数据中心是全球协作的特定设备网络，已经成为与交通、能源一样的基础设施，具有传递、加速、展示、计算、存储数据信息等功能。互联网宽带是"云管边端"的核心要素"管"，构成了万物互联的硬件基础。宽带连接速度体现提供跨区域媒介交流和数据获取的效率，它与数据中心（公有云）数量可以共同测量城市网络基础设施发展成熟度，代表着该城市的数字化、信息化水平，在人工智能与物联网等新技术推动下，"云管边端"协同演进，能够为创新创业、合作交流等创新活动提供技术支持。

GIHI 采用数据中心数量（公有云）和宽带连接速度作为数字基础设施服务指标。需要注意的是，考虑到数据中心的跨区服务特点，因此，在统计口径上采取了以该国数据中心数量为数据采集口径。

2. 国际航班数量

交通是连接城市的纽带，对创新要素的流动、合作交流的开展、城市的发展有着决定性的影响。城市在全球城市网络中的地位更多地依赖于其在网

115

络中与其他城市的关系①，航空网络代表了城市间的空间可达性和连通度，交通网络的节点分析不仅能通过中心性指标来考察并确定世界城市的影响力层级，还可以通过网络分析等技术识别、分析全球城市网络结构及核心城市。一些航空枢纽城市，如伦敦、巴黎、莫斯科、迪拜、新加坡、上海、亚特兰大等，在全球城市网络中发挥核心与引领作用。首先，城市的航空连接性是公共服务的组成部分，丰富的航班数量为城市间创新要素流动提供了基础设施支持，在便利性与通达性方面具有较强的优势。其次，航空运输贴合全球城市级别的研究需求，且航班数据易获取，可靠性、准确性高，为城市间联系研究的点对点分析提供了数据支持。

为了精细地描绘出城市间联系的强度，GIHI 采用了城市间的客运直航班次作为测算依据，即 2019 年当年以该城市为起点和终点的所有直达航班数量。

（四）创新文化

科技创新是探索未知领域、解决现实难题的智力活动，是挑战权威、敢为人先、后来居上的智力竞赛，需要宽松自由的环境和宽容失败、鼓励尝试的创新文化②。全球科技创新中心的形成与其浓厚的创新文化氛围、扎实的文化基础是分不开的③。另外，创新文化是创新活动实践过程中产生和留下的精神财富或物质财富，也是增强城市竞争力、实现城市长期繁荣的重要外部条件。在既有的创新研究中，针对创新文化相关的定性讨论较多，但在具体测量和评估上可操作性较小。GN 中国城市综合竞争力评价指标体系对创新文化的评估最为丰富，涉及文化设施、文化意识、文化资源等多个维度。

---

① 刘望保、韩茂凡、谢智豪：《全球航线数据下世界城市网络的连接性特征与社团识别》，《经济地理》2020 年第 1 期。

② 潘教峰、刘益东、陈光华、张秋菊：《世界科技中心转移的钻石模型——基于经济繁荣、思想解放、教育兴盛、政府支持、科技革命的历史分析与前瞻》，《中国科学院院刊》2019 年第 1 期。

③ 冯烨、梁立明：《世界科学中心转移与文化中心分布的相关性分析》，《科技管理研究》2006 年第 2 期。

考虑到数据的可得性与客观性，在面对全球城市的创新文化评估时，GIHI 采用人才吸引力、企业家精神、文化相关产业的国际化程度、公共博物馆与图书馆数量（每百万人）来衡量创新文化。既有的创新评估与创新文化相关的评估指标如表 4 所示。

表 4　既有创新评估与创新文化相关的评估指标

指标体系	维度	测量指标
硅谷指数	社会	艺术与文化
	经济	创新与企业家精神
全球科技创新中心综合评分指标体系	生产性服务业	GaWC 生产性服务业世界一线城市分级
	政策舆论	创新关键词检索量
GN 中国城市综合竞争力评价指标体系	文化形象竞争力 - 文化设施指数	剧院数
		公共图书数
		每百万人影剧院数
		每百人公共图书数
	文化形象竞争力 - 文化意识指数	诚信意识指数
		竞争意识指数
		重商意识指数
		创新意识指数
		宽容意识指数
	文化形象竞争力 - 文化资源指数	城市历史文化指数
		艺术家和文化组织指数
		名胜古迹指数
		文化行业人力资本指数

资料来源：笔者根据相关评估报告整理而成。

1. 人才吸引力

人才是科技创新的核心要素，科研人才的集聚为科学中心的崛起与创新经济的发展提供智力支撑。如何实现人才集聚则成为影响城市创新能力的重要考察点之一。人才吸引力体现人们对城市创新文化的认可度，较强的人才吸引力能够实现科技人力资源的有效集聚，为未来发展动力不断注入人才要素。其次，较强的人才吸引力能够为全球科技创新中心吸引外部人才，在推动人才交流与合作方面发挥着不可替代的作用。

GIHI 在人才吸引力的指标上，引用了世界竞争力中心、洛桑国际管理学院开发的《世界人才排名》（The IMD World Talent Ranking）中的吸引力指标。该报告的吸引力指标数据由调查数据、统计数据两个部分组成，调查数据由世界竞争力中心覆盖全球的合作机构与调查团队完成，评估对象包括全球 63 个国家或地区，涵盖了生活成本、人才流失等 11 项指标，主要从以下三个方面评估在人才方面的表现：一是本土人才投资和培养，体现对教育的投资；二是吸引力，体现留住本土人才和吸引海外人才的能力；三是人才预备，体现一个国家利用人才库满足市场需求的能力。该报告的吸引力评估指标如表 5 所示。

表 5　IMD 世界竞争力中心《世界人才排名》吸引力评估指标

具体指标	指标解释
生活成本指数	主要城市的商品和服务指数,包括住房
吸引和留住人才	公司对于人才的重视程度
员工激励	员工工作的积极性
人才流失	受过良好教育和有技能的人才流失对该国经济竞争力的阻碍程度
生活质量	生活水平的高低
外籍高技能人才	被该国商业环境所吸引的程度
服务业薪酬	年度总收入,包括奖金
管理人员薪酬	基本工资加奖金和长期奖励
个人所得税的有效比率	个人收入与人均 GDP 的比率
司法水平	司法公正程度
空气质量指数	人均接触 PM2.5 情况

资料来源：IMD 世界竞争力中心，The IMD World Talent Ranking 2019，https：//www.imd.org/research-knowledge/reports/imd-world-talent-ranking-2019/。

2. 企业家精神

企业家精神是持续创新、创业的信念支撑，是经济增长的源泉之一。企业家文化对于塑造区域内创新文化、推动技术革新、引领创新经济发展具有重要意义。世界经济论坛（World Economic Forum，WEF）近 40 年来一直对各经济体的竞争力进行对标分析，其数据调查与分析报告是同领域里持续时间最长、覆盖范围最广的研究之一。2019 年，世界经济论坛对来自全球 130

多个国家的 16936 名（回收 12987 份问卷）企业高管进行调查，最终形成《全球竞争力指数 2019》。该报告能够评估决定一个经济体生产力水平的各项要素，框架包含决定生产力水平最重要的 12 大因素——制度、基础设施、信息通信技术的应用、宏观经济的稳定性、医疗卫生、技能、产品市场、劳动力市场、金融制度、市场规模、商业活力和创新能力，这 12 大因素又细分为 103 项具体指标。GIHI 采用了该报告中的企业家精神指标，该指标主要包括四个方面：①对待创业风险的态度；②管理权限下放程度；③创新型公司的成长环境；④公司接受颠覆性想法的程度。

3. 文化相关产业的国际化程度

文化相关产业的国际化程度采用了《世界城市名册 2020》（The Globalization and World Cities，GaWC）中城市分级结果来衡量。该榜单是指由全球化与世界城市研究网络编制的全球城市分级排名，以"高级生产服务业机构"在世界各大城市中的分布为指标对世界城市进行排名，主要包括金融、法律、咨询、管理、广告和会计六个领域，关注的是该城市在全球活动中的主导作用和带动能力，以衡量城市在全球高端生产服务网络中的地位及其融入度。GaWC 将世界城市分为 4 个大的等级与 12 个小的等级。如一级代表的是综合性较强的世界城市，在世界经济中连接着大的经济区或国家；二级代表城市的全球影响力相对较弱，但仍有助于将其地区或国家与世界经济联系起来。GaWC 的排名依据重点关注该城市的国际性、先进的交通系统、蜚声国际的文化机构、浓厚的文化气息等指标，在衡量城市中文化相关产业的国际化程度、创新文化的开放水平方面具有适用性。

GIHI 直接采用了 GaWC 的城市等级数据，作为该城市内与文化相关产业的国际化程度衡量指标。

4. 公共博物馆与图书馆数量（每百万人）

博物馆与图书馆是城市公共文化服务体系的重要组成部分，反映出城市公共文化的氛围，是城市文化软实力的重要指征之一。博物馆不仅有文物收藏、保护管理、科学研究、陈列展示等方面的功能，还具有引领城市文化、弘扬城市精神、搭建城市多元文化交流平台等方面的特殊作用。图书馆对于提升城市教育及创新价值、构建地方特色与城市形象、培养阅读习惯等具有重要作用。

GIHI 选用城市 2019 年当年开放的公共博物馆与图书馆数量（每百万人）来测量城市公共文化服务水平。

三　总结与展望

全球科技创新中心的建设和发展得益于优良的创新生态。人才、技术、资本和数据等创新要素通过充分流动与集聚，形成创新合力，提升创新效率，促进科学研究和创新经济发展。优良的创新生态是形成创新"沃土"的关键变量，建设全球科技创新中心、加强创新生态与创新环境的建设，是提升创新原动力的根本路径。

创新生态的测度具有一些难以克服的困难。

一是难以直接测度反映创新环境的多元化和包容性的"软指标"。既有创新指数在测量创新生态时以风险投资金额、公共博物馆和图书馆数量、数据中心数量、国际航班数量等"硬指标"为主。GIHI 虽然纳入"企业家精神""营商环境"一些可能影响城市科技创新实力与未来发展潜力的"软指标"，但仍有一些"软指标"出于数据限制难以获取，如本研究较少涉及科研人员科研活动自由度、互联网搜索自由度、社会对科技创新的容错水平、知识产权保护力度等，而这些"软指标"也是中国城市相对欧美发达城市普遍存在的短板。

二是难以反映出全球城市网络的结构性与等级性特征。世界城市网络中的城市存在等级性和权力非对称性，等级的顶点是可以对其他城市和世界经济行使权力、被视为指挥中心的全球城市，典型城市如纽约、伦敦、洛杉矶等。这些城市不仅是历史悠久的国际贸易和金融中心，还是世界经济的主要命令和控制中心。城市所处的全球创新网络位势反映了当地汇聚创新要素、输出创新成果的能力，是创新生态的重要部分。既有创新指数多以数量型指标为主,虽然 GIHI 纳入"论文合著网络中心度""专利合作网络中心度"等网络型指标,但仅能反映城市在论文和专利两方面的网络中心性,未来可持续纳入交通网络、金融资本等领域的网络型指标,以更加全面地刻画全球创新网络的整体结构以及各个城市的位势。

我们认为,创新生态的测量应更多地关注创新主体与环境之间、创新要素之间的互动过程与绩效,重视"软指标"的应用。受限于测量方式、价值多元化和差异性与数据可获得性,要对"软指标"建立统一尺度的评估方式仍然存在挑战。GIHI 从开放与合作、创业支持、公共服务、创新文化四个维度构建了 14 个指标,对城市的创新生态进行测量,在数据支持与测量方式方面进行了初步的尝试,未来还应进一步优化创新生态评估的指标体系。

参考文献

杜德斌、何舜辉:《全球科技创新中心的内涵、功能与组织结构》,《中国科技论坛》2016 年第 2 期。

冯烨、梁立明:《世界科学中心转移与文化中心分布的相关性分析》,《科技管理研究》2006 年第 2 期。

胡曙虹、黄丽、杜德斌:《全球科技创新中心建构的实践——基于三螺旋和创新生态系统视角的分析:以硅谷为例》,《上海经济研究》2016 年第 3 期。

科学技术部火炬高技术产业开发中心:《国家高新区创新能力评价报告(2019)》,科学技术文献出版社,2019。

李万、常静、王敏杰、朱学彦、金爱民:《创新 3.0 与创新生态系统》,《科学学研究》2014 年第 12 期。

刘望保、韩茂凡、谢智豪:《全球航线数据下世界城市网络的连接性特征与社团识别》,《经济地理》2020 年第 1 期。

柳卸林、高太山:《中国区域创新能力报告》,科学出版社,2014。

梅亮、陈劲、刘洋:《创新生态系统:源起、知识演进和理论框架》,《科学学研究》2014 年第 12 期。

潘教峰、刘益东、陈光华、张秋菊:《世界科技中心转移的钻石模型——基于经济繁荣、思想解放、教育兴盛、政府支持、科技革命的历史分析与前瞻》,《中国科学院院刊》2019 年第 1 期。

上海市信息中心：《2017 全球科技创新中心评估报告》，2017。

薛澜、姜李丹、余振：《如何构筑多元创新生态系统推动科技创新促进动能转换？——以黑龙江省为例的实证分析》，《中国软科学》2020 年第 5 期。

中关村创新发展研究院：《中关村指数 2019》，2019。

中国科技发展战略研究小组：《中国区域创新能力评价报告 2019》，科学技术文献出版社，2019。

世界银行：《2019 年营商环境报告》，2018。

〔美〕朱迪·埃斯特琳：《美国创新在衰退？》，闫佳译，机械工业出版社，2010。

赵彦飞、陈凯华、李雨晨：《创新环境评估研究综述：概念、指标与方法》，《科学学与科学技术管理》2019 年第 1 期。

曾国屏、苟尤钊、刘磊：《从"创新系统"到"创新生态系统"》，《科学学研究》2013 年第 1 期。

Cohen, R. B. , The New International Division of Labour, Multinational Corporations and Urban Hierarchy, *Urbanizationand Urban Planning in Capitalist Societies*, London/New York: Methuen, 1981.

Derudder, B. , and Taylor, P. J. , Central Flow Theory: Comparative Connectivities in the World-city Network, *Regional Studies*, 2017.

Ernst, D. , A New Geography of Knowledge in the Electronics Industry? Asia's Role in Global Innovation Networks. *East-West Center Policy Studies Series*, 2009.

Fröbel, F. , Heinrichs, J. , and Kreye, O. , *The New International Division of Labour: Structural Unemployment in Industrialised Countries and Industrialisation in Developing Countries*, Cambridge: Cambridge University Press, 1980.

Henttonen, K. , Ritala, P. , Jauhiainen, T. , "Exploring Open Search Strategies and Their Perceived Impact on Innovation Performance-empirical Evidence," *International Journal of Innovation Management*, 2011, 15 (3): 525 – 541.

Sasaki, I. , Akiyama, M. , Sawatani, Y. , Shibata, N. and Kajikawa, Y. , "Bibliometric Analysis of Service Innovation Research: Identifying Knowledge Domain and Global Network of Knowledge," *Technological Forecasting and Social Change*, 2013, 80 (6): 1085 – 1093.

Schumpeter, J. A. , *The Theory of Economic Development*, Cambridge: Harvard University Press, 1934.

专 题 篇
Case Study Reports

第七章

中国建设国际科技创新中心的
国家战略与城市定位

汪佳慧*

摘　要：　建设国际科技创新中心是落实创新驱动发展战略的重要任
务。近年来，北京、上海、粤港澳大湾区凭借城市特有优
势，在我国建设国际科技创新中心的过程中发挥引领作用，
城市科技创新能力稳步提升。本报告首先梳理了中国科技政
策的演变过程；其次介绍了国家创新发展战略中区域发展战
略以及城市发展定位，提出建设国际科技创新中心的发展策
略；最后对北京、上海、粤港澳大湾区建设国际科技创新中
心的情况以及政策支撑体系进行比较分析，进而明确不同城
市的战略定位、特征和发展路径。

* 汪佳慧，清华大学产业发展与环境治理研究中心研究助理，主要研究方向为国际政治经济学、
国际发展。

关键词： 科技创新　国际科技创新中心　北京　上海　粤港澳大湾区

当今世界正在发生深刻变动。世界形势剧烈震荡，国家间的竞争正在加剧，国际技术封锁与打击频发，传染性疾病、环境恶化等全球性问题困扰各国政府。伴随第四次工业革命的浪潮，人工智能、大数据、5G 技术将深刻改变人类的生产组织方式和国家治理方式。科技是第一生产力，科技创新是推动国家转型和发展的根本驱动，科技创新能力更是衡量国家综合能力的重要体现。

面对复杂的形势，各国都加紧制定科技创新政策，提升本国或本地的创新能力，以便在复杂世界格局和新一轮科技革命中占据主导地位。加快建设国家科技创新中心便是我国的重要战略举措之一。一方面，国际科技创新中心能吸引和汇集全球创新要素，使我国在科技创新中赢得发展主动权；另一方面，通过发挥科技创新中心的驱动与引领作用，可进一步推动我国产业体系升级、形成创新发展新格局。事实上，加快建设国际科技创新中心是与创新型国家战略、创新驱动发展战略一脉相承的政策措施，也是支撑区域发展和城市发展的重要路径。

一 新时期中国科技创新政策与发展战略

经历拨乱反正的特殊历史时期，中国科技政策开始走上正轨。邓小平同志在 1978 年全国科学大会上提出的"科学技术是生产力"成为中国科技政策的指导思想，中国科技进入酝酿改革的重要时期。1985 年中央发布《中共中央关于科技体制改革的决定》，浩浩荡荡地拉开了中国科技体制改革的大幕。从此以后，国家在科研资助、知识产权保护、科研计划、高科技产业等多个领域的宏观制度陆续建立起来。1997 年，党中央、国务院作出建设国家创新体系的重大决策，并在十六大报告中明确将加强国家创新体系建设与经济发展并列。伴随国务院机构、科研院所完成转制成为市场主体，国家鼓励支持中小企业创新，建立企业研发中心等。这一系列改革举措使我国创新体系的系统布局逐渐建立并优化，科技实力显著增强，国家创新整体效能得到提升，有效推动经济和产业发展。

国家创新体系进入系统运行阶段的标志性事件是 2006 年全国科技大会召开和国务院出台《国家中长期科学和技术发展规划纲要（2006—2020年）》。中国开始进入建设创新型国家的战略发展新时期。

进入新时期，中国科技创新政策主要可以分为三个阶段。

（一）建设创新型国家战略确立期（2006～2012年）

2006 年胡锦涛总书记提出建设创新型国家的战略任务，国务院面向未来 15 年的科技工作发布《国家中长期科学和技术发展规划纲要（2006—2020 年）》[①]，强化了科技体制改革和国家创新体系建设，明确了"自主创新、重点跨越、支撑发展、引领未来"的科技工作指导方针。纲要立足于我国国情和发展需求，确立了 2020 年进入创新型国家的行列、发展目标，并在基础研究领域部署了一系列战略计划，提出优先发展能源、水和矿产资源、环境、农业、制造业、交通运输业、信息产业及现代服务业等 11 个国民经济和社会发展的重点领域，批准设立包括核心电子器件、高端通用芯片及基础软件、极大规模集成电路制造技术、新一代宽带无线移动通信在内的16 项重大科技专项。

（二）"双轮"驱动战略深入实施期（2013～2017年）

随着经济快速发展，经济形态、产业结构特别是资源环境都发生了深刻变化，中国社会也面临重大挑战，经济发展模式和产业转型亟待调整和转型。2013 年，习近平总书记提出深入实施创新驱动发展战略，明确以科技创新和体制机制创新为"双轮"驱动力，以提高社会生产力和综合国力为

---

① 《国家中长期科学和技术发展规划纲要（2006—2020 年）》，http：//www. gov. cn/gongbao/content/2006/content_ 240244. htm。

国家发展全局的核心布局一系列改革措施。2016 年，在全国科技创新大会上习近平总书记再次强调实施创新驱动发展战略是破解经济发展深层次矛盾和问题的必然选择。

2016 年 3 月，中共中央公布的《中华人民共和国国民经济和社会发展第十三个五年规划纲要》（简称《"十三五"规划纲要》）① 对创新驱动发展战略进行全局展望；进一步强化科技创新引领作用，推动战略前沿领域创新突破，提升创新基础能力，打造区域创新高地，支持北京、上海建设具有全球影响力的科技创新中心。

2016 年 5 月，中共中央、国务院发布《国家创新驱动发展战略纲要》② 为创新驱动战略制定行动纲领，明确了国家创新驱动的发展目标、方向和重要任务，提出了三步走战略：第一步，到 2020 年进入创新型国家行列，有力支撑全面建成小康社会目标的实现；第二步，到 2030 年跻身创新型国家前列，为建成经济强国和共同富裕社会奠定坚实基础；第三步，到 2050 年建成世界科技创新强国，成为世界主要科学中心和创新高地。在战略部署上坚持"双轮"驱动，构建一个国家创新体系，推动发展方式、发展要素、产业分工、创新能力、资源配置和创新群体的六大转变。

2016 年 8 月，国务院印发的《"十三五"国家科技创新规划》③ 为战略的具体落实进行了细致的谋划，为我国迈进创新型国家行列提供行动指南。首先，规划关注科技的超前引领性，高度关注颠覆性技术创新和基础研究，提出要构筑国家先发优势、增强原始创新能力。其次，规划关注经济新常态，面向科技前沿与国家战略需求，从创新的全链条进行整体规划。例如，规划重视科技创新对国民经济的实际影响，提出要用现代科技改造传统产业，构建支撑科技创新创业全链条的服务网络，从而满足群众的需求。最

---

① 《中华人民共和国国民经济和社会发展第十三个五年规划纲要》，2016 年 3 月 17 日，http：//www. gov. cn/xinwen/2016 – 03/17/content_ 5054992. htm。
② 《中共中央　国务院印发〈国家创新驱动发展战略纲要〉》，2016 年 5 月 19 日，http：//www. gov. cn/zhengce/2016 – 05/19/content_ 5074812. htm。
③ 《国务院关于印发"十三五"国家科技创新规划的通知》，2016 年 8 月 8 日，http：//www. gov. cn/zhengce/content/2016 – 08/08/content_ 5098072. htm。

后，规划体现了国家战略意图和重大部署，面向国内，体系化地层层推进系统部署；面向全球，全方位地融入全球创新网络和参与全球创新治理。[①]

（三）创新型国家加快建设期（2017年至今）

党的十九大进一步提出要坚定实施创新驱动发展战略，加快建设创新型国家，建设现代化经济体系。为了实现经济的高质量发展，要着力加快建设实体经济、科技创新、现代金融、人力资源协同发展的产业体系。十九大报告[②]指出，创新是引领发展的第一动力，是建设现代化经济体系的战略支撑。我国要加强国家创新体系建设，强化战略科技力量。深化科技体制改革，建立以企业为主体、以市场为导向、产学研深度融合的技术创新体系，加强对中小企业创新的支持，促进科技成果转化。十九大报告中还将科技实力作为彰显我国经济社会发展成就的"四个实力"之一。党的十九届五中全会审议通过的《中共中央关于制定国民经济和社会发展第十四个五年规划和二〇三五年远景目标的建议》[③]，对未来5年的发展与未来15年远景目标进行了部署。建议首次对科技创新进行专章部署，明确"坚持创新在我国现代化建设全局中的核心地位，把科技自立自强作为国家发展的战略支撑"，提出坚持创新驱动发展，全面塑造发展新优势。

回顾2006年以来的科技战略布局和规划，基本围绕创新驱动、创新型国家建设展开，绘制出科技创新与体制创新双轮驱动、科技与经济协调发展、国家整体发展与重点区域优先发展的局面。我国科技发展呈现根本性变化，科技实力显著增强，中国经济开始进入高质量发展阶段。新一轮面向2035年的中长期科学技术规划（2021~2035）研究已经启动，关系到中国

---

① 《聚焦"十三五"国家科技创新规划五大看点》，新华社，2016年8月8日，http：//www.gov.cn/zhengce/2016－08/08/content_5098284.htm。

② 《习近平：决胜全面建成小康社会 夺取新时代中国特色社会主义伟大胜利——在中国共产党第十九次全国代表大会上的报告》，2017年10月18日，http：//www.gov.cn/zhuanti/2017－10/27/content_5234876.htm。

③ 《中共中央关于制定国民经济和社会发展第十四个五年规划和二〇三五年远景目标的建议》，2020年11月，http：//cpc.people.com.cn/n1/2020/1104/c64094－31917780.html。

科技强国三步战略目标的关键第三步。全球科技创新中心建设也将迎来崭新的局面。中国科技创新与发展战略相关文件见表1。

表1 中国科技创新与发展战略相关文件

发文日期	发布单位	文件名称
2006年2月	国务院	《国家中长期科学和技术发展规划纲要（2006—2020年）》
2016年3月	国务院	《中华人民共和国国民经济和社会发展第十三个五年规划纲要》
2016年5月	国务院	《国家创新驱动发展战略纲要》
2016年8月	国务院	《"十三五"国家科技创新规划》
2020年11月	中共中央	《中共中央关于制定国民经济和社会发展第十四个五年规划和二〇三五年远景目标的建议》

资料来源：笔者整理。

二 国家创新战略中的城市定位

（一）科技创新的区域发展战略

在科技创新政策的引领下，我国的区域发展战略围绕打造区域创新高地、优化区域布局这两个任务展开，探索和引领我国科技创新领域形成集中力量办大事的新型举国体制。一方面要充分发挥地方在区域创新中的主体作用，集成优势创新资源，形成一批带动力强的创新型省份、城市和区域创新中心；另一方面要形成促进创新的体制架构，构建各具特色的区域创新发展格局，提升区域创新协调发展水平。

打造具有重大引领作用和全球影响力的创新高地，形成区域创新发展梯次布局，有利于带动区域创新水平整体提升。《"十三五"国家科技创新规划》强调要充分发挥地方在区域创新中的主体作用并阐释了分层次提升区域创新的体系。第一个层次是将北京、上海建设成具有全球影响力的科技创新中心。第二个层次是推动国家自主创新示范区和高新区创新发展。第三个层次是建设带动性强的创新型省市和区域创新中心，依托北京、上海、安徽等大科学装置集中的地区建设国家综合性科学中心，形成一批具有全国乃至全球影响力的科学技术重要发源地和新兴产业策源地，在优势产业、优势领域形成全球竞争力。第四个层次是系统推进全面创新改革试验，在京津冀、上海、安徽、广东、四川和沈阳、武汉、西安等区域开展系统性、整体性、协同性的全面创新改革试验，推动形成若干具有示范带动作用的区域性改革创新平台，形成促进创新的体制架构。

完善跨区域协同创新机制，引导创新要素聚集流动，有利于提升区域创新协调发展水平。在构建跨区域创新网络时，要提升京津冀、长江经济带等国家战略区域科技创新能力，打造区域协同创新共同体，着力破解产业转型升级、生态环保等问题。在实现区域协同发展时，东部地区注重提高原始创新和集成创新能力，培育具有国际竞争力的产业集群和区域经济，增强创新动力和活力；中西部地区走差异化和跨越式发展道路，培育壮大区域特色经济和新兴产业。

（二）建设科技创新中心的城市定位

为进一步打造区域创新高地，发挥地方在区域创新中的主体作用，我国提出着力将北京、上海、粤港澳大湾区打造成具有全球影响力的科技创新中心。根据北京、上海、粤港澳大湾区各自的优势与创新要素的供给，我国对它们的发展定位进行了不同的规划。

1. 北京

2014 年 2 月 26 日，习近平总书记视察北京并发表重要讲话，明确了北京全国政治中心、文化中心、国际交往中心和科技创新中心的城市战略定位，提出了把北京建设成为国际一流的和谐宜居之都的目标。2016 年 9 月，国务院印发《北京加强全国科技创新中心建设总体方案》[①]，明确了北京加强全国科技创新中心建设的总体思路、发展目标、重点任务和保障措施。

[①] 《国务院关于印发〈北京加强全国科技创新中心建设总体方案〉的通知》，2016 年 9 月，http：//www. gov. cn/zhengce/content/2016 - 09/18/content_ 5109049. htm。

2017 年习近平总书记视察北京时特别指出，北京最大的优势在科技和人才，要以建设具有全球影响力的科技创新中心为引领，抓好"三城一区"建设，深化科技体制改革，努力打造北京经济发展新高地。

北京建设科技创新中心的定位是全球科技创新引领者、高端经济增长极、创新人才首选地、文化创新先行区和生态建设示范城。基于北京高端人才集聚、科研机构集中、科技基础雄厚的创新优势，我国鼓励北京通过建设四个高地成为具有强大引领作用的全国科技创新中心。第一是构建原始创新高地，统筹中关村科学城、怀柔科学城、未来科技城建设，建设世界一流的高等学校和科研院所。第二是构建前沿技术创新高地，突破核心瓶颈技术，构建"高精尖"经济结构。第三是构建协同创新高地，形成京津冀协同创新共同体。第四是构建制度创新高地，突破制约创新发展的体制机制障碍。

2. 上海

2014 年 5 月，习近平总书记在上海视察工作时提出，上海要在推进科技创新、实施创新驱动发展战略方面走在全国前头、走到世界前列。2015 年 3 月 5 日，习近平总书记参加十二届全国人大三次会议上海代表团审议时再次强调上海要加快向具有全球影响力的科技创新中心进军。他指出，新世纪新时期，一些科技成果转化速度进一步加快，一些新产业已经爆发，释放出巨大能量，使我们意识到必须推动要素集合，推动协同创新，形成创新力量。2016 年 4 月，国务院印发《上海系统推进全面创新改革试验加快建设具有全球影响力的科技创新中心方案》①，阐释了上海建设具有全球影响力的科技创新中心的总体目标、主要任务和改革措施。2019 年 11 月，习近平总书记在上海考察时对上海成为科技创新策源地提出了殷切希望。

上海的城市定位为"五个中心"，即国际经济中心、国际金融中心、国际贸易中心、国际航运中心与国际科技创新中心；建设具有全球影响力的科技创新中心，上海要充分发挥科技、资本、市场等资源优势和国际化程度高

---

① 《国务院印发〈上海系统推进全面创新改革试验加快建设具有全球影响力的科技创新中心方案〉的通知》，2016 年 4 月，http://www.gov.cn/zhengce/content/2016-04/15/content_5064434.htm。

的开放优势。我国鼓励上海建设大科学设施相对集中的综合性国家科学中心与促进成果转化的研发和转化平台。上海建设科技创新中心，一方面重点建设世界一流重大科技基础设施群，支持面向生物医药、集成电路等优势产业领域建设若干科技创新平台，吸引集聚全球顶尖科研机构、领军人才和一流创新团队。另一方面推进上海张江国家自主创新示范区、中国（上海）自由贸易试验区和全面创新改革试验区联动，全面提升科技国际合作水平。上海要积极发挥在长江经济带乃至全国范围内的高端引领和辐射带动作用，打造全球科技创新网络重要枢纽。

3. 粤港澳大湾区

改革开放40多年以来，粤港澳地区合作成效卓著，为新时代推进粤港澳大湾区科技协同奠定了良好基础。2012年，习近平总书记在视察广东时，提出希望广东联手港澳打造更具综合竞争力的世界级城市群。2017年3月，李克强总理在政府工作报告中首次提出要研究制定粤港澳大湾区城市群发展规划，将粤港澳大湾区的建立提升到国家战略层面。2019年2月，中共中央、国务院印发《粤港澳大湾区发展规划纲要》[①]，提出粤港澳大湾区已具备建成国际一流湾区和世界级城市群的基础条件，要建设国际科技创新中心。

粤港澳大湾区具有五大战略定位，即充满活力的世界级城市群、具有全球影响力的国际科技创新中心、"一带一路"建设的重要支撑、内地与港澳深度合作示范区、宜居宜业宜游的优质生活圈。大湾区的发展以香港、澳门、广州、深圳作为区域发展的核心引擎：香港要巩固提升国际金融、航运、贸易中心地位；澳门要建设世界旅游休闲中心、中国与葡语国家商贸合作服务平台；广州要充分发挥国家中心城市和综合性门户城市引领作用；深圳作为经济特区，要努力成为具有世界影响力的创新创意之都。对内来看，粤港澳大湾区对周边区域经济发展要发挥辐射带动的作

---

① 《中共中央　国务院印发〈粤港澳大湾区发展规划纲要〉》，2019年2月，http：//www.gov.cn/xinwen/2019 - 02/18/content_ 5366593. htm#1。

用；对外看，粤港澳大湾区将以城市群为形态，以科技创新为重点参与世界经济竞争。建设粤港澳大湾区，一方面要打造高水平科技创新高地，着力提升基础研究水平，推进重大科技基础设施建设，积极培育一批产业技术创新平台、制造业创新中心及企业技术中心；另一方面要构建开放型区域协同创新共同体，促进大湾区推动人才、资本、信息、技术等创新要素跨境流动和区域融通，共建国家级科技成果孵化基地和粤港澳青年创业就业基地等成果转化平台。

表 2 根据中央政府对北京、上海、粤港澳大湾区建设科技创新中心的定位进行了比较。在国家科技创新中心总体布局中，北京要充分发挥科教资源丰富的优势，聚焦突破重大前沿基础研究难题；上海要着眼于高端制造业的产业基础，促进先进制造业发展；粤港澳大湾区要发挥科技和产业优势，集聚国际创新资源，建设区域创新体系。通过发挥三地的优势创新资源，我国深入推进北京、上海、粤港澳大湾区国际科技创新中心建设，以打造具有引领作用的区域高地和驱动高质量发展的核心引擎。

表 2　北京、上海、粤港澳大湾区建设科技创新中心的比较

城市	中央政策文件	优势	发展目标	主要任务
北京	《北京加强全国科技创新中心建设总体方案》（2016 年 9 月）	高水平大学和科研机构集中，具有研发优势；科技基础雄厚；高层次人才密集	2017 年全国科技创新中心建设初具规模；2020 年成为全球有影响力的科技创新中心；2030 年成为引领世界科技创新的新引擎	强化原始创新，打造世界知名科学中心；实施技术创新跨越工程，加快构建"高精尖"经济结构；推进京津冀协同创新，培育世界级创新型城市群；加强全球合作，构筑开放创新高地；推进全面创新改革，优化创新创业环境
上海	《上海系统推进全面创新改革试验加快建设具有全球影响力的科技创新中心方案》（2016 年 4 月）	科技、资本、市场等资源集中；国际化程度高	2020 年前形成科技创新中心基本框架体系；2030 年前形成科技创新中心城市的核心功能	部署建设上海张江综合性国家科学中心；建设关键共性技术研发和转化平台；实施引领产业发展的重大战略项目和基础工程；推进张江国家自主创新示范区建设等四方面重点任务

城市	中央政策文件	优势	发展目标	主要任务
粤港澳大湾区	《粤港澳大湾区发展规划纲要》（2019年2月）	具有沿海区位优势；产业体系完备，经济互补性强；创新要素集聚；高度国际化	2022年基本形成国际一流湾区和世界级城市群框架；2035年形成以创新为主要支撑的经济体系和发展模式	构建开放型区域协同创新共同体；打造高水平科技创新载体和平台；优化区域创新环境

资料来源：笔者根据相关政策文件整理。

三 建设国际科技创新中心的地方政策

（一）北京市建设国际科技创新中心的政策

国务院印发《北京加强全国科技创新中心建设总体方案》以后，北京在这张"设计图"基础上绘制了"架构图"与"施工图"，共同指导北京建设科技创新中心的进程。"架构图"是指在国务院下设北京推进科技创新中心建设办公室①时，设立的"一处七办"②的组织架构。"施工图"是指北京推进科技创新中心建设办公室发布的《北京加强全国科技创新中心建设重点任务实施方案（2017－2020年）》，制定了工作任务清单和重点项目清单，确定了2017年重点推进的88项任务和127个项目，对目标进行量化。在这三张图的指引下，北京市在建设国际科技创新中心的道路上，不断取得成效。

北京市政府根据中央指示，出台了一系列政策以支持国际科技创新中心的建设。2014年9月，在习近平总书记明确了北京"科技创新中心"的城

---

① 为了推动《北京加强全国科技创新中心建设总体方案》的具体落实，2016年11月，国务院成立了科技创新中心建设领导小组。该小组提出在北京下设北京推进科技创新中心建设办公室的方案。
② "一处"是指北京办公室秘书处，设在北京市科委。"七办"是指7个专项工作部门，包括重大科技计划、全面创新改革和中关村先行先试、科技人才、中关村科学城、怀柔科学城、未来科学城、创新型产业集群与"2025"示范区等专项办公室。

市战略定位后，北京市委、市政府颁布《关于进一步创新体制机制加快全国科技创新中心建设的意见》① 以进一步破除制约科技创新建设的思想和制度障碍。2016 年 9 月 22 日，北京市人民政府在国务院《北京加强全国科技创新中心建设总体方案》的基础上编制了《北京市"十三五"时期加强全国科技创新中心建设规划》②，对总体方案提出的任务进行了细化和落地。2017 年 3 月，北京推进科技创新中心建设办公室发布了《北京加强全国科技创新中心建设重点任务实施方案（2017 - 2020 年)》，切实将北京建设全国科技创新中心的重点任务进行了细化，建立了科技创新中心目标监测评价体系，对目标进行了量化。2019 年 10 月 16 日，北京市人民政府印发《关于新时代深化科技体制改革加快推进全国科技创新中心建设的若干政策措施》（简称"科创 30 条"）③，在全市科技创新重点领域和关键环节提出 30 条改革措施。北京市建设国际科技创新中心的指导文件见表 3。

表 3　北京市建设国际科技创新中心的指导文件

文件名称	发文时间	目标	重点领域
《关于进一步创新体制机制加快全国科技创新中心建设的意见》	2014 年 9 月	坚持和强化首都城市战略定位，促进首都科技创新优势向发展优势转化，加快推进创新驱动发展战略实施	建立新型科研成果管理制度体系，推动科技成果转化；完善科技资源开放共享；改革科技人才评价和激励机制；制定促进新技术产品应用的消费政策；鼓励民间资本投入科技创新；培育先导技术和战略性新兴产业；以全球视野谋划和推动科技创新

① 中共北京市委、北京市人民政府：《关于进一步创新体制机制加快全国科技创新中心建设的意见》，2014 年 9 月 10 日，http://kw.beijing.gov.cn/art/2014/9/10/art _ 2384 _ 2390. html。

② 北京市人民政府：《北京市"十三五"时期加强全国科技创新中心建设规划》，2016 年 9 月 22 日，http://www.beijing.gov.cn/zhengce/zhengcefagui/qtwj/201912/t20191219_ 1311078. html。

③ 《北京市人民政府印发〈关于新时代深化科技体制改革加快推进全国科技创新中心建设的若干政策措施〉的通知》，2019 年 11 月 15 日，http://kw.beijing.gov.cn/art/2019/11/22/art_ 2384_ 10754. html。

续表

文件名称	发文时间	目标	重点领域
《北京市"十三五"时期加强全国科技创新中心建设规划》	2016年9月	到2020年,北京全国科技创新中心的核心功能进一步强化,成为具有全球影响力的科技创新中心,支撑我国进入创新型国家行列	全面对接国家科技重大专项和科技计划;实施技术创新跨越工程,推动民生科技、"高精尖"经济的发展;支撑京津冀协同发展等国家战略,强化"三大科技城"与创新型产业集群的作用
《北京加强全国科技创新中心建设重点任务实施方案(2017-2020年)》	2017年3月	到2020年实现5个目标:1.知识创造能力达到国际先进水平;2.创新型经济基本形成;3.创新人才聚集效应更加凸显;4.跻身全球创新创业最活跃城市;5.初步建成开放创新高地	建设"三城一区"主平台,对接重大科技计划,推进全面创新改革与中关村先行先试,集聚培养顶尖人才,构建京津冀协同创新共同体,推进科技成果转化
《关于新时代深化科技体制改革加快推进全国科技创新中心建设的若干政策措施》	2019年10月	从加强科技创新统筹、深化人才体制机制改革、构建高精尖经济结构、深化科研管理改革、优化创新创业生态等方面进行改革	从国家和市级层面完善统筹制度;落实科研机构自主管理权,减少微观干预;简化科研管理;聚焦营商环境优化;促进京津冀协同创新,推动京港澳合作

资料来源:笔者根据相关政策文件整理。

作为全球创新资源最集中的城市,北京具有自主创新能力较强、高端创新要素聚集的优势。在国际科技创新中心建设过程中,北京紧紧围绕推动"三城一区"建设,聚焦中关村科学城,突破怀柔科学城,搞活未来科学城,升级北京经济技术开发区,以推进科技资源融合发展,发挥创新型产业集群的科技创新引领作用。北京市的发展路径围绕"三城一区"建设展开,以全面创新改革为主线,以吸引创新资源为手段,以营造创新生态为关键。

(1)面向科技前沿,将科技创新与经济社会发展深度结合。我国经济发展进入新常态,发展动力正在从主要依靠资源和低成本劳动力等要素转向创新驱动,北京要积极引领新常态,积极培育先导技术和战略性新兴产业。运用市场机制推动构建"高精尖"经济结构,加快战略性新兴产业跨越发展,促使产业向价值链中高端提升,同时加强科技成果转化。顺应"互联网＋"发展趋势，围绕创新创业、制造业、农业、金融业等重点领域，加快信息技术向传统产业融合渗透。

（2）集聚创新资源，深层次实现协同创新。为了强化原始创新能力，北京鼓励和支持在京企业、高等学校和科研院所承接重大专项项目，依托企业、高校和机构形成产学研发展的体系。构建京津冀协同创新共同体，加强京津冀科技计划合作也是建设科技创新中心的重要组成部分。

（3）完善创新生态体系，优化营商环境。为促进创新生态环境的发展，北京进一步完善法治化、国际化、便利化的企业营商环境，以吸引技术创新总部落户北京。通过公共科技服务平台建设，北京加强对生命科学、人工智能、集成电路等领域的专业化孵化器建设。为加快营造公平竞争的市场环境，北京优化知识产权保护机制，加大查处力度。北京深化人才体制机制改革与科研管理改革，优化创新职称的评价机制，简化科研管理，为科研人员提供便利。

（二）上海市建设国际科技创新中心的政策

上海科创中心的建设经历了夯实基础、攻坚突破、深化推进的不同阶段。2014年5月，习近平总书记在上海视察工作时提出，上海要加快建设具有全球影响力的科技创新中心。一年后，上海市委、市政府发布《关于加快建设具有全球影响力的科技创新中心的意见》（简称"上海科创22条"）①，确立了上海科创中心建设的基本方向。2016年8月，在《"十三五"国家科技创新规划》提出对上海建设科技创新中心的部署后，上海市人民政府发布了《上海市科技创新"十三五"规划》②作为回应，对上海科创中心建设的重点目标与实施路径进行了规划。随着上海建设具有全球影响力的科技创新中心进入深化推进阶段，2019年3月，上海出台了《关于

---

① 《中共上海市委、上海市人民政府关于加快建设具有全球影响力的科技创新中心的意见》，2015年5月25日，http：//www.gov.cn/xinwen/2015－05/27/content_2869524.htm。

② 《上海市人民政府关于印发〈上海市科技创新"十三五"规划〉的通知》，2016年8月5日，http：//fgw.sh.gov.cn/ggwbhwgwj/20170605/0025－27708.html。

进一步深化科技体制机制改革 增强科技创新中心策源能力的意见》（简称"上海科改 25 条"）①。2020 年 1 月，为了给贯彻落实重大国家战略提供强有力的法治保障，并将改革举措转化为制度安排，上海市十五届人大三次会议表决通过《上海市推进科技创新中心建设条例》②。上海市建设国际科技创新中心的指导文件见表4。

表4 上海市建设国际科技创新中心的指导文件

文件名称	发文日期	目标	重点领域
《关于加快建设具有全球影响力的科技创新中心的意见》	2015 年 5 月	在 2020 年前，形成科技创新中心基本框架体系，为长远发展打下坚实基础。在 2030 年前，着力形成科技创新中心城市的核心功能，在服务国家参与和全球经济科技合作与竞争中发挥枢纽作用，为我国经济发展提质增效升级做出更大贡献	建立市场导向的创新型体制机制，建设创新创业人才高地，营造良好的创新创业环境，优化重大科技创新布局
《上海市科技创新"十三五"规划》	2016 年 8 月	到 2020 年，创新治理体系与治理能力日趋完善，创新生态持续优化，高质量创新成果不断涌现，高附加值的新兴产业成为城市经济转型的重要支撑，城市更加宜居宜业，中心城市的辐射带动功能更加凸显，形成具有全球影响力的科技创新中心的基本框架体系	培育良好创新生态；夯实科技基础，重点建设张江综合性国家科学中心；发展引领性产业，重点围绕构筑智能制造与高端装备高地、支撑智慧服务发展、培育发展绿色产业、提升健康产业能级等 4 个方面提出任务；以科技支撑系统应对民生需求
《关于进一步深化科技体制机制改革 增强科技创新中心策源能力的意见》	2019 年 3 月	到 2020 年，上海在全球创新网络中发挥关键节点作用；到 2035 年，上海建成富有活力的区域创新体系，成为全球创新网络的重要枢纽	激发科研人员科研主体的创新活力，推动科技成果转移转化，改革优化科研管理；优化创新生态环境，促进高质量发展

① 《关于进一步深化科技体制机制改革 增强科技创新中心策源能力的意见》，2019 年 3 月 20 日，http：//www.shkjdw.gov.cn/c/2019-03-21/515347.shtml。
② 《上海市推进科技创新中心建设条例》，2020 年 1 月 20 日，https：//kcb.sh.gov.cn/html/1/169/181/182/246/627.html。

续表

文件名称	发文日期	目标	重点领域
《上海市推进科技创新中心建设条例》	2020年1月	将上海建设成为创新主体活跃、创新人才集聚、创新能力突出、创新生态优良的综合性、开放性的具有全球影响力的科技创新中心，成为科技创新重要策源地、自主创新战略高地和全球创新网络重要枢纽，为我国建设世界科技强国提供重要支撑	该条例通过提供法治保障，为改革树立依据：激发企业、科研机构等创新主体的活力与动力；提升科技创新策源能力；促进创新要素集聚，聚焦张江科技城建设；营造良好的科技创新生态环境，加强知识产权保护

资料来源：笔者根据相关政策文件整理。

作为国内较早实施创新驱动发展战略的城市，上海具有较好的创新资源与开放优势：上海的国际化程度高，集聚了大量外资企业；经济发展水平和产业结构层级较高，集成电路产业的发展水平尤为突出；自由贸易试验区的先行先试政策进一步扩大开放。这些优势使上海具备建设国际科技创新中心的基础与潜力。

上海建设国际科技创新中心的重点在于提升科技创新策源能力，成为科学规律的第一发现者、技术发明的第一创造者、创新产业的第一开拓者、创新理念的第一实践者，形成一批基础研究和应用基础研究的原创性成果，突破一批卡脖子的关键核心技术。上海市科创中心的发展路径在于加强基础研究与技术创新，激发创新主体潜能，营造多元的创新生态。

（1）以原始创新为重点，关注颠覆性技术创新。关注世界科学发展前沿，通过原创性研究和重点突破，提升科学研究影响力。聚焦张江综合性国家科技中心建设，促进脑科学、量子通信等科学前沿领域形成重大突破，力争产出标志性的原创成果。推动集成电路、生物医药、人工智能三大先导产业，在规模、质量上实现新的突破。

（2）注重激发人才活力，改革优化科研管理。在人才的培养使用中，要实施知识价值导向的收入分配机制，进一步优化人才结构，完善人才评价激励制度。在完善科研管理机制时，要以提升管理效率、提高科研质量和绩效为目的。

（3）以培育良好创新生态为核心，激发创新创业活力。加快完善政府、市场和社会多元主体积极参与、相互配合、协调一致的创新治理体系。以良好的创新治理、公平且具有活力的市场环境、完善的创新功能型平台等来吸引和集聚创新资源，提升创新效率。加强知识产权保护、创新文化、诚信与伦理监督、宽容失败的环境建设。

（三）粤港澳大湾区建设国际科技创新中心的政策

粤港澳大湾区国际科技创新中心建设处在我国重要的战略机遇期和关键节点上，需要更多政府层面的协调参与。2017 年 7 月，习近平总书记见证国家发展改革委与粤港澳三地政府共同签署《深化粤港澳合作　推进大湾区建设框架协议》①，标志着粤港澳大湾区建设正式上升为国家战略。2019 年 1 月，广东省人民政府出台的《关于进一步促进科技创新若干政策措施》② 将重点放在创新驱动，并将推进粤港澳大湾区国际科技创新中心建设放在第一条。在《粤港澳大湾区发展规划纲要》发布之后，为了贯彻落实其中的要点，2019 年 7 月 5 日，广东省同时印发了《省委、省政府印发关于贯彻落实〈粤港澳大湾区发展规划纲要〉的实施意见》③ 和《广东省推进粤港澳大湾区建设三年行动计划（2018 - 2020 年）》④。实施意见着眼长远发展，对于重点工作任务与要点进行谋划，而行动计划着眼中期安排，对于重点工作进行分工部署。粤港澳大湾区建设国际科技创新中心的指导文件见表 5。

---

① 《深化粤港澳合作　推进大湾区建设框架协议》，2017 年 7 月 1 日，https：//politics. gmw. cn/2019 - 02/26/content_ 32569449. htm。

② 《广东省人民政府印发关于进一步促进科技创新若干政策措施的通知》，2018 年 12 月 24 日，http：//www. gd. gov. cn/zwgk/wjk/qbwj/yf/content/post_ 1054700. html。

③ 《省委、省政府印发关于贯彻落实〈粤港澳大湾区发展规划纲要〉的实施意见》，2019 年 7 月 5 日，http：//www. gd. gov. cn/gdywdt/gdyw/content/post_ 2530491. html。

④ 《广东省推进粤港澳大湾区建设三年行动计划（2018 - 2020 年）》，2019 年 7 月 5 日，http：//www. cnbayarea. org. cn/homepage/news/content/post_ 170138. html。

表5　粤港澳大湾区建设国际科技创新中心的指导文件

文件名称	发文日期	目标	重点领域
《深化粤港澳合作推进大湾区建设框架协议》	2017 年 7 月	加快形成以创新为主要引领和支撑的经济体系和发展模式，将粤港澳大湾区建设成为更具活力的经济区，携手打造国际一流湾区和世界级城市群	统筹利用资源，优化合作机制，提高科研成果转化水平和效率
《关于进一步促进科技创新若干政策措施》	2018 年 12 月	推进粤港澳大湾区国际科技创新中心建设	共建重大创新平台和成果转化基地，推动重大科技基础设施的建设和共享，促使重大科技成果落地转化，集聚人才与全球高端创新资源
《省委、省政府印发关于贯彻落实〈粤港澳大湾区发展规划纲要〉的实施意见》	2019 年 7 月	第一步到 2020 年，大湾区建设打下坚实基础，构建起协调联动、运作高效的大湾区建设工作机制，在国际科技创新中心建设中取得重要进展；第二步到 2022 年，大湾区基本形成活力充沛、创新能力突出、产业结构优化、要素流动顺畅、生态环境优美的国际一流湾区和世界级城市群框架；第三步到 2035 年，大湾区全面建成宜居宜业宜游的国际一流湾区	建设重大科技基础设施集群，强化关键核心技术攻关，加快提升自主创新和科技成果转化能力，鼓励社会资本设立科技孵化基金，打造全球科技创新高地和新兴产业重要策源地，推进广深港澳创新走廊建设
《广东省推进粤港澳大湾区建设三年行动计划（2018 – 2020 年)》	2019 年 7 月	同《省委、省政府印发关于贯彻落实〈粤港澳大湾区发展规划纲要〉的实施意见》	加快创建综合性国家科学中心，打造三大科技创新合作区，推进广深港澳创新走廊建设，向港澳有序开放科研设施和仪器，加强知识产权的应用

资料来源：笔者根据相关政策文件整理。

粤港澳大湾区是我国开放程度最高、经济活力最强的区域之一。粤港澳大湾区在金融方面实力雄厚，城市基础设施完善，产业结构完整，既有制造业、服务业，也有高科技产业，且产业集群各具特色。然而，由于其"一个国家，两种制度，三个法律体系"的特征，与其他城市和都市圈相比，粤港澳大湾区的建设面临一些制度约束。粤港澳大湾区的发展路径在于通过搭建科技创新平台、完善协同治理机制，优化创新生态环境，实现跨区域合作与资源共享。

（1）加强创新基础能力建设，强化关键核心技术攻关。完善重大科技基础设施共建机制，建设世界一流重大科技基础设施集群。构建灵活高效的创新合作体制机制，优化跨区域合作创新发展模式。共建大数据中心、重大创新平台和成果转化基地，共同开展基础研究，努力突破关键核心技术。

（2）深化区域创新体制机制改革。推动人才、资本、信息、技术等创新要素在大湾区便捷高效流动，促进区域市场一体化，实现资源的高效配置。鼓励高校、科研机构申报联合创新专项资金以开展重大科研项目合作。

（3）优化区域创新环境。大力推动科技金融服务创新，建设科技创新金融支持平台。强化知识产权行政执法和司法保护，打造具有国际竞争力的科技成果转化基地。加快构建跨境产学研合作机制，完善科技企业孵化育成体系。

（4）打造高水平科技创新载体和平台。推动"广州—深圳—香港—澳门"科技创新走廊建设，打造创新要素流动畅通、科技设施联通、创新链条融通的跨境合作平台。

四　总结与展望

坚持创新驱动发展战略，建设国际科技创新中心是我国准确掌握当前世界历史发展潮流，在国际竞争中占领高地的必然要求。我国政府高度重视科技创新，将创新驱动发展战略摆在核心的位置。国家在构建区域创新发展格局时，依据各地区的发展现状，对不同区域与城市进行了详细的规划，给予充分的战略支持。2015 年，《国家创新驱动发展战略纲要》提出要将北京、上海建成具有全球影响力的科技创新中心，随后，国务院相应发布指导文件对北京、上海建设科技创新中心提出方案。2019 年，国家提出要将粤港澳大湾区建设成国际科技创新中心。北京、上海、粤港澳大湾区也将建设科技创新中心作为首要任务，对建设路径提出规划和部署，吸引一流人才，加强基础研究能力，营造创新生态环境，打造创新高地，促进国际科技创新中心建设。

建设具有全球影响力的科技创新中心，需要我国在全球顶级技术上有所突破与作为，需要我国进行全方位的产业优化与升级，形成具有创新集聚和辐射力的创新网络。我国应加强与建设具有全球影响力的科创中心联动，积极展开合作，利用优势科技资源，依托功能性平台和项目，提高我国在全球创新网络中的位势，全方位实现国际科技创新中心的发展。

参考文献

曹嘉涵：《科创中心：上海服务"一带一路"建设的新高地》，载《上海服务"一带一路"建设报告（2018）》，社会科学文献出版社，2019。

陈劲、张学文：《中国创新驱动发展与科技体制改革（2012～2017）》，《科学学研究》2018年第12期。

胡慧馨：《建设科技创新中心在路上——北京支撑全国科技创新中心建设的配套政策综述》，《科技促进发展》2018年第5期。

何传添、林创伟、孙波、郑庆胜：《粤港澳大湾区科技创新合作与发展研究》，一带一路数据库，2019年12月。

孙福全：《上海科技创新中心的核心功能及其突破口》，《科学发展》2020年第7期。

薛澜：《中国科技发展与政策（1978～2018）》，社会科学文献出版社，2018。

第八章
北京市建设国际科技创新中心的
位势与战略分析

摘　要：　在创新驱动发展战略的引导下，北京被赋予建设国际科技创新中心的使命，实现从全国科技创新中心到全球科技创新中心的转型成为当前的主要任务。本报告基于全球科技创新中心指数（Global Innovation Hubs Index，GIHI）的指标体系与评估结果对北京的现状进行分析。结果显示，从科学中心来看，北京位列第8；从创新高地来看，北京位列第3；从创新生态来看，北京位列第11。通过将北京对标其他国际科技创新城市，明确北京市在全球创新网络中的优势与短板，为未来发展路径的探索提供参考。

关键词：　科技创新　科学中心　创新高地　创新生态　北京

一　引言

实施创新驱动发展战略是党的十八大提出的国家重大发展战略，是

---

* 李芳，北京科技战略决策咨询中心、北京城市系统工程研究中心副研究员，主要研究方向为科技政策、风险治理；汪佳慧，清华大学产业发展与环境治理研究中心科研助理，主要研究方向为国际政治经济学、国际发展。

我国应对新一轮科技革命挑战和增强国家竞争力的重要举措。积极筹划和推动北京等优势地区建成具有全球影响力的科技创新中心是优化区域创新布局、打造区域经济增长极的重要内容和战略布局。2014年习近平总书记在北京视察工作时，明确了北京"四个中心"的城市战略定位；2017年习近平总书记再次视察北京，提出要以建设具有全球影响力的科技创新中心为引领，深化科技体制改革，努力打造北京经济发展新高地。《北京加强全国科技创新中心建设总体方案》中提出北京要实现"三步走"计划，第一步到2017年，科技创新动力、活力和能力明显增强，全国科技创新中心建设初具规模；第二步到2020年，全国科技创新中心的核心功能进一步强化，成为具有全球影响力的科技创新中心；第三步到2030年，全国科技创新中心的核心功能更加优化，成为引领世界创新的新引擎，为我国跻身创新型国家前列提供有力支撑。党的十九届五中全会进一步指出，"布局建设综合性国家科学中心和区域性创新高地，支持北京、上海、粤港澳大湾区形成国际科技创新中心"。可以说，北京实现从全国科技创新中心到全球科技创新中心的跃迁、成为国际创新枢纽的任务迫在眉睫。

本章基于《全球科技创新中心指数2020》的指标框架体系和评估结果，从科学中心、创新高地和创新生态三个方面对北京建设国际科技创新中心的发展水平与现状进行全面分析，并通过对标全球有影响力的科技创新中心，明确北京在全球创新链中的优势与短板，把握北京发展国际科技创新中心的位势。研究结论为北京建设切合国家发展战略、满足北京发展目标和需求的国际科技创新中心提供发展思路和政策启示。

二 科学中心位势研判

全球科技创新中心指数（Global Innovation Hubs Index，GIHI）对北京科学中心的分析包括科技人力资源、科研机构、科研基础设施和知识创造四个维度。北京在科学中心指标的全球排名是第8。

（一）科技人力资源

科技人才是科学研究的重要资本。北京全社会研发人员投入总量和研究与试验发展（Research and Development，R&D）经费投入强度都在持续提升。2019 年北京 R&D 人员数量为 464178 人，比 2010 年增长 72%，比 2014 年增长 35.5%。如图 1 所示，北京 R&D 经费投入规模持续扩大，从 2010 年的 821.8 亿元增长到 2019 年的 2233.6 亿元，增长了 1.7 倍，2019 年北京 R&D 经费占全国比重在 10% 左右。

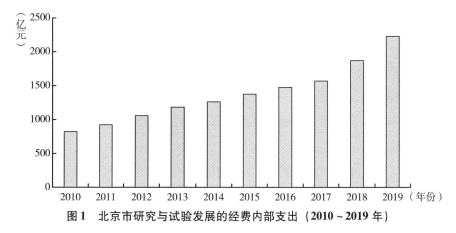

图 1　北京市研究与试验发展的经费内部支出（2010～2019 年）

资料来源：《北京统计年鉴 2020》，2020。

近年来，在引进科技领军人才、高精尖产业人才方面，北京做出了大量努力，相继推出了《首都中长期人才发展规划纲要（2010～2020 年)》《首都科技领军人才培养工程实施管理办法》《北京市科技新星计划管理办法》等政策，为北京建设全球科技创新中心储备人才。在科学人才方面，先后引进了诺贝尔物理学奖获得者杨振宁、计算机图灵奖获得者姚期智、菲尔兹奖获得者丘成桐。2015 年，屠呦呦获得诺贝尔生理学或医学奖，实现了中国本土科学家在自然科学领域诺贝尔奖零的突破。

但上述努力和成果并不能掩盖北京在顶尖科技人才方面相对落后的情况。以 2000～2018 年高被引科学家规模为例，北京虽位居全球第四，总数达 5249 人，但与排名第一的东京相差 4000 多人；再以菲尔兹奖、图灵奖和诺贝尔奖等三大顶级科技奖项获奖人数为例，北京共 5 人，排名第 10，全球排名第一的波士顿 – 坎布里奇 – 牛顿拥有 43 位获奖者。

（二）科研机构

科研机构是知识创造和原始创新的重要主体。北京拥有清华大学、北京大学两所世界一流大学 200 强大学，数量全球排名第 6；拥有 10 所世界一流科研机构 200 强科研院所，数量居全球第一。总部位于北京的中国科学院科研体系完整、学科分布均衡，2019 年中国科学院生态环境研究中心在高质量国际科研论文发表数量居全球第一。这些丰富的科研资源使北京承担国家重大项目、开展基础理论研究成果显著。

近年来，北京的科研产出硕果累累，重大科技成果不断涌现。2013 年，中国科学院物理研究所和清华大学首次观测到"量子反常霍尔效应"。2017 年，中国科学院物理研究所首次发现"三重简并费米子"，为固体材料中电子拓扑态研究开辟了新的方向。2017 年，北京大学纳米科学与技术研究中心创造性地研发了一整套高性能碳纳米管 CMOS 电路的无掺杂制备方法，首次实现了 5nm 栅长的高性能碳管晶体管。2018 年，中国科学院首次在超导块体中观察到"马约拉纳任意子"，对于未来构建高度稳定的量子计算机具有重要意义。2019 年北京脑科学与类脑研究中心、北大麦戈文脑科学研究所发现了特别的分子——D 型氨基酸，具有调节果蝇睡眠的作用。2020 年，北京量子信息科学研究院发布"量子直接通信技术"。

2018 年，北京市政府印发了《北京市支持建设世界一流新型研发机构实施办法（试行）》，突出与国际接轨的体制机制创新，给予研发机构稳定的资金支持，进一步简政放权，赋予新型研发机构更大的科研自主权。该政策有力地支撑和壮大了北京战略性科技创新人才队伍，加速了全国科技创新中心建设的进程。

（三）科学基础设施

科学基础设施是科研人员从事高质量、前沿性科学活动，实现重大科学技术目标的技术平台。为了客观呈现城市超级计算机运算能力，评估城市IT科学设施水平，GIHI测量了各城市拥有的世界算力500强的计算机数量，并将位于同一机构的超级计算机计为同一个超算中心。依据该统计，北京以12个超算中心规模位居全球第一。从大科学设施数量看，北京拥有包括正负电子对撞机、北京同步辐射光源装置（北京先进光源）、中国遥感卫星地面站、航空遥感系统等4个大科学设施，居全球第三；而排名全球第一的东京拥有10个大科学设施。

大科学装置已经成为现代科学技术诸多领域取得突破的必要条件，是建立具有强大国际竞争力的国家大型科研基地的重要条件。这些"国之重器"正在为北京提升科技创新能力、打造全球科技创新中心奠定坚实的基础。

（四）知识创造

知识创造是衡量科学中心科研实力的重要指标，直观地体现于高质量科技论文产出。GIHI通过2019年度本领域前1%高被引论文占总发表论文比例和科学论文被专利、政策报告、临床试验所引用的比例两项数据来测量高质量论文。

整体来看，北京科技论文的质量和学术影响力都有待提高。北京在知识创造指标排名为全球第27。2019年北京的论文发表总数高达120多万篇，但本领域前1%的高被引论文数量占城市发文总量比例仅为0.92%，国际顶尖水平的波士顿－坎布里奇－牛顿地区该指标为3.52%。北京的科技论文被专利、政策报告、临床试验等所引用的比例仅为0.33%，位列30个城市的第27，排名在上海、深圳之后。这表明科技论文对社会、产业界、医学等领域的实践效力有限。统计结果不排除因政策报告、临床试验缺乏规范引用标注所造成的统计误差。

三　创新高地位势研判

GIHI对北京创新高地的分析包括技术创新能力、创新企业、新兴产业和经济发展水平四个维度。北京在创新高地的全球排名是第3。

（一）技术创新能力

专利发明是企业技术能力的重要体现，也是衡量企业竞争力的重要指标之一。近年来，北京的专利、著作权等知识产权数量持续增长，质量不断提高，在全国都处于领先水平。2019 年北京全市专利申请量为 22.61 万件，比上年增长 7%，是 2010 年的 3.95 倍；其中，2019 年发明专利申请量为 12.99 万件，占北京专利申请总量的 57%。2019 年北京专利授权量为 13.17 万件，比上年增长 6.7%，是 2010 年的 3.93 倍；其中，2019 年发明专利授权量为 5.31 万件，占北京专利授权总量的 40%（见图 2）。

北京不仅在专利申请数量和质量上有大幅提升，而且北京的国际专利申请数量和每百万人专利数量在全国也首屈一指。2019 年北京 PCT（专利合作条约）国际专利申请量为 7165 件，是 2010 年的 5.63 倍、2014 年的 2 倍，在全国排列第二，仅次于广东省。根据《中国知识产权指数报告 2019》，截至 2019 年底，北京每万人发明专利拥有量达 132 件，位居全国第一，是全国平均水平的近 10 倍。相较于 2010 年每万人发明专利拥有量为 20 件，2019 年增长了 5.6 倍。

图 2　北京专利申请量与授权量（2010～2019 年）

资料来源：《北京统计年鉴 2020》，2020。

以人工智能为代表的前沿技术是第四次工业革命的核心，也是未来科技竞争的重点。为了刻画全球科技创新中心在关键领域的技术创新能力，我们以新一代人工智能技术专利为例，重点关注各个城市人工智能发明专利的存量和人工智能领域 PCT 专利规模，并分别选取每百万人有效发明专利存量（1970～2018 年）、PCT 专利数量（1970～2019 年）测量城市技术储备规模、国际化程度及对外影响（见图 3）。

技术创新能力得分前三名的城市（都市圈）分别是深圳、北京和东京。北京在人工智能领域有效发明专利存量为 18153 件，每百万人有效发明专利数量为 842 件，位居全球首位。

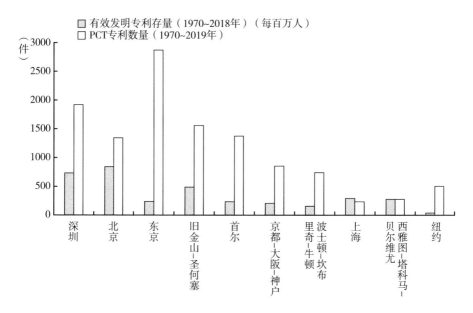

图 3　技术创新能力前 10 城市（都市圈）人工智能领域有效发明专利存量（1970～2018 年）（每百万人）和 PCT 专利数量（1970～2019 年）

资料来源：CIHI 数据库。

北京人工智能专利领域的申请大体经历三个发展阶段①：1970 年至 2004 年为第一阶段，人工智能专利数量开始缓慢增长，2004 年专利数首次突破 100 件，同时期东京的人工智能专利数为 925 件，相比差距较大；2004

---

① 全球 34 个城市（都市圈）历年人工智能专利数量（1970～2019 年）的情况见本书第九章《基于技术挖掘的全球人工智能城市（都市圈）创新能力探究》中的图 4。

年至 2014 年为第二阶段，人工智能展现出强劲发展活力，在 2014 年北京人工智能专利数达到 1220 件，较前十年增长了十倍之多，而且首次超越东京；2014 年后为第三阶段，北京人工智能专利的数量大幅攀升，尤其是自 2016 年以来，有效专利的申请数每年增长 1000 余件，2019 年增加 6766 件，成绩斐然。

北京人工智能 PCT 专利数量（1970~2019 年）为 1346 件，位居全球第五，而排名第一的东京为 2877 件，北京仅占其不到一半。国内深圳则略高于北京，达到 1924 件，位列第二。可见，北京需要继续加强全球知识产权保护意识，进一步加大高质量专利的全球技术保护力度。

（二）创新企业

创新企业是指拥有自主知识产权和核心技术创新优势的企业。GIHI 综合"德温特 2018~2019 年度全球百强创新机构"和"世界 500 强独角兽企业估值"两项指标测量创新企业规模和城市创新企业活力。北京在创新企业指标得分排名全球第三，仅次于旧金山－圣何塞和东京。

独角兽企业通常指成立时间不超过 10 年、估值超过 10 亿美元的未上市创业公司，往往集中于高科技领域。由于良好的发展前景和核心竞争力，它被视为新经济发展的风向标。在中国人民大学中国民营企业研究中心与北京隐形独角兽信息科技院联合发布的 2019 全球独角兽企业 500 强榜单中，北京在全球独角兽企业 500 强榜单中占据 84 个席位，累计估值 3491 亿美元，排名第二。美国旧金山排名第一，占据 103 席，累计估值为 5057 亿美元[①]。北京独角兽企业分布在文旅传媒、汽车交通、智能科技、金融科技、物流服务、生活服务、医疗健康、教育科技、企业服务、农业科技等行业领域；其中，市值超过 100 亿美元的企业有字节跳动、滴滴出行、快手、京东数科、京东物流和借贷宝等知名企业。北京市独角兽行业分布比例（2019 年）如图 4 所示。

---

① 中国人民大学中国民营企业研究中心：《2019 全球独角兽企业 500 强发展报告》，2019。

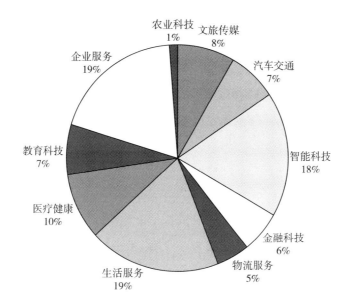

图4　北京市独角兽行业分布比例（2019年）

资料来源：中国人民大学中国民营企业研究中心《2019全球
独角兽企业500强发展报告》，2019。

独角兽企业的崛起与以云计算、大数据等技术为基础的智能交通、智能
科技行业布局密不可分，与北京市政府在人才支持、创业孵化、融资、产学
研合作等方面政策支持息息相关。

从创新100强企业数量看，东京有24家企业上榜，北京仅有"小米公
司"一家企业上榜，差距较大。这是因为"德温特全球百强创新机构"的
入选主要依据专利数量及质量，日本的电子、化工企业专利表现极为突出。
该项得分较大程度影响了北京市的创新企业整体绩效。

（三）新兴产业

新兴产业是支撑区域经济结构转型升级的重要力量，它是伴随科研成果
应用和新兴技术诞生而出现的经济行业，主要集中在电子、信息、生物技
术、新材料、高端装备制造的行业。

GIHI通过计算各城市（都市圈）拥有的福布斯2000强企业中高科技制

造行业的企业市值总额作为评估依据。从该榜单的情况看，北京医药化工、电子信息与高端制造业企业市值约为 4226 亿美元，排名全球第五，规模仅占排名第一的旧金山 – 圣何塞的 1/10。

北京在高新技术产业的发展上一直走在我国的前端。北京不仅拥有全国第一个国家级高新技术产业开发区——中关村科技园区，还集聚了清华大学、北京大学、中国科学院等顶尖大学和科研机构。中关村软件园汇集了腾讯、百度、新浪、滴滴、科大讯飞等 700 多家国内外知名 IT 企业总部和全球研发中心，从业人员 9.45 万余人。2019 年中关村国家自主创新示范区高新技术企业实现总收入 6.5 万亿元，2019 年，北京国家高新技术企业数达到 2014 年的 2.71 倍，高新技术产业实现增加值 8630 亿元，比上年增长 7.9%，占地区生产总值的 24.4%。2019 年北京新经济增加值为 12765.8 亿元，比上年增长 7.5%，是 2016 年的 1.57 倍，占地区生产总值的 36.1%[①]。

结合全球行业分类标准（Global Industry Classification Standard，GICS），GIHI 选择新经济行业中的"信息技术"、"通信服务"和"卫生保健"等前瞻性、赋能型产业为风向标，评估新经济行业上市企业 2019 年营业收入的情况。东京以 10371 亿美元摘得头魁，北京以 3404 亿美元位居全球第四，虽然排名靠前，但与榜首的东京相比，差距仍然较大。

（四）经济发展水平

经济发展水平反映出一个国家和地区经济结构和社会结构持续创新和实际福利增长的过程。GIHI 采用 2018 年 GDP（PPP）增速测量城市经济发展整体水平与人民生活水平，采用劳动生产率（2018）测量城市社会生产力的发展水平。

结果显示，2018 年北京以购买力平价（Purchasing Power Parity，PPP）口径计算的 GDP 增速高达 12%，与上海位列前二。近年来，北京经济发展

---

① 《北京市 2019 年国民经济和社会发展统计公报》，人民网，2020 年 3 月 2 日，http：//bj. people. com. cn/n2/2020/0302/c82839 – 33841730. html。

质量在不断提高，发展动力不断增强。2019 年，北京市 GDP 为 3. 54 万亿元，比 2018 年增长 6. 8% 。自 2014 年以来，北京第三产业对 GDP 的贡献率稳定维持在 80% 以上，在 2019 年达 83. 5% ，产业结构持续优化。

2018 年北京劳动生产率排名第 29，每单位劳动产出为 4. 9 万美元，与排名第一的特拉维夫 37. 6 万美元相比，相差 7 倍左右，这表明北京传统经济增长方式仍然占据主导地位，粗放的产业发展模式没有得到根本性转变。

四　创新生态位势研判

GIHI 对北京创新生态的分析包括开放与合作、创业支持、公共服务、创新文化四个维度。北京在创新生态方面全球排名第 11。

（一）开放与合作

科学技术和经济活动的开放与合作水平是良好创新生态的衡量标准。特征向量中心度论文合著网络、专利合作网络度中心度、FDI（2019）、OFDI（2019）4 个指标来测量城市开放与合作的程度。北京在开放与合作指标上的得分排名全球第四。

全球科技创新中心论文合著网络显示[1]，北京所处的网络是深圳、上海、班加罗尔和悉尼、香港。其中，北京与上海、香港等中国城市合作最为密切，班加罗尔、悉尼和香港是合作网络中重要的桥梁，与其他城市互联。未来北京应调动更广泛且深度的合作，进一步提升在创新网络中地位。

对人工智能领域专利合作网络中心度的测算结果显示[2]，北京在专利合作方面表现积极；但从合作范围来看，北京在人工智能专利合作网络方面与上海、深圳和香港等国内城市合作程度较高，与其他国际城市合作仍有扩展

---

[1]　全球科技创新中心论文合著网络图（2019）见本书总报告第一章《全球科技创新中心指数 2020》中的图 13。

[2]　全球科技创新中心人工智能领域专利技术合作网络（2019）见本书总报告第一章《全球科技创新中心指数 2020》中的图 14。

的空间。

此外，从 2019 年外商直接投资（Foreign direct investment，FDI）绿地投资项目总额看，上海排名第一，投资总额为 88 亿美元，伦敦位居第二，总值为 67 亿美元，而北京则位居第 14，总值仅为 18 亿美元；北京在资本国际吸引力和辐射力方面，与上海、伦敦等金融城市相比，差距都较大；从 2019 年对外直接投资（Outward Foreign Direct Investment，OFDI）绿地投资项目总额看，北京位居第六，总值为 171 亿美元；该项指标上排名第一的伦敦总值为 314 亿美元；北京 OFDI 绿地投资项目总额尽管在国内看表现优异，从全球范围看仍然有提升空间。

（二）创业支持

创业支持有助于创新成果的转化、吸引外部投资并促进商业模式创新。该项指标上，北京排名全球第三。

北京初创企业呈现发展活力强、资本活跃度高的景象。2019 年北京初创企业所吸引到的风险投资（Venture Capital，VC）和私募基金（Private Equity，PE）总额均居全球第二，仅次于旧金山 – 圣何塞。数据显示，北京与旧金山 – 圣何塞在 PE 总额上差距巨大，北京的 PE 总额为 289 亿美元，旧金山 – 圣何塞 PE 总额为 594 亿美元，北京需加大对私募资金的吸引力。

根据 2019 年中国城市营商环境报告，北京营商环境排名榜首①。从世界银行《营商环境报告》数据看，北京的营商环境持续优化，从 2014 年的 60.1 分提升到 2020 年 78.2 分。其中，2018～2020 年表现尤为突出，在诸多单项指标上得分都显著提升，如在"办理施工许可证"指标上提高了 34.3 分，"获得电力"指标上提高了 31.7 分，在"保护少数投资者"指标上提高了 16 分②。北京市在 2017 年出台《关于率先行动改革优化营商环境实施方案》，紧接着 2018 年又出台《北京市进一步优化营商环境行动计划

---

① 中央广播电视总台：《2019 中国城市营商环境报告》，2020 年 6 月 18 日。
② 世界银行，营商指数历史数据（historical data – with scores），https：//www.doingbusiness. org/en/doingbusiness，最后检索时间：2020 年 11 月 12 日。

（2018 年—2020 年）》，提出打造北京效率、北京服务、北京标准和北京诚信"四大示范工程"和建设国际一流营商环境高地的目标[①]。北京关注重点领域，围绕具体指标，对接企业和群众需求深化改革，取得较大成效。

（三）公共服务

城市公共服务反映出城市为创新和创业所提供的基础设施和便利条件。高度发达通信技术、便利的交通等基础设施是国际交流的重要基础。国际航班数量（每百万人）衡量国家间合作交流的频率，宽带连接速度提供跨区域媒介交流和数据获取的效率，数据中心（公有云）数量和宽带连接速度测量城市网络基础设施发展成熟度，能够为创新提供信息设施的支持。

从国际航班数量（每百万人）和宽带平均速度（Mbps）来看，北京排名均为第 28 位。北京 2019 年每百万人的直达国际航班数量为 11850 班，低于上海每百万人 18223 班，远低于排名第一的阿姆斯特丹每百万人 685437 班。北京的宽带平均速度为 7.9/Mbps，远低于排名第一的平均速度为 61.48/Mbps 的教堂山－达勒姆－洛丽。上海与深圳的宽带速度分别排名第 29 和第 30，说明我国整体宽带速度有待提高。数据中心（公有云）数量采用城市所在国家宏观数据，美国托管数据中心市场规模居全球首位，共 2571 个，中国仅为 224 个。北京公共服务基础设施与世界领先水平有较大差距，这在一定程度上影响和限制了创新活动。

（四）创新文化

创新文化是增强城市竞争力、实现城市长期繁荣的重要环境。人才吸引力体现人们对城市创新文化的认可度，企业家精神是推动技术创新的重要力量。全球化与世界城市研究机构（Globalization and World Cities Study Group and Network，GaWC）公布的等级排名反映了文化产业国际化程度。在创新

[①]　中共北京市委、北京市人民政府印发《北京市进一步优化营商环境行动计划（2018 年—2020 年）》，2018 年 7 月 18 日，http：//www.beijing.gov.cn/zhengce/zhengcefagui/201905/t20190522_ 61697. html。

文化方面，北京的全球城市 GaWC 等级排名与上海并列第 3 名，在人才吸引力、企业家精神等指标排名均靠后。人才吸引力与企业家精神均采用的是国家级指标，这是拉低北京在创新生态得分的重要因素。北京的公共博物馆与图书馆数量为每百万人 8 所，高于上海每百万人 6 所，但远低于深圳每百万人 53 所[①]。北京需要营造更好的创新文化环境来提高城市竞争力与吸引力。

五　政策启示

综上分析，在创新驱动发展战略的指导下，北京在科技创新领域不断取得成就，已经具备形成国际科技创新中心的诸多先发优势。然而，与世界级科技创新中心相比，北京的基础科学研究能力体系明显薄弱，科技成果转化与营造创新生态等方面都有待完善与健全。结合国内外科创中心的发展经验与发展路径，本章归纳了以下政策启示。

（一）加强基础研究，筑牢关键核心技术攻关的根基，着力提升知识创造的贡献度

一是科学、理性看待学术论文。注重论文质量和水平，而非论文数量和影响因子，倡导符合基础研究规律的分类评价体系。进一步发挥科学论文在专利、政策报告、临床试验等实践领域的影响力，特别是要进一步鼓励和规范科学论文在实践领域的应用。二是坚持市场导向，推动深度产学研合作。加强产学研合作是促进创新发展的重要支撑。通过促进大学、科研院所与企业的有效互补，创新人才能更有效地解决实际问题，满足市场需求。三是加大力度引进顶尖科学家。针对当前技术短板，重点引进量子、光电、医疗健康等领域知名学者来华指导和开展合作研究，吸引顶级科技奖项获奖者任职，实现引领性原创成果的重大突破。四是推进重大基础设施面向全球开放共享机制。要切实打破大科学基础设施在管理上的条

---

① 深圳市的统计数字中包含大量的街头自助式小型图书馆。

块分割和重复建设，推动跨国、跨城市的资源共享和互利，吸收国内外顶尖团队共同开展重大原创性科研活动，使大科学装置的基础条件优势真正为实现重大科学突破之所用。

（二）重点发展高技术制造业和新兴行业

一是加速经济结构转型升级。经济结构转型是一个系统性和全局性的目标，通过发展高新技术产业来促进产业结构优化升级是当前实践探索的主要方向。应进一步将发展高新技术产业作为增强竞争力的核心举措，推动经济可持续发展。二是新技术赋能。新技术参与新经济的贡献度可进一步挖掘。要进一步加强传统通用技术与新技术融合与应用，实现创新链与产业链精准对接，为经济持续发展提供动能。三是优化关键技术的地理聚集。加快建设创新平台，聚焦关键技术，优化产业布局，提升创新要素互动的活跃度和创新策源地的聚集效应，推动高技术制造为手段的创新经济转型，形成完善的产业体系结构和规模效应，着力提升防范和应对关键技术风险的能力。

（三）构建良好、多元和开放的创新生态环境

构建良好的创新生态是实施创新驱动发展战略的前提，也是创新经济持续发展的生命线。一是更广泛地融入全球合作。通过开放获取、专利和论文合作等手段，提升知识的可得性和技术的影响力，着力提升国际合作的深度、广度和影响力。二是加大公共服务基础设施建设。加强托管数据中心和宽带等基础设施建设，降低初创企业经营成本，为创新企业发展提供良好外部环境。三是简政放权。对商事、投资、贸易、事中事后监管、行业管理制度等重点领域深度改革，简化科技企业行政登记和审批手续，完善市场主体准入和退出机制，提升公共服务水平，营造开放包容的合作环境，提高营商环境便利度。四是优化人才环境。加大科技人才引进力度和保障措施，切实让科技人才创业有机会、创新有条件，提升科技人才的吸引力和活跃度。

六　总结与展望

基于 GIHI 的评估结果，北京在科学中心和创新高地等方面表现出强劲的发展势头，在创新生态方面与世界领先城市有一定差距。北京在科研机构和科研基础设施方面成果卓著，在人工智能领域技术创新能力显著提升。北京涌现出一批高科技企业并成为推动技术创新的主力军和经济发展的战略支柱，新兴产业发展态势良好，这与国家创新驱动发展战略和北京科技创新建设的战略布局密不可分。相对而言，北京在科技基础设施与创新文化营造上仍有提升空间。

建设国际科技创新中心是基于当前历史发展的潮流，支撑中国崛起的战略性任务，是北京当前的重点任务与发展目标。建设具有全球影响力的科技创新中心不可能一蹴而就，需要基于现实基础，创造有利于创新的制度环境，不断完善区域创新生态体系，提升国际影响力。北京要充分发挥高端人才集聚、科技基础雄厚的创新优势，统筹利用好各方面科技创新资源。通过将创新驱动发展与城市功能定位结合，抓住新一轮世界科技革命和产业变革中的机遇，实现北京可持续、更加绿色和包容的增长，使北京成为全球创新高地。

第九章
基于技术挖掘的全球人工智能城市
（都市圈）创新能力探究

姜李丹　黄　颖　邹　芳*

摘　要： 本研究基于技术挖掘方法，依托 Derwent Innovation 专利数据库，引入以专利申请数量和专利授权数量为代表的数量型指标、以向外布局专利数量和专利被引情况为代表的质量型指标和以联合申请和技术相似为代表的网络化指标三个维度，剖析全球人工智能的技术布局和竞争态势，进而探究34个代表性城市（都市圈）的创新能力。研究发现：一是在人工智能领域中国城市（都市圈）在数量型指标方面位于全球前列，并且这种规模优势呈现愈加明显的态势；二是中国城市（都市圈）人工智能的技术创新质量与欧美国家相比存在较大的差距，尤其是向外布局专利数量增长趋势开始出现"逆势下降"的状态；三是中国城市（都市圈）之间维持着较强且稳定的技术合作强度，国际技术合作强度远落后于美国和日本，合作网络位势的优势并不十分突出。

关键词： 技术挖掘　人工智能　城市（都市圈）　创新能力

---

* 姜李丹，北京邮电大学经济管理学院助理教授，主要研究方向为创新网络、新兴技术治理；黄颖，武汉大学信息管理学院副教授，主要研究方向为科技计量学、科技政策管理；邹芳，湖南大学公共管理学院硕士研究生，主要研究方向为科技政策和专利计量。

一 引言

随着以人工智能等最新科学技术为引领的产业变革在多领域间的蔓延式加速推进，人工智能在城市（都市圈）科技创新中扮演着越来越重要的角色。2016 年 9 月，国务院印发《北京加强全国科技创新中心建设总体方案》，明确北京全国科技创新中心的定位是全球科技创新引领者、高端经济增长极、创新人才首选地、文化创新先行区和生态建设示范城。与此同时，上海、深圳也纷纷加快城市（都市圈）人工智能建设步伐，努力建设具有全球影响力的科技创新中心。人工智能已成为全球各国城市（都市圈）建设竭力抢占的技术高地。然而，人工智能技术创新正在由封闭式技术创新向开放式技术创新转变，由单一线性式技术创新向复杂网络式技术创新转变。科技创新发展已经不再局限于单兵作战方式，以"错位发展、优势互补、竞合并存"的城市（都市圈）建设思路才能最大化激发和整合城市创新资源，凝聚成新的创新合力。如今，美国、日本等国家已经形成城市（都市圈）发展的规模效应，如何全面客观地认识全球人工智能城市（都市圈）发展的位势与态势，找准我国人工智能城市（都市圈）发展的"生态位"和"生态群落"，成为建设全球人工智能领跑型城市的重要基石。

专利是世界上最大的技术创新信息源，据实证统计分析，专利包含世界科技信息的 90%～95%。在知识生产、知识创新中，专利代表了技术进步和强大的竞争优势，对企业发展和社会经济发展具有重大意义，对科技和经济的推动作用越来越大。技术挖掘依托数据与文本分析的软件与方法，从技术和市场信息特别是专利信息中挖掘，获得潜在的竞争情报，进而为政府与企业的决策制定提供支撑。专利作为技术知识的重要输出，可以通过其归档文档中隐藏的智能信息，提供特定国家、地区或全球特定技术的概况。

本研究依托人工智能公开专利数据，从技术创新的数量型指标、质量型指标以及网络化指标三个维度出发，如图 1 所示，挖掘全球代表性城市（都市圈）人工智能的技术布局和竞争态势，探索全球代表性城市（都市圈）的人工智能的技术创新情况。具体来说，数量型指标主要包括专利申请数量和专利授权数量等，专利申请与授权数量能够在一定程度上反映城市（都市圈）技术创造的基础实力；质量型指标主要包括向外布局专利、有效专利存量和专利被引量等。其中，向外布局专利是指一个城市（都市圈）中专利权人在本国以外国家或者地区申请的专利，PCT（Patent Cooperation Treaty）专利是指通过世界知识产权组织（World Intellectual Property Organization，WIPO）提交申请的专利，这两类专利既体现了城市（都市圈）专利国际化布局的能力意识，是采取更为保守还是更为开放的向外布局战略，也体现了专利在国际市场的被认可程度。而有效专利是指专利经授权后始终满足未超出法定保护年限、正常缴费维护、没有被诉无效等条件。此外，城市（都市圈）所拥有专利的被引情况表示一个城市（都市圈）的专利被其他城市（都市圈）专利的发明人与审查员关注和利用程度。城市（都市圈）专利技术在其他地区的知识溢出和扩散也将能进一步反向促进源发城市（都市圈）的技术创新能力，因此向外布局专利、PCT专利、有效专利以及专利被引数据可以分别从不同的侧面衡量专利价值与专利质量。网络化指标主要衡量在技术合

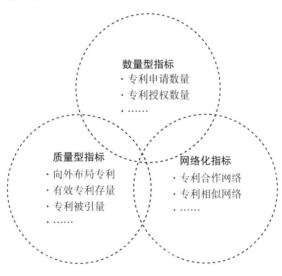

图1　研究框架

资料来源：作者自制。

作网络、知识流动网络、技术扩散网络等不同网络类型中创新主体的网络位置，本研究在已有研究的基础上，采用人工智能专利合作网络这一传统型网络来刻画各个城市（都市圈）在人工智能技术合作网络中的网络位势，并进一步基于专利的国际专利分类（International Patent Classification，IPC）的分布情况来观察各个城市（都市圈）之间人工智能技术的相似程度。

二　相关测度指标

（一）网络度数中心度

本研究以专利联合申请为联结构建城市（都市圈）技术合作网络，其中度数中心度（degree centrality）是指网络中与某个点直接相连的其他节点的情况。如果一个点与其他节点的连接越多则说明该点具有较高的度数中心度。度数中心度越高，节点在网络中所拥有的影响力就越大。在人工智能城市（都市圈）合作网络中，某城市（都市圈）的度数中心度越高代表城市（都市圈）在人工智能技术创新网络中所拥有的影响力越大、城市（都市圈）在网络中的地位越重要。

城市（都市圈）的度数中心度可以划分为有权重的点度中心度和无权重的点度中心度两种。一种是指该城市（都市圈）与其他 n 个城市（都市圈）合作申请专利的总量，其测度如公式（1）所示。这种情况下所依托的网络为多值网络，在多值网络中城市（都市圈）与城市（都市圈）之间的技术合作关系强度由具体的合作专利数量 D 来表示，例如，i 城市（都市圈）与 j 城市（都市圈）之间的专利合作数量为 10，则网络中 i 城市（都市圈）与 j 城市（都市圈）之间的关系强度 D 标记为 10。另一种是指该城市（都市圈）与其他城市（都市圈）合作的城市（都市圈）数量，其测度如公式（2）所示。其所依托的网络为二值网络，即城市（都市圈）与城市（都市圈）之间的关系强度由是否存在合作来表示，例如，i 城市（都市圈）与 j 城市（都市圈）之间的专利合作数量为 10，则 i 城市（都市圈）与 j 城市（都市圈）之间的关系强度 D 标记为 1，若 i 城市（都市圈）与 j 城市（都市圈）之间没有专利合作关系，则 D 标记为 0。因此，依托多值网络的度数中心度更加注重从技术合作实力角度出发衡量城市（都市圈）地位的重要性，而依托二值网络的度数中心度更加注重从技术合作范围角度出发衡量城市（都市圈）地位的重要性。本研究为凸显技术合作实力下的城市（都市圈）网络位置重要性，选取多值网络中的度数中心度进行衡量。

$$C_i = \sum_{j=1}^{n} D_{ij}, D_{ij} \text{ 为城市（都市圈）} i \text{ 和城市（都市圈）} j \text{ 之间的专利合作数量} \quad （1）$$

$$C_i = \sum_{j=1}^{n} D_{ij}, D_{ij} = 0 \text{ 或 } 1 \quad （2）$$

（二）H 指数

H 指数（H Index）是 2005 年由美国加利福尼亚大学圣地亚哥分校的物理学家乔治·赫希（Jorge E. Hirsch）提出的一种混合定量评价科研人员学术成就的方法，可用于评估科研人员的学术产出数量与学术产出水平。H 指数的计算基于科研人员的论文数量及其论文被引频次，一名科研人员的 H 指数是指他发表的论文至少有 H 篇的被引频次不低于 H 次，H 指数越高则表明他的论文影响力越大。本研究采用 H 指数来衡量一个城市（都市圈）公开专利的影响力大小，测度城市（都市圈）至少有 H 件专利的被引频次不低于 H 次。一个城市（都市圈）的 H 指数越大，代表该城市（都市圈）的专利影响力越大。

（三）有效公开专利

本研究采取有效公开专利来衡量一个城市（都市圈）的创新总量，一般而言，只有专利产生的价值高过费用才值得维护，因此有效专利可以在一定程度上衡量专利价值。有效公开专利主要包括以下两类：一类是指经知识产权局审批获得授权，并且尚未超出法定保护年限、正常维护、没有被诉无效、尚处于有效状态的授权专利；另一类是指虽然专利尚未获得授权，但经过专利的公开程序（申请—受理—初审—公布—实质审查—授权）正处于向社会公布的阶段。在专利公开阶段中，申请人若存在"若无正当理由逾期不请求实质审查或未能通过实质审查"等情况，公开专利则转为无效。本研究中，如无特殊标注，专利都是指代公开专利。

三　人工智能专利数据检索与处理

（一）数据检索策略

本研究参考薛澜和姜李丹等学者及国内外人工智能研究报告对于人工智能技术的分类标准，对人工智能主要技术领域进行了综合考虑，最终确定机器学习、计算机视觉、自然语言处理、专家系统、机器人五个子技术领域，并通过人工智能产业专家和专利检索专家的多轮讨论制定人工智能专利检索的关键词和检索策略。在此基础上，利用 Derwent Innovation 专利数据库平台检索人工智能领域的公开专利。考虑到人工智能专利产生的时间和专利从申请到公开之间的时滞问题，本研究专利公开年限选定为 1970～2019 年。通过删除重复数据等专利数据预处理，获得人工智能专利 271845 件，其中机器学习 87514 件，计算机视觉 56948 件，自然语言处理 63616 件，专家系统 48614 件，机器人 31136 件，据此对全球主要人工智能城市（都市圈）的技术创新能力进行初步探索。

（二）数据处理方法

本研究以专利权人所在地址为主，以最早优先权国家、地区为辅来判别技术来源地，以此统计各个城市（都市圈）的专利申请量；以专利家族字段来表征专利技术的国际布局情况，以此统计出各个城市（都市圈）的专利技术的向外输出情况。虽然 Derwent Innovation 专利数据库平台集全面的国际专利与强大的知识产权分析工具于一身，可提供全球专利信息，但由于单一国家和地区的专利数据库在字段和格式上存在很大差异，难以集成起来进行统一高效的分析。因此，本研究在数据清洗过程中构建了专利权人与所在地址的词表，并辅助以人工核查，最终将超过95%的专利数据都成功划分到对应的城市（都市圈）中去。

数据匹配的步骤简述如下。

首先，在原始数据集中提取专利权人全称及代码信息［Assignee/Applicant（long）］，从中剔除掉个人［样式为ABCD－I，例如，CHEN Y（CHEN－I）］的专利权人数据，保留专利权人为标准公司/机构［样式为ABCD－C或者ABCD，例如，INT BUSINESS MACHINES CORP（IBMC）］、非标准公司/机构［样式为ABCD－N，例如，MICRON TECHNOLOGY INC（MICR－N）］和苏联机构［样式为ABCD－R，例如UNIV AMUR（UYAM－R）］作为待匹配的字段信息。

其次，在原始数据集中提取专利权人的地址信息（Assignee-Original w/address），进而从中析取出城市（都市圈）与国家信息，包括删除无意义数字、统一相同城市（都市圈）的呈现形式、将汉字转换为英文等。需要注意的是，由于美国城市（都市圈）存在重名现象，因此需要添加州信息。此外，部分美国城市（都市圈）缺少国家信息，可以通过州代码和国家代码的比较进行补充完善。

最后，整理出未匹配成功的专利权人全称及代码信息，在 Derwent Innovation 平台上进行检索（建议选取 USPTO、EPO 和 CNIPA 的授权专利数据库），下载到近年来这些专利权人公开的专利数据。之后，重复之前的步骤，逐渐完善匹配专利权人所在地信息。再将国家代码转换为国家全称，从而获得专利权人与城市（都市圈）和国家的匹配信息。

四　人工智能城市（都市圈）的技术创新

（一）技术创新的数量维度

图2是1970～2019年全球和34个典型城市（都市圈）的人工智能领域

专利数量和增长率趋势。从专利数量来看，在 1970～1973 年，人工智能领域的专利开始零星公开，此后的专利数量呈逐年增长趋势，近十年来总量增长速度整体大幅提升，专利数量从 2010 年的 6417 件迅速攀升到 2019 年的 61936 件，说明人工智能领域的技术得到飞速的发展，技术更新迭代速率明显提高。

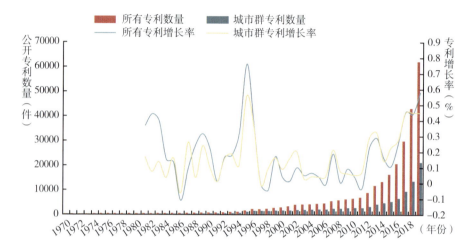

图 2　全球 34 个城市（都市圈）人工智能专利数量和增长率趋势（1970～2019 年）

资料来源：Derwent Innovation 专利数据库。

从年度增长率来看，全球和 34 个典型城市（都市圈）的增长率趋势呈现"基本一致，局部差异"的状态。虽然从整体时段来看波动幅度较大，但整体在波动中呈上升趋势。1986～1997 年年度增长率波动幅度最大，其中在 1995 年，全球和主要城市（都市圈）的人工智能专利数量增长率也达到最高点，随后两年两者都出现急剧下降，1997 年年度增长率甚至出现负数。从 1997 年之后，人工智能技术创新的增长速度开始逐渐回升。虽然年度增长率也存在一定波动，但整体波动较为平缓，且基本呈波动上升的趋势。这与 20 世纪 90 年代以来人工智能在各个领域中的应用不断加深有着重要关系，世界各国新一波发展人工智能创新的浪潮，社会发展对人工智能技术的巨大市场需求，极大地推动了人工智能领域技术创新的飞速发展。

图 3 展示了 1970～2019 年主要城市（都市圈）所拥有的人工智能专利情况，其中包括北京、深圳、上海、香港四个中国城市（都市圈）。日本东京以 25904 件专利位居第一，北京则以 23220 件专利紧随其后。排名前六的城市（都市圈）均属于亚洲国家，其中中国占三席，排名第六之后的城市（都市圈）大多位于欧美发达国家，说明亚洲国家在人工智能领域的专利数量方面优势明显，主要集中在中国、日本和韩国三个国家。欧美国家虽然较为分散，但是在人工智能领域大部分都有着较好的表现。同时，全球 34 个城市（都市圈）的人工智能专利数量也存在较大的差距，人工智能专利数

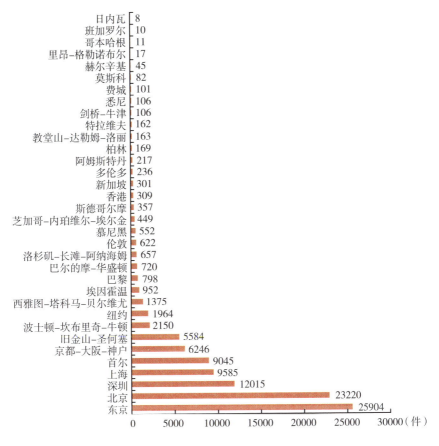

图 3　全球 34 个城市（都市圈）人工智能专利数量（1970～2019 年）

资料来源：Derwent Innovation 专利数据库。

量超过5000件的城市（都市圈）有七个，这些城市（都市圈）在人工智能领域中具有举足轻重的地位，而大多数城市（都市圈）的人工智能专利数量都在2000件以下，呈现明显的"长尾"。

从1970年开始，美国纽约申请了第一项人工智能专利，此后世界各国人工智能领域不断发展。全球34个城市（都市圈）历年人工智能专利数量趋势如图4所示。2014年以前，日本东京的历年人工智能专利数量在这34个典型城市（都市圈）中稳居第一，2005~2017年，其专利数量始终维持在1000件左右，2018年之后又开始呈现增长的趋势。

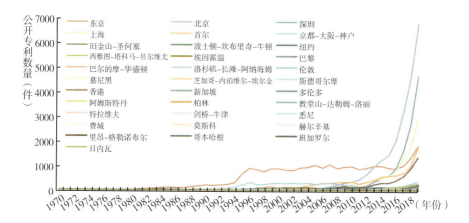

图4　全球34个城市（都市圈）人工智能专利数量趋势（1970~2019年）

资料来源：Derwent Innovation专利数据库。

2014年，中国北京的人工智能专利数量突破1000件，开始超过日本东京位列榜首，此后逐年迅速攀升，一直稳居第一；2019年数量达到6766件，遥遥领先于其他城市（都市圈）。中国深圳自2013年以后人工智能专利数量也开始迅速增长，2014年公开新增专利数量超过上海，2016年超过东京，此后专利数量迅速攀升，紧随北京之后。与此同时，上海的人工智能专利数量的增长速度也越来越快，2017年超过日本东京，此后中国三大城市（都市圈）年增人工智能专利数量稳居全球34个城市（都市圈）的前三。韩国首尔、美国旧金山－圣何塞在2012年以前的人工智能专利数量较为稳定，2012 年之后开始逐渐小幅增长，说明这些城市（都市圈）的人工智能领域发展态势较好。

（二）技术创新的质量维度

1.向外布局专利

在经济全球化背景下，海外专利布局成为企业增强国际竞争力、拓展海外市场的重要方式。34 个城市（都市圈）人工智能专利的海外专利布局情况如表 1 所示。从海外专利数量的角度来看，有 7 个城市（都市圈）的向外布局专利数量超过 1000 件，有 8 个城市（都市圈）的向外布局专利在100 件以下，其他城市（都市圈）均在 100～1000 件，所以向外布局专利数量在 100～1000 件的城市（都市圈）较为密集，位于两端的城市（都市圈）较少。但是向外布局专利数量超过 1000 件的城市（都市圈）在数量上差距较大，日本东京为 9461 件，远远高于其他城市（都市圈），说明日本在专利的空间布局上尤其注重与外部其他城市（都市圈）的交流合作。从 PCT专利公开数量来看，日本东京的公开数量最高，为 2877 件。有 13 个城市（都市圈）的 PCT 专利公开数量在 100 件以下，大多数城市（都市圈）的PCT 专利公开数量在 100～1000 件，有 5 个城市（都市圈）的 PCT 专利公开数量超过 1000 件，这些城市（都市圈）的向外布局专利数量均超过 1000件，向外布局专利数量越高的城市（都市圈），往往 PCT 专利公开数量也较高（见图 5）。因为向外布局专利数量越高，意味着更多的外部合作，更需要签订专利合作协定来保护它们共同创造的人工智能专利发明。

为了探究这些城市（都市圈）海外专利布局的演化情况，绘制全球 34个城市（都市圈）人工智能专利的海外布局趋势（见图 6）。大部分全球人工智能主要城市（都市圈）整体上呈现数量上升的趋势，并且日本东京、美国旧金山－圣何塞、韩国首尔等领跑城市（都市圈）出现明显的增速上涨的趋势。然而，自 2018 年开始，中国上海、深圳、香港无一例外地开始出现向外布局专利数量下降的趋势，北京的向外布局专利数量也出现增长速度快速下降的趋势。与此同时，美国及其他国家的向外布局专利数量基本仍

表1　全球34个城市（都市圈）人工智能专利的海外布局情况

单位：件，%

城市（都市圈）	海外专利数量	海外专利占比	PCT专利数量	PCT专利占比
东京	9461	36.52	2877	11.11
北京	2743	11.81	1346	5.80
深圳	2183	18.17	1924	16.01
上海	401	4.18	233	2.43
首尔	4168	46.08	1378	15.23
京都－大阪－神户	1853	29.67	857	13.72
旧金山－圣何塞	2229	39.92	1559	27.92
波士顿－坎布里奇－牛顿	1759	81.81	744	34.60
纽约	956	48.68	507	25.81
西雅图－塔科马－贝尔维尤	386	28.07	274	19.93
埃因霍温	950	99.79	710	74.58
巴黎	705	88.35	375	46.99
巴尔的摩－华盛顿	181	25.14	148	20.56
洛杉矶－长滩－阿纳海姆	337	51.29	236	35.92
伦敦	594	95.50	399	64.15
慕尼黑	388	70.29	214	38.77
芝加哥－内珀维尔－埃尔金	246	54.79	193	42.98
斯德哥尔摩	352	98.60	281	78.71
香港	280	90.61	147	47.57
新加坡	285	94.68	145	48.17
多伦多	222	94.07	90	38.14
阿姆斯特丹	216	99.54	108	49.77
柏林	143	84.62	45	26.63
教堂山－达勒姆－洛丽	76	46.63	53	32.52
特拉维夫	161	99.38	53	32.72
剑桥－牛津	104	98.11	62	58.49
悉尼	102	96.23	60	56.60
费城	55	54.46	42	41.58
莫斯科	77	93.90	8	9.76
赫尔辛基	44	97.78	21	46.67
里昂－格勒诺布尔	12	70.59	7	41.18
哥本哈根	11	100.00	8	72.73
班加罗尔	10	100.00	2	20.00
日内瓦	8	100.00	4	50.00

资料来源：Derwent Innovation专利数据库。

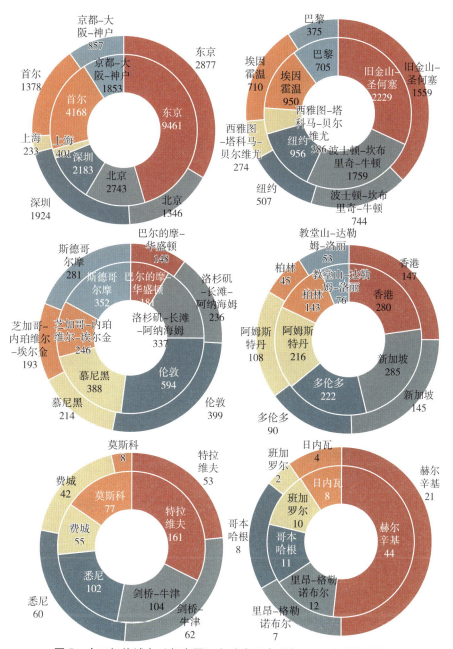

图 5　人工智能城市（都市圈）向外布局专利与 PCT 专利数量分布

注：图中数据单位为件。

资料来源：Derwent Innovation 专利数据库。

然保持着高速增长的趋势，这种现象势必会对未来全球技术创新格局产生较大的影响。进行海外专利布局具有对自身产品进行知识产权保护、抗衡和制约竞争对手、帮助企业通过许可或权利转让等方式获取利润、增加产品附加值等一系列重要意义。海外专利布局可以帮助企业构筑行业进入壁垒，牵制市场同质化的竞争对手。海外专利布局的减少意味着中国企业要"走出去"容易遭遇专利壁垒，甚至面临由缺少专利保护而导致产品无法出口的问题。所以中国城市（都市圈）专利向外布局出现下降而其他国家依然保持上升趋势这一现象具有较强的警示性作用。在更广范围内观察城市（都市圈）竞合的总体态势和技术优势特点，有利于精准锁定技术合作伙伴、优化创新资源配置。

图6　全球34个城市（都市圈）人工智能专利的海外布局趋势（1970～2019年）

资料来源：Derwent Innovation 专利数据库。

其实，中国海外布局专利较少、海外专利布局意识不足一直是我国的一个重要问题，但中美科技博弈的升级是中国海外布局专利数量近年来急剧下降的重要原因。一是未来中国技术专利进驻美国的预期会变弱，这也契合当前我国"国内大循环为主体、国内国际双循环"相互促进的新发展格局；二是中国开始逐渐对《中国禁止出口限制出口技术目录》做出调整，新近的修订中不仅删除了一些因技术进步而无须或无法再限制出口的条目，同时也新增了不少条目。其中，人工智能交互界面技术、基于数据分析的个性化信息推送服务技术都被增添入限制出口名单，如国家就不允许抖音基于人工智能推荐的代码公开或者出售给美国。

由图7可知，中国向外布局专利的国际市场主要分布在美国、欧洲、德国、日本和韩国等国家和地区，其中美国是中国专利技术的最大布局市场，因此中美科技博弈在这一指标上对中国的影响尤为明显。中国在美国的专利布局占据了国际市场布局的绝大部分，而中国却并非美国的专利布局最主要阵地。虽然美国在中国市场的专利布局也占据了较大份额，但是仍然明显少于美国在日本和欧洲市场的专利布局。从这一方面而言，中国对美国市场的依赖还是明显大于美国对中国市场的依赖。面向未来发展，我国既要积极主动推动人工智能技术在国际市场的专利布局以更好地融入全球科技创新体系，也还需要积极部署以应对中美博弈对于海外专利布局的更长远影响。

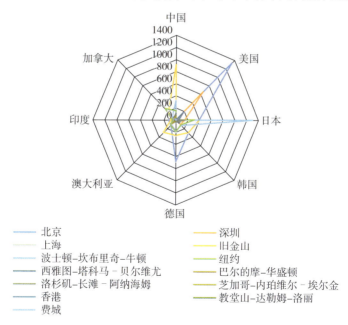

图7　中美人工智能领域向外专利布局的基本情况

注：图中数据单位为件。

资料来源：Derwent Innovation 专利数据库。

2. 有效专利与失效专利

有效专利是指截至报告期末,专利权处于维持状态的专利。专利的有效状况,特别是发明专利的有效状况,是衡量企业、地区或国家自主创新能力和市场竞争力的重要指标。由图 8 可知,在全球人工智能主要城市(都市圈)中,当前有效人工智能专利占比最高的三个城市(都市圈)分别是深圳、西雅图 – 塔科马 – 贝尔维尤和香港,中国的 4 个城市(都市圈)(北京、香港、深圳、上海)的有效专利占比都很高,均超过 70%。有效专利占比超过 50% 的仅有 15 个城市(都市圈),说明在这 34 个城市(都市圈)中,有超过一半的城市(都市圈)存在较高的失效专利。日本虽然人工智能专利的数量庞大,但是有效专利占比较低,这主要是由于日本的专利申请相对较早,很大一部分专利过了法定保护期限或专利权人考虑到技术革新因素不再继续维持先前老旧专利。美国的一些城市(都市圈)(如西雅图 – 塔科马 – 贝尔维尤)有效专利占比较高(甚至超过 70%),但也有一些城市(都市圈)有效专利占比相对较低,说明美国虽然很多城市(都市圈)的人工智能领域发展较好,但是不同的城市(都市圈)之间对人工智能专利的保护存在较大的差距。

3. 专利被引情况

专利引用是指一件专利被后申请专利的申请人或审查员所引用,表征着专利在技术上存在一定关联性。专利引用代表了一种关联,一件专利被后续引用的次数越多,该专利技术的重要程度就越高。为了探究 34 个城市(都市圈)所拥有专利的重要程度,本研究绘制了专利引用气泡图(见图 9)。其中,横坐标代表各个城市(都市圈)人工智能专利的平均被引次数,纵坐标表示专利的被引率,节点的大小代表各个城市(都市圈)人工智能专利的 H 指数。一个城市(都市圈)人工智能专利的平均被引次数越高,在一定程度上反映了平均专利质量和技术溢出效应越强。城市(都市圈)的专利被引率较高说明大部分专利都呈现技术溢出效应,而零被引的专利数量则相对较少;城市(都市圈)专利的 H 指数则综合考虑该城市(都市圈)所拥有的专利数量及其专利被引情况,更高的 H 指数则体现出城市(都市

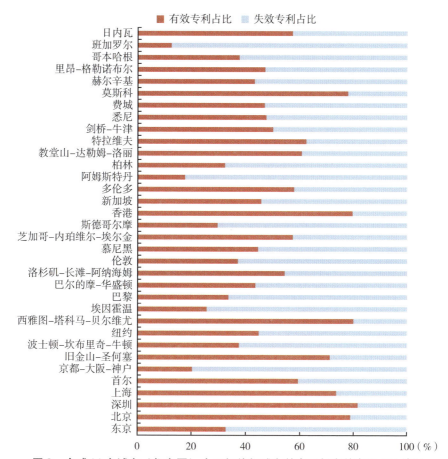

图8　全球34个城市（都市圈）人工智能领域有效专利与失效专利占比情况

资料来源：Derwent Innovation专利数据库。

圈）越容易成为技术创新的高地。

　　总体而言，34个城市（都市圈）在人工智能技术发展方面呈现集群特征：中国城市（都市圈）人工智能专利的平均被引次数和被引率最低，这说明它们存在大量的专利从未被引用，被其他专利引用的频次也相对较低，技术扩散能力有限；美国城市（都市圈）和日本城市（都市圈）的专利被引率总体相当，但美国城市（都市圈）的平均被引数量要高于日本城市（都市圈）；而欧洲城市（都市圈）的综合表现优于中国城市（都市圈），但总体弱于美国城市（都市圈）。

经过对城市（都市圈）的深入剖析发现，美国城市（都市圈）基本上平均被引次数高、被引率高，H指数都居于全球前列，这说明美国人工智能领域技术在专利数量与质量上达到较好的平衡，技术创新优势明显。与此同时，可以看到日本城市（都市圈）的人工智能专利被引率和城市（都市圈）H指数与美国不相上下，其中日本东京的城市（都市圈）H指数居全球第二位，但平均被引次数低于美国，这主要是因为日本的被引专利数量远远高于美国的被引专利数量。而以北京、深圳、上海为代表的中国城市（都市圈），各项指标都较低于美国城市（都市圈）和日本城市（都市圈）。虽然城市（都市圈）的H指数要总体优于欧洲城市（都市圈），但考虑到中国城市（都市圈）的专利规模，表现仍然不尽如人意。换言之，与中国人工智能专利数量位于全球首位的规模化指标相对比而言，中国在质量型指标方面的表现有待提高，想要打造世界创新高地仍然任重而道远。

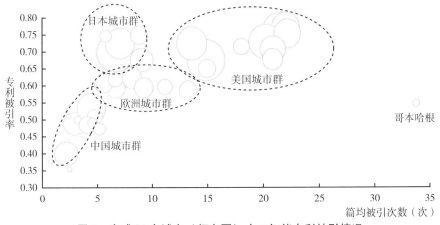

图9 全球34个城市（都市圈）人工智能专利被引情况

资料来源：Derwent Innovation专利数据库。

（三）技术合作网络维度

1. 基于专利联合申请的技术合作网络

专利联合申请是提高创新产出、提升创新水平的重要手段。有研究表明，大学—企业专利申请合作网络结构对企业创新产出存在显著影响，网络规模、密度和中心与企业创新产出之间均呈正相关关系。本研究依据专利联合申请数据分别绘制了主要城市（都市圈）在人工智能领域于 1970～2019年全时段及期间每十年的技术合作网络（见图 10）。其中，节点大小表示城市（都市圈）的合作度数中心度，即与该城市（都市圈）存在合作的城市（都市圈）数量；连线的粗细程度表示城市（都市圈）之间的合作强度，以合作专利公开数量来衡量；相同颜色表示城市（都市圈）属于同一个大洲。

从动态视角来看，在 1970～1979 年主要城市（都市圈）之间并不存在明显的技术合作现象，美国纽约和荷兰阿姆斯特丹率先出现技术合作现象。随后，技术合作现象开始逐渐增多，但基本上还是保持在低速增长阶段，合作数量也比较少。1990 年以后，技术合作的范围进一步加大，网络规模因网络节点的增长而不断变大，网络规模因不断有新的节点的出现而呈现不断蔓延的状态。2000～2009 年，技术合作网络更多地表现在已有节点之间合作现象的频发，网络规模更多地因新连接的出现而不断扩大。进入 2010 年以后，城市（都市圈）之间的技术合作关系明显加强，以北京、上海、南京、武汉等为代表的中国城市（都市圈）技术合作表现突出，在专利合作规模上超越旧金山－圣何塞、东京等城市（都市圈）。北京、上海、深圳之间的技术合作强度最大，其次日本东京及日本本国的城市（都市圈）技术合作强度也明显高于其他城市（都市圈）之间的合作强度。

从静态视角而言，在 1970～2019 年的城市（都市圈）技术合作网络中，各国城市（都市圈）之间大都建立起了人工智能技术合作关系，科技创新发明需要不同城市（都市圈）之间进行充分的技术交流，通过优势互补为人工智能领域的发展创造良好的环境。

从城市（都市圈）合作的范围来看，旧金山－圣何塞在人工智能领域城市（都市圈）合作范围最为广泛，波士顿－坎布里奇－牛顿、纽约、东京、北京等城市（都市圈）合作范围也较为广泛。日本和美国的城市（都市圈）的合作范围不仅包括国内的合作，与国外的合作也十分密切。值得注意的是，就全部时间段而言，北京、上海、深圳等中国城市（都市圈）虽然在专利规模上位居前列，但是其合作范围并不如旧金山－圣何塞、东京等城市（都市圈），并且中国城市（都市圈）的合作多为国内合作。

从城市（都市圈）之间的合作强度来看，日本东京与本国内的京都－大阪－神户合作关系最强。此外，东京与波士顿－坎布里奇－牛顿也有着很强的合作关系，而日本东京人工智能专利数量位居 34 个城市（都市圈）首位，很大程度上也得益于其注重城市（都市圈）之间的交流合作。美国的纽约、旧金山－圣何塞等城市（都市圈）与其他城市（都市圈）合作的范围广、强度大，注重加强国内外城市（都市圈）之间的合作来推动人工智能领域的发展。而中国则呈现国内合作关系强、国际合作较弱的特点，国内城市（都市圈）之间高度合作对中国人工智能领域的发展规模带来了较大贡献。

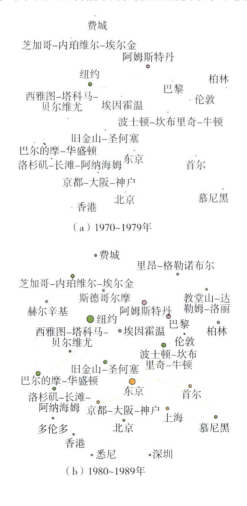

（a）1970~1979年

（b）1980~1989年

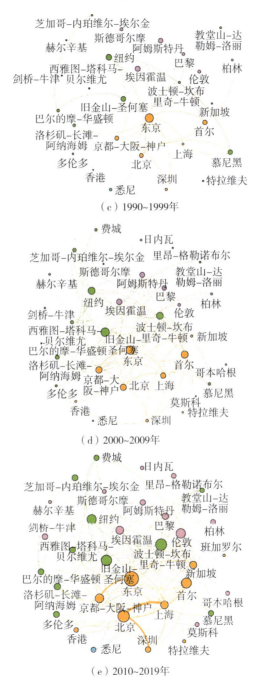

（c）1990~1999年

（d）2000~2009年

（e）2010~2019年

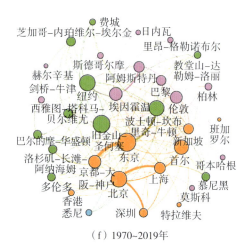

（f）1970~2019年

图10　1970～2019年34个城市（都市圈）在人工智能
领域技术合作网络演化

资料来源：Derwent Innovation 专利数据库。

2. 基于 IPC 分布的技术相似网络

为了能够更加清晰地揭示城市（都市圈）之间的技术相似程度，本研究基于城市（都市圈）所拥有专利的 IPC 分布情况计算出全球 34 个人工智能领域代表性城市（都市圈）之间技术相似度的热力图，并通过色阶的区分来直观地展现各个城市（都市圈）之间的技术相似程度。越接近绿色代表城市（都市圈）之间的技术相似程度越高，越接近红色代表城市（都市圈）之间的技术相似程度越低。可以发现，日本的东京和京都－大阪－神户两者之间的技术相似度最高，其次是中国北京、上海、深圳、香港的技术相似程度，达到 80% 以上。其他国家也基本表现出国内城市（都市圈）技术相似度高于其与国外城市（都市圈）的技术相似程度。此外，中国与美国、中国与韩国、中国与英国等国的技术相似程度也比较高，但中国与日本的技术相似度却较低；而日本与美国波士顿－坎布里奇－牛顿、日本与荷兰、日本与韩国的技术相似度较高，整体而言，日本城市（都市圈）与其他国家城市（都市圈）之间的人工智能技术相似度并不很高，说明日本在人工智能领域的技术异质性较为突出，在激烈的技术竞争中因其差异化而更容易占据有利地位（见图11）。

	1	2	3	4	5	6	7	8	9	10	11	12	13	14	15	16	17	18	19	20	21	22	23	24	25	26	27	28	29	30	31	32	33	34
东京	1.00	0.95	0.45	0.42	0.45	0.48	0.52	0.89	0.70	0.64	0.43	0.61	0.60	0.45	0.44	0.51	0.40	0.71	0.62	0.46	0.56	0.68	0.45	0.63	0.57	0.47	0.34	0.24	0.30	0.29	0.18	0.14	0.04	0.02
京都—大阪—神户	0.95	1.00	0.31	0.30	0.32	0.33	0.37	0.85	0.57	0.55	0.31	0.51	0.48	0.33	0.34	0.40	0.35	0.64	0.58	0.41	0.47	0.59	0.32	0.54	0.46	0.41	0.22	0.15	0.25	0.23	0.13	0.11	0.02	0.01
北京	0.45	0.31	1.00	0.92	0.98	0.84	0.75	0.51	0.69	0.52	0.66	0.69	0.66	0.61	0.61	0.67	0.64	0.61	0.36	0.56	0.56	0.68	0.56	0.57	0.64	0.39	0.61	0.46	0.48	0.37	0.30	0.17	0.08	0.01
深圳	0.42	0.30	0.92	1.00	0.95	0.84	0.68	0.47	0.64	0.52	0.62	0.68	0.66	0.62	0.59	0.59	0.60	0.62	0.36	0.57	0.55	0.72	0.51	0.56	0.60	0.37	0.57	0.40	0.45	0.39	0.17	0.08	0.06	0.02
上海	0.45	0.32	0.98	0.95	1.00	0.84	0.73	0.50	0.66	0.51	0.62	0.70	0.65	0.66	0.61	0.65	0.62	0.62	0.36	0.57	0.52	0.70	0.52	0.57	0.65	0.40	0.60	0.42	0.45	0.32	0.18	0.09	0.02	0.02
香港	0.48	0.33	0.84	0.84	0.84	1.00	0.79	0.51	0.59	0.59	0.63	0.71	0.65	0.63	0.56	0.60	0.60	0.60	0.37	0.51	0.56	0.68	0.61	0.57	0.68	0.38	0.60	0.42	0.47	0.44	0.21	0.08	0.05	0.05
旧金山—圣何塞	0.52	0.37	0.75	0.68	0.73	0.79	1.00	0.58	0.71	0.72	0.77	0.75	0.72	0.65	0.61	0.82	0.73	0.62	0.42	0.57	0.71	0.72	0.62	0.62	0.69	0.62	0.77	0.53	0.40	0.41	0.39	0.12	0.08	0.03
波士顿—坎布里奇—牛顿	0.89	0.85	0.51	0.47	0.50	0.51	0.58	1.00	0.72	0.73	0.50	0.61	0.65	0.49	0.57	0.57	0.53	0.76	0.68	0.50	0.65	0.47	0.66	0.55	0.52	0.39	0.28	0.25	0.32	0.21	0.13	0.07	0.03	0.03
纽约	0.70	0.57	0.69	0.64	0.66	0.59	0.71	0.72	1.00	0.73	0.63	0.75	0.75	0.64	0.62	0.57	0.56	0.71	0.68	0.50	0.69	0.65	0.72	0.66	0.55	0.59	0.61	0.49	0.50	0.37	0.33	0.16	0.09	0.03
西雅图—塔科马—贝尔维尤	0.64	0.55	0.52	0.52	0.51	0.59	0.72	0.73	0.73	1.00	0.63	0.71	0.72	0.63	0.49	0.62	0.53	0.70	0.56	0.47	0.63	0.53	0.47	0.68	0.70	0.63	0.59	0.47	0.37	0.36	0.25	0.18	0.07	0.06
巴尔的摩—华盛顿	0.43	0.31	0.66	0.62	0.62	0.63	0.77	0.50	0.63	0.63	1.00	0.69	0.65	0.54	0.62	0.64	0.58	0.70	0.70	0.42	0.62	0.75	0.60	0.64	0.63	0.47	0.57	0.48	0.36	0.44	0.36	0.18	0.16	0.05
洛杉矶—长滩—阿纳海姆	0.61	0.51	0.69	0.68	0.70	0.71	0.75	0.61	0.75	0.71	0.69	1.00	0.72	0.57	0.57	0.66	0.66	0.70	0.47	0.51	0.73	0.73	0.63	0.60	0.71	0.54	0.56	0.50	0.50	0.44	0.31	0.24	0.10	0.03
芝加哥—内珀维尔—埃尔金	0.60	0.48	0.66	0.66	0.65	0.65	0.72	0.65	0.75	0.72	0.65	0.72	1.00	0.62	0.58	0.65	0.70	0.70	0.68	0.50	0.72	0.72	0.64	0.64	0.70	0.51	0.60	0.40	0.35	0.39	0.31	0.21	0.14	0.03
教堂山—达勒姆—洛利	0.45	0.33	0.61	0.62	0.66	0.63	0.65	0.49	0.64	0.63	0.54	0.57	0.62	1.00	0.48	0.53	0.54	0.52	0.44	0.34	0.45	0.47	0.52	0.52	0.54	0.47	0.54	0.33	0.19	0.37	0.25	0.15	0.10	0.04
费城	0.44	0.34	0.61	0.59	0.61	0.56	0.61	0.57	0.62	0.49	0.62	0.57	0.58	0.48	1.00	0.46	0.52	0.58	0.42	0.44	0.55	0.49	0.46	0.52	0.57	0.40	0.46	0.36	0.38	0.31	0.28	0.12	0.13	0.06
伦敦	0.51	0.40	0.67	0.65	0.60	0.60	0.82	0.57	0.57	0.62	0.64	0.66	0.65	0.53	0.46	1.00	0.70	0.60	0.44	0.40	0.55	0.67	0.64	0.56	0.57	0.50	0.64	0.35	0.31	0.34	0.31	0.12	0.13	0.06
剑桥—牛津	0.46	0.35	0.64	0.59	0.62	0.60	0.73	0.53	0.56	0.53	0.58	0.66	0.70	0.54	0.52	0.70	1.00	0.54	0.36	0.43	0.52	0.56	0.56	0.57	0.43	0.59	0.57	0.31	0.34	0.25	0.18	0.07	0.07	0.06
埃因霍温	0.71	0.64	0.61	0.62	0.62	0.60	0.62	0.76	0.71	0.70	0.70	0.70	0.70	0.52	0.58	0.60	0.54	1.00	0.69	0.53	0.64	0.75	0.58	0.67	0.64	0.43	0.49	0.27	0.28	0.36	0.24	0.17	0.15	0.02
阿姆斯特丹	0.62	0.58	0.36	0.36	0.36	0.37	0.42	0.68	0.68	0.56	0.70	0.47	0.68	0.44	0.42	0.44	0.36	0.69	1.00	0.37	0.60	0.62	0.33	0.56	0.40	0.52	0.28	0.15	0.17	0.17	0.07	0.05	0.07	0.03
慕尼黑	0.46	0.41	0.56	0.55	0.57	0.51	0.57	0.50	0.50	0.47	0.42	0.51	0.50	0.37	0.44	0.40	0.43	0.53	0.37	1.00	0.43	0.55	0.57	0.52	0.46	0.30	0.38	0.28	0.27	0.25	0.16	0.13	0.07	0.05
柏林	0.56	0.47	0.55	0.55	0.52	0.56	0.71	0.65	0.69	0.63	0.62	0.73	0.72	0.45	0.55	0.55	0.52	0.64	0.60	0.43	1.00	0.57	0.57	0.64	0.51	0.51	0.51	0.30	0.34	0.32	0.20	0.18	0.12	0.04
首尔	0.68	0.59	0.68	0.72	0.70	0.68	0.72	0.47	0.65	0.53	0.75	0.73	0.72	0.47	0.49	0.67	0.56	0.75	0.62	0.55	0.57	1.00	0.62	0.69	0.60	0.38	0.51	0.48	0.27	0.26	0.32	0.18	0.19	0.06
多伦多	0.45	0.32	0.56	0.51	0.52	0.61	0.62	0.66	0.72	0.47	0.60	0.63	0.64	0.52	0.46	0.64	0.56	0.58	0.33	0.57	0.57	0.62	1.00	0.60	0.60	0.51	0.48	0.27	0.26	0.32	0.30	0.14	0.12	0.03
巴黎	0.63	0.54	0.57	0.56	0.57	0.57	0.62	0.55	0.66	0.68	0.64	0.60	0.64	0.52	0.52	0.56	0.57	0.67	0.56	0.52	0.64	0.69	0.60	1.00	0.60	0.60	0.51	0.48	0.30	0.35	0.30	0.14	0.12	0.10
新加坡	0.57	0.46	0.64	0.60	0.65	0.68	0.69	0.52	0.55	0.70	0.63	0.71	0.70	0.54	0.57	0.57	0.43	0.64	0.40	0.46	0.51	0.60	0.60	0.60	1.00	0.37	0.52	0.36	0.45	0.28	0.28	0.20	0.17	0.03
斯德哥尔摩	0.47	0.41	0.39	0.37	0.40	0.38	0.62	0.39	0.59	0.63	0.47	0.54	0.51	0.47	0.40	0.50	0.59	0.43	0.52	0.30	0.51	0.38	0.51	0.60	0.37	1.00	0.52	0.20	0.12	0.18	0.28	0.06	0.02	0.04
特拉维夫	0.34	0.22	0.61	0.57	0.60	0.60	0.77	0.28	0.61	0.59	0.54	0.56	0.60	0.54	0.46	0.64	0.57	0.49	0.28	0.38	0.51	0.51	0.48	0.51	0.52	0.52	1.00	0.36	0.30	0.33	0.37	0.19	0.09	0.00
班加罗尔	0.24	0.15	0.45	0.40	0.42	0.42	0.53	0.25	0.49	0.48	0.33	0.36	0.40	0.33	0.36	0.35	0.31	0.27	0.15	0.28	0.30	0.48	0.27	0.48	0.36	0.20	0.36	1.00	0.41	0.29	0.16	0.12	0.03	0.00
莫斯科	0.30	0.25	0.48	0.44	0.45	0.47	0.40	0.32	0.50	0.50	0.19	0.38	0.35	0.19	0.38	0.31	0.34	0.28	0.17	0.27	0.34	0.27	0.26	0.30	0.45	0.12	0.30	0.41	1.00	0.19	0.11	0.11	0.02	0.00
悉尼	0.29	0.23	0.37	0.38	0.39	0.38	0.41	0.32	0.37	0.39	0.25	0.34	0.39	0.37	0.31	0.34	0.25	0.36	0.17	0.25	0.32	0.35	0.41	0.35	0.18	0.33	0.29	0.29	0.19	1.00	0.06	0.06	0.09	0.02
赫尔辛基	0.18	0.13	0.30	0.30	0.30	0.21	0.33	0.21	0.33	0.31	0.25	0.31	0.31	0.25	0.28	0.31	0.34	0.24	0.34	0.16	0.20	0.32	0.34	0.30	0.28	0.06	0.37	0.16	0.19	0.13	1.00	0.06	0.09	0.01
日内瓦	0.14	0.11	0.17	0.20	0.18	0.08	0.12	0.13	0.16	0.14	0.18	0.21	0.21	0.15	0.12	0.14	0.18	0.17	0.07	0.13	0.18	0.18	0.14	0.14	0.20	0.02	0.19	0.12	0.11	0.13	0.06	1.00	1.00	0.08
哥本哈根	0.04	0.02	0.08	0.08	0.09	0.05	0.08	0.07	0.09	0.09	0.16	0.13	0.13	0.10	0.13	0.13	0.07	0.15	0.05	0.07	0.12	0.19	0.12	0.12	0.17	0.09	0.09	0.03	0.11	0.13	0.09	1.00	1.00	0.08
里昂—格勒诺布尔	0.02	0.01	0.01	0.02	0.02	0.05	0.03	0.03	0.03	0.03	0.04	0.06	0.06	0.04	0.06	0.06	0.06	0.02	0.03	0.05	0.04	0.06	0.03	0.10	0.03	0.04	0.00	0.00	0.00	0.02	0.01	0.08	0.08	1.00

图 11　全球 34 个城市（都市圈）在人工智能领域基于 IPC 分布的技术相似度矩阵

资料来源：Derwent Innovation 专利数据库。

五　结论与展望

通过上述分析，本研究可以得到如下结论。一是就数量型指标而言，在人工智能领域，中国城市（都市圈）在以公开专利为代表的专利规模等数量型指标方面位于全球前列，并且这种规模优势呈现愈加明显的态势。二是就质量型指标而言，中国城市（都市圈）人工智能的技术创新质量与欧美国家相比存在较大的差距。中国北京、深圳、上海的向外布局专利数量和PCT专利占比远远低于欧美国家，并且增长率开始出现负数或者明显减速的"逆势下降"的状态。虽然专利规模优势明显，但是H指数方面的表现依然落后于美国和日本，而这种差距在被引率和平均被引次数方面的表现十分突出，大量的零被引和低被引专利也在一定程度上说明我国的人工智能专利质量仍有很大提升空间。三是就网络化指标而言，一方面中国城市（都市圈）在技术合作网络中合作范围小于美国城市（都市圈）和日本城市（都市圈），但另一方面保持着本国范围内较强且稳定的技术合作强度。相比较而言，中国城市（都市圈）的国际技术合作强度远落后于美国城市（都市圈）和日本城市（都市圈），网络位势的优势并不十分突出。此外，从技术结构上来看，中国与美国人工智能专利技术的相似度很高，这也意味着中美未来在人工智能领域将面临激烈竞争的可能。但与此同时，高技术相似度也意味着中美之间存在广泛的合作空间，开展全面深入的技术合作将给双方带来更大的创新收益空间。

面向未来，中国城市（都市圈）在人工智能技术创新竞争力方面依然要积极努力，实现"由大到强"的改变，鉴于中美之间技术创新依存度较高的现状，中国应当积极寻求两国之间的技术合作，尽量避免出现"伤敌一千、自损八百"的状况。未来，一方面本研究将继续扩大城市（都市圈）的覆盖数量，以便能够在更广范围内观察城市（都市圈）竞合的总体态势和技术优势特点；另一方面，本研究将继续深入探索全球城市（都市圈）合作创新网络结构、网络位势对城市（都市圈）创新能力提升的影响路径问题，以便在当前全球复杂的竞合态势下精准锁定未来技术合作伙伴、优化创新资源配置。

参考文献

薛澜、姜李丹、黄颖、梁正：《资源异质性、知识流动与产学研协同创新——以人工智能产业为例》，《科学学研究》2019 年第 12 期。

姜李丹、薛澜、梁正：《技术创新网络强弱关系影响效应的差异化：研究综述与展望》，《科学学与科学技术管理》2020 年第 5 期。

Chiavetta, D. and Porter, A., "Tech Mining for Innovation Management," *Technology Analysis and Strategic Management*, 2013.

Porter, A. L., "Now 'Tech Mining' can Enhance R&D Management," *Research-Technology Management*, 2007.

Guo, Y., Zhou, X., Porter, A. L., et al., "Tech Mining to Generate Indicators of Future National Technological Competitiveness: Nano-Enhanced Drug Delivery (NEDD) in the US and China," *Technological Forecasting and Social Change*, 2015.

Huang, M., Zolnoori, M., Balls-Berry, J. E., et al., "Technological Innovations in Disease Management: Text Mining US Patent Data From 1995 to 2017," *Journal of Medical Internet Research*, 2019.

Trippe, A., "Patinformatics: Tasks to tools. Trippe, A., Patinformatics: Tasks to tools," *World Patent Information*, 2003.

Burt, R. S., *Structural Holes: The Social Structure of Competition*. Cambridge: Harvard University Press, 1992.

Hirsch, J. E., An Index to Quantify an Individual's Scientific Research Output, *Proceedings of the National Academy of Sciences of the United States of America*, 2005.

第十章
探索全新的学术论文影响力
评价指标与提升路径

孙晓鹏*

摘　要： 本报告基于文献计量学，利用 Dimensions 数据平台构建了全
球科技创新中心（城市）的学术产出与影响力评价指标体
系，使用学术产出全球 TOP1000强城市作为参照系，详细分
析了学术产出全球 TOP10城市在产出规模及影响力方面的表
现。本报告着重从"开放获取"和"国际合作"两个维度深
入分析学术影响力差异，最后提出通过增加对青年科学家的
投入强度、投资兴建大科学装置并设立面向全球支持国际合
作的研究基金、强制学术成果开放获取、加强科学数据治
理，并构筑开放、透明的软性科研评价体系以提升城市学术
影响力。

关键词： 学术产出　合著关系　开放获取

一　引言

2020 年 11 月 16 日，美国著名科技杂志《连线》（*Wired*）在线刊发了

---

* 孙晓鹏，独立数据顾问，曾就职于爱思唯尔（Elsevier）负责 Scopus 及 SciVal 在中国的业务，
研究方向为文献计量学、数据治理、知识图谱及量化分析。

史蒂芬·列维（Steven Levy）的署名文章《华为，5G 技术与其背后的科学家》（Huawei，5G and the Man Who Conquered Noise）[①]。该文章描述了土耳其科学家埃达·阿里坎（Erdal Arikan）的"极化码"（Polar Code）理论突破对于帮助中国科技巨头华为赢得 5G 技术领域的核心竞争优势具有重要作用。通过结合数字科学公司（Digital Science）推出的 Dimensions 学术知识大数据发现平台（以下简称为 Dimensions）的相关信息，可以梳理出"极化码"理论与技术创新的发展节点。

1948 年，克劳德·艾尔伍德·香农（Claude Shannon）发表了信息论奠基之作《通信的数学理论》（A Mathematical Theory of Communication），这一开创性论文解释了信息概念如何被量化，该论文的发表宣告了通信科学学科和数字时代的诞生。在文中 Shannon 提出了"香农极限"这一理论边界，给出了在给定带宽上以一定质量可靠传输信息的最大速度。2008 年，Arikan 基于其近 20 年的数据传输理论研究，在预印本平台（arXiv）发表了未经同行评审的理论突破论文《信道极化：一种用于构造对称二进制输入无记忆信道的容量实现码的方法》（Channel Polarization：A Method for Constructing Capacity-achieving Codes for Symmetric Binary-input Memoryless Channels）。文章提出并证明通过"信道极化"编码技术达到"香农极限"的低计算复杂度理论解决方案。这是目前唯一理论证明可以达到"香农极限"的编码方案。由于不相信其理论解决方案具有实用价值，Arikan 放弃申请专利。2011 年，Arikan 曾创立自己的公司，接触高通与希捷，技术转移失败。2009 年，华为研发人员首次关注到 Arikan 的"极化码"论文，启动预研。2013 年华为投资 6 亿美元启动 5G 研究，其中很大一部分资金用于数百名工程技术人员实现极化码实施软件的迭代开发和测试。华为在从学术研究到创新技术解决方案的转化进程中积极布局"极化码"相关专利申请。"极化码"相关专利超过 2/3 的份额属于华为，接近第二名的 10 倍。2016 年，主导 5G

---

① Levy, S., "Huawei, 5G and the Man Who Conquered Noise," *Wired*, https：//www.wired. com/story/huawei – 5g – polar – codes – data – breakthrough/, 2020.

移动通信技术标准制定的国际机构——第三代合作伙伴计划（3rd Generation Partnership Project，3GPP）选定华为的极化码技术解决方案作为5G基础通信框架协议中控制信道增强移动宽带（Enhanced Mobile Broadband，eMBB）场景编码的最终标准方案，该技术解决方案最终成为5G的基础技术。2018年，符合3GPP标准的支持极化码的5G系统正式发布，同年7月，华为向5G极化码之父颁奖。2019年，Arikan获得信息科学领域的最高荣誉"香农奖"。

当前，《信道极化：一种用于构造对称二进制输入无记忆信道的容量实现码的方法》一文在Dimensions中被接近2000篇学术文章所引用，是论文发表当年该学科领域平均被引频次的535倍，其中超过1/3的引用来自近两年发表的文章；同时，该文被79个同族专利直接引用，其中排名前三的机构为华为、三星和高通；并且该文章的替代计量指标（Altmetric）影响值为52，这一数值意味着该文的社交网络及科技媒体关注度处于全球的TOP3%分位。

（一）学术论文产出能力是城市创新能力的基础之一

管中窥豹，基于上述事例，我们有如下发现。

一是理论是先导，当理论指明方向后，从工程实践到产品化的进程显著加速。从时间维度来看，从"香农极限"理论概念的提出到"极化码"具有突破性的理论解决方案，再到工程实现，成为工业标准，直至相关"产品（系统）"最终发布，分别历时60年、8年、2年。理论创新是一个长期的过程，但正是理论的创新引领带动了工程实践的"创新"。

二是尽管理论界和产业界需求各异，但共同指向创新驱动发展。从创新主体来看，以Arikan为代表的学界科学家创新动力主要来自对未知世界探索的好奇心及响应产业界的共性需求，而以华为为代表的产业界创新动力来自市场的需求。从投入产出的角度来看，学界理论创新的主要资金来源是政府部门的公共基金及研究机构的资金，产出主要是理论化的公共知识成果，如学术论文、学术著作等，具有非商业性；而产业界工程创新的主要资金来源是其自身，在"产权保护"的前提下，开发创新产品，建立企业的核心竞争优势，进而在市场获取超额利润。

三是政府在创新过程中的作用不可忽视。政府供养研究人员，为理论创新提供财政支持（研究基金），确保公共研究成果的公开与可获得性；通过政策供给，为工程创新提供知识产权保护机制，同时营造公平竞争的市场环境。其中，公共研究成果主要的载体形式是学术论文，而具有"私有"性质的主要工程成果载体形式是专利。

根据《全球科技创新中心指数2020》的定义，科学中心引领了基础科学的前沿方向，提供技术发展赖以生存的基础，其知识创造为基础创新提供了理论基础，影响和促进技术创新能力的提升。作为科学中心的创新城市输出的最主要知识创造成果就是学术论文，因此高质量学术论文的产出能力是城市创新能力的基础之一。

（二）学术论文影响力评价的重要性

学术论文公开发表具有重要意义。首先，公开发表意味着对作者新科学发现的首发权进行确认；其次，发表过程中经历的同行评审确保了论文的科学性且受到学术共同体的认证；最后，论文的发表也标志着学术研究成果正式进入学术交流系统，作为可信的公共知识被"存档"，同时作为研究基础支撑新的科学发现。科技论文在理论创新的整个工作流程中都扮演着极其重要的角色，因此学术论文影响力评价更凸显其重要性。

一个典型的理论创新的工作流程包括五个阶段：定义问题，预研，获取基金资助，开展研究，撰写、发表研究成果。理论创新的工作流程如图1所示。

发表论文既是研究工作流程的"终点"，也是"起点"。在定义问题阶段，研究人员需要广泛搜集、阅读大量过往论文，对于感兴趣的研究领域整体发展获得概要性了解，总结并凝练相关的科学问题。在预研阶段，研究人员对于重要论文进行"重现"，提出自己的假设，设计科学问题相关的实验验证路径。在获取基金资助阶段，研究人员会提交相关提案，利用研究提案

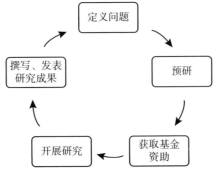

图1 理论创新的工作流程

资料来源：作者自制。

的创新性和可行性，以及过往的学术积累及学术声誉，争取获得新的科研基金资助。在开展研究的过程中，研究人员需要设计实验方法，获取实验数据，同时追踪同行最新发表的论文。在撰写、发表研究成果过程中，依照学术规范，研究人员需要在论文中标注对其他论文的引用并给出参考文献列表。引文和参考文献的标注一方面将原创的观点方法与过往的观点方法区分开来，防止抄袭；另一方面引文和参考文献也是作者对于过往成果的评价，并以此为基础发展、佐证自己的观点或方法的新颖性，引文和参考文献还帮助读者评估作者所使用支持材料的有效性和支持强度，以此拓展读者的视野。

在每一个学术论文发挥作用的场景，论文的内容或者潜在的价值都在被使用者主观评价，并留下对学术的影响记录，如论文被各种学术类、非学术类文献的引用，以及论文在其数字分发平台的下载量、在线参考文献及阅读软件平台中被收藏及阅读的次数。其中，论文被各种学术类文献引用，特别是被其他学术论文的引用频次（表征为对学术共同体的影响力），由于数据来源历史较为悠久，相关文献计量学理论比较成熟，因此被作为学术影响力评价的"金标准"（在本报告后续内容中，如果没有特别提及，影响力特指论文被学术共同体的其他论文引用而产生的影响力）。

因此，通过研究全球科技创新中心城市的论文产出与学术影响力，可以了解该城市的理论创新水平和未来发展的潜力。

二　影响力评价的主要方式与路径

（一）统计数据源的选择

影响力评价的统计数据源主要依托引文数据库及其数据分析解决方案。当前主流的商业化运营的引文数据库主要有科学网（Web of Science，WOS）核心合集、斯高帕斯数据库（Scopus）和 Dimensions。

引文索引的发明人尤金·加菲尔德（Eugene Garfield）博士1963年编制并发行了"科学引文索引"（Science Citation Index，SCI）；随后在1973年和1978年分别发布了"社会科学引文索引"（Social Sciences Citation Index，SSCI）和"艺术人文引文索引"（Arts & Humanities Citation Index，AHCI），这三大引文索引构成了早期的 WOS。目前 WOS 核心合集收录超过21000种期刊，条目数约为7500万条，参考文献（引用）条目数约为15亿条[1]。

2004年，爱思唯尔（Elsevier）推出 Scopus 数据库，内容涵盖期刊论文、会议论文、丛书及商业出版物；2013年，内容扩展至图书；2016年，推出基于 Scopus 的期刊评价引用分（CiteScore）指标集。目前 Scopus 收录超过24000种期刊，数据条目数超过7000万条，参考文献（引用）条目数约为15亿条[2]。

2018年，Digital Science 推出 Dimensions，出版物内容涵盖[3]期刊论文、会议论文、丛书、图书、预印本，收录超过50000种期刊，数据条目数约为1.14亿，参考文献（引用）条目数约为11亿条，并提供免费搜索服务；除此之外还将科研基金、专利、临床试验以及政策文件也整合进来并建立相关

---

① 有关 Web of Science 的介绍，详见 https://clarivate.com/webofsciencegroup/solutions/web - of - science - core - collection/。

② 有关 Scopus 的介绍，详见 https://www.elsevier.com/solutions/scopus/how - scopus - works/content。

③ Bode，C.，Herzog，C.，Hook，D.，and McGrath，R.，A Guide to the Dimensions Data Approach，2019.

引用链接；2020 年加入科学数据集。

1. 核心精选与广泛收录

根据布拉福德定律（Law of Bradford），"如果将科技期刊按其刊载某学科专业论文的数量多少，以递减顺序排列，那么可以把期刊分为专门面对这个学科的核心区、相关区和非相关区。每区刊载的论文量相等，此时核心区、相关区、非相关区期刊数量呈 $1:n:n^2$ 的关系"。由此派生出核心期刊的概念，即处于核心区的期刊。同时加菲尔德在制作 SCI 时发现并提出了加菲尔德集中定律："一个学科文献的尾部，在很大程度上是由其他学科文献的核心部分组成。事实上，学科之间的交叉如此严重，以至于所有科学技术学科的核心文献只有 1000 种期刊，可能能少至 500 种。"[①] 由此，"核心精选"成为 SCI，乃至之后的 WOS 核心合集的遴选收录标准，通过引文数据库和期刊引证报告（Journal Citation Reports，JCR）的制作、更新与分析，期刊是否收录由数据库的出品方科睿唯安（Clarivate Analytics）的"出版商中立"编辑团队决定。

2004 年推出的 Scopus 放弃了"核心期刊"遴选的概念，内容由独立于 Elsevier 的 17 位科学家及图书馆员组成的内容遴选与咨询委员会（Content Selection & Advisory Board，CSAB）及部分地区（泰国、韩国、俄罗斯和中国）特设的遴选委员会进行遴选。尽管 WOS 核心合集收录内容在 Scopus 推出后有所扩张，但 Scopus 收录期刊数量依然保持领先：每年约有 3500 种期刊申请收录，经过遴选过程，最终只有约 600 余种期刊被收录；自 2009 年开始剔除期刊；2015 年开始对收录内容进行再评估，同时引入文献计量学指标（自引率、总被引频次、期刊 CiteScore、文章数量、全文链接点击率以及摘要被阅读率）作为评估参考。

从时间发展的角度观察 WOS 核心合集以及 Scopus 对于收录内容的策略变化，可以看出二者的"趋同"。WOS 核心合集通过增加收录期刊的

---

① 〔美〕尤金·加菲尔德：《引文索引法的理论及应用》，侯汉清等译，北京图书馆出版社，2004。

数量以及增加外部数据源的方式扩大整体收录期刊的范围，数量上"趋近"Scopus；Scopus通过更加严格的遴选措施和引入文献计量学等指标再评估以提高期刊收录门槛，趋向强调WOS核心合集固守的"精选"原则。

从经济角度看，"核心精选"对于引文数据库出品方降低数据采集、处理加工成本，对于图书馆在有限经费约束下购买"核心期刊"，尽可能保障研究人员对于文献的需求具有正面意义。但是我们需要看到"核心精选"具有其局限性。①"核心精选"不是对单篇论文，而是对刊载论文的期刊进行筛选，因此"核心期刊"收录的论文并不一定全是"核心论文"。同理，部分"核心论文"也可能发表在"长尾"期刊中。②近20年来信息技术，特别是大数据相关技术的成熟以及AI技术的兴起，带来计算与存储能力、信息的获取与处理能力的不断提升；随着信息源头的数字化运营和开放数据的兴起，相关成本也不断下降。因此，只有广泛收录"全数据"，以全面覆盖"核心内容"，才能全面反映全球研究"图景"。③在全数据的基础上，实现信息价值的遴选需要功能上提供足够强大且灵活的信息筛选手段，信息筛选过程应由最终用户决定。

Digital Science推出的Dimensions与WOS核心合集和Scopus在内容收录策略上最大的区别是更加侧重于广泛收录。Dimensions对于内容的核心原则①是保持对内容的中立性，使内容尽可能全面。以引文连接项目（CrossRef）② 及公共医学中心（Pub Med Central，PMC）③ 的数据作为出版物（期刊论文、图书）基础"骨架"，确保主流出版商的内容被全部收录。用户可以根据场景或者需求，根据期刊列表（journal list）筛选数据进而分析：如自然指数（Nature Index）期刊列表、开放存取期刊目录（Directory of Open Access Journals，DOAJ）、医学文献列表（PubMed List）等。

---

① Herzog, C., Hook, D., and Konkiel, S., "Dimensions：Bringing Down Barriers between Scientometricians and Data," *Quantitative Science Studies*, 2020, 1（1）：387 – 395.
② 有关引文连接项目的介绍，详见 https：//doi. org/10. 13003/y8ygwm5。
③ 有关公共医学中心的介绍，详见 https：//www. ncbi. nlm. nih. gov/pmc/about/intro/。

2. 数据可获得性

科技创新中心学术论文影响力分析对象为全球城市，因此，统计数据源需要支持以城市为分析对象。当对一篇论文的城市归属进行划分时，主要依据论文署名机构信息及其属地信息，此时会遇到城市数据缺失、重名及多种变体形式的问题。①某些论文原始署名信息中未提供机构所在城市信息，仅仅提供机构名（同样存在机构重名或机构名书写不规范的情况），这种情况下只能通过机构名推断缺失的城市数据。②机构名或地名均可能出现重名情况，如江苏省的苏州大学与台湾地区的东吴大学，英文标准名称均为"Soochow University"，在美国有 19 个城市名为 Oxford。③机构名可能存在多种变体形式，如北京大学英文署名可能的形式包括"Peking University"或"Peking Univ."；哈萨克斯坦首都 2019 年更名，由"Astana"变更为"Nur-Sultan"。

WOS 核心合集、Scopus 以及 Dimensions 均对署名机构信息的重名和变体进行了处理与区分，但是仅有 Dimensions 针对署名信息中的城市重名和变体依托全球研究标识符数据库（Global Research Identifier Database，GRID）①和地理标识知识库（GeoNames）② 进行了处理，同时提供基于城市的统计分析功能。

综合学术论文收录广泛以及支持以城市为分析对象的优势，科技创新中心的学术论文影响力分析采用 Dimensions 作为统计数据源。

（二）统计指标与应用原则

Dimensions 针对单篇学术出版物和学术出版物集合提供不同的影响力计量和统计指标。③

针对单篇学术出版物（论文、图书）的指标共计 6 个，分别是出版物

---

① 有关全球研究标识符数据库的介绍，详见 https：//grid. ac。
② 有关地理标识知识库的介绍，详见 https：//www. geonames. org/。
③ 有关指标的介绍，详见 https：//support. dimensions. ai/support/solutions/articles/13000066319 – which – indicators – are – used – in – dimensions – and – how – can – these – be – viewed – 。

被引频次（Publication Citations）、近期被引频次（Recent Citations）、替代计量关注度分值（Altmetric Attention Score）、相对引用率（Relative Citation Ratio，RCR）、领域引用率（Field Citation Ratio，FCR）和专利引用频次（Patent Citations）。

针对学术出版物（论文、图书）集合的统计指标共计 9 个，分别是学术出版物数量（count）、总被引频次（citations_total）、近期总被引频次（recent_citation_total）、被引频次均值（citations_avg）、被引频次中值（citations_median）、相对引用率中值（rcr_avg）、领域引用率几何均值（fcr_gavg）、替代计量关注度均值（altmetric_avg）和替代计量关注度中值（altmetric_median）。

我们将这些计量和统计指标划分为数量规模指标与影响力指标分别进行阐释。

1. 数量规模指标

数量规模指标通常与被分析对象的规模有关，指城市发表论文被 Dimensions 收录的总数量（count），该指标与该城市从事研究人员的规模呈正比关系。

2. 影响力指标

影响力指标主要包括引用相关指标和替代计量相关指标（见表 1）。如前言所述，论文引用指标表征了对学术共同体的影响力，专利引用指标表征了对于技术创新的影响力，替代计量（Altmetrics）相关指标表征了出版物文献在大众传播中的社会影响力以及信息获取和利用过程中的影响力。

3. 指标应用原则

在使用文献计量学指标，特别是涉及引用指标进行影响力分析时，需要遵循以下原则。①同学科、同年份相比。由于不同学科具有不同的发文方式，包括引用模式[1]，同时被引频次是随时间累积的，因此不能将不同学科

---

① Tahamtan，I.，Safipour Afshar，A. and Ahamdzadeh，K.，"Factors Affecting Number of Citations：a Comprehensive Review of the Literature," *Scientometrics* 107，2016.

表1 影响力指标

论文引用指标及统计值	Publication citations：出版物被引频次，是指一篇文献（期刊论文、会议论文、预印本、图书）被 Dimension 收录的其他文献引用的次数；被引频次是随时间累积的：出版时间越久的文献被引用的机会会大于新近出版文献，从统计趋势角度而言，被引频次依时间递减	citations_total：总被引频次
		citations_median：被引频次中值
		citation_avg：被引频次均值
	Recent citations：近期被引频次，是指一篇文献在最近两个日历年份的时间内获得的引用频次，表征了影响力的衰减程度，数值越大表明近期越受关注	recent_citation_total：近期总被引频次
	Relative Citation Ratio（RCR）：相对引用率[①]，指 Pubmed（Dimensions 的数据基础之一，是 Dimensions 数据的子集，内容主要集中于生物、医药领域）收录的一篇文章的被引频次与其所在研究领域其他文章被引频次均值的比值；当比值大于1，表明该篇文章的被引频次高于平均水平。其中一篇文章的研究领域基于其引用的文献共引聚类，这是一种非人为定义的、自下而上的聚类。一篇被 Pubmed 收录并且发表时间距今超过两个自然年份的文章才有 RCR 值	rcr_avg：相对引用率中值
	Field Citation Ratio（FCR）：领域引用率，指一篇文章的被引频次与其所在研究领域全球同年发表文章的平均被引频次的比值；当比值大于1，表明该篇文章的被引频次高于全球平均水平。其中一篇文章的研究领域基于 Dimensions 所采用的学科分类体系（FOR，Field of Research Subject），一种人工定义的、自上而下的学科分类体系，由机器学习算法决定。一篇文章在发表两个自然年度后才会有 FCR 值	fcr_gavg：领域引用率几何均值，具体算法请参考脚注[②]
专利引用指标	Patent Citations：专利引用频次，指一篇文献被 Dimensions 所收录专利引用的次数，由于专利可能在多个专利组织注册，因此专利引用频次可能会被重复计算。目前，Dimensions 收录美国（USPTO）、欧洲（EPO）、世界知识产权组织（WIPO）、德国（GPMA）、加拿大（CIPO）、印度（IPI）、英国（IPO）、法国（INPI）、中国香港（IPD）和俄罗斯（RPO）等国家、地区与组织的专利	

续表

| 替代计量指标 | Altermetric Attention Score：替代计量关注度分值，是由 Altermetric 服务提供的针对一篇文献的网络关注度加权值③。网络关注度指该文献被政策文件、维基百科、主流媒体、社交网络、博客等提及，或者被参考文献管理软件 Mendeley 所收藏 | |

①Hutchins，B.，Yuan，X.，Anderson，J. M.，and Santangelo，G. M.，"Relative Citation Ratio（RCR）：A New Metric That Uses Citation Rates to Measure Influence at the Article Level，*PLOS Biology*，2016，14（9）：e1002541. https：//doi. org/10. 1371/journal. pbio. 1002541.

②Thelwall，M. and Fairclough，R.，"Geometric Journal Impact Factors Correcting for Individual Highly Cited Articles，"*Journal of Informetrics*，2015，9（2）：263 – 272.

③有关替代计量关注度分值的计算方法，详见 https：//help. altmetric. com/support/solutions/articles/6000233311 – how – is – the – altmetric – attention – score – calculated –。

资料来源：Dimensions Support：https：//support. dimensions. ai/support/solutions/articles/13000066 319 – which – indicators – are – used – in – dimensions – and – how – can – these – be – viewed –。

或者不同发表年代论文的被引频次直接比较。②相对指标优于绝对指标。无上下文、单纯的绝对数字不表示任何意义，只有在与基准水平相比较，获取到相对的指标才能进行分析判断。如身高 177 厘米，并不能说明一个人的身材高矮，如果此身高与幼儿园小朋友的平均身高相比，则此身高相对较高。③综合多指标分析优于单指标分析。每一个文献计量学指标都有其特定的指征及局限性，因此需要在影响力评价中采取多个指标进行多角度交叉验证，以增加分析结果的可信度。

4. 全球科技创新中心学术论文产出与影响力统计指标

基于以上原则，全球科技创新中心城市学术产出与影响力采用如下指标进行统计（见表 2）。

需要说明的是，由于一篇文章在发表两个自然年度后才会有 FCR 值，因此 fcr_gavg 的计算值仅能反映两年前的影响力。为此引入另外 2 个经过计算的衍生指标（nature_index_ratio 和 zero_citation ratio）作为影响力补充指标。

Dimensions 除学术论文外，其他类型文献收录中国相关内容仍不全面，如目前基金信息仅仅收录国家自然科学基金与浙江省自然科学基金，专利

表 2　全球科创中心学术论文产出与影响力统计指标

统计指标	补充指标
count:该城市被 Dimensions 收录论文的数量,表征数量规模	
fcr_gavg:领域引用率几何平均值,表征影响力。论文影响力与全球平均水平的比值,当比值大于 1 时,表明影响力高于世界平均水平,指标的计算考虑了引用时间及学科领域,城市的 fcr_gavg 可以直接相互比较	nature_index_ratio:城市发表文章中,在高影响力期刊(Nature_Index 期刊列表)发表文章占比(nature_index_count/count),揭示潜在的影响力 zero_citation_ratio:城市发表文章中,零引用文章占比,这是一个反向指标,占比越低表征相对的影响力越高

资料来源：作者自制。

未收录中国国家知识产权局授予的专利信息。因此研究中未采用基金相关指标（科研投入的参考）、专利引用指标以及替代计量指标。随着 Dimensions 收录内容的进一步拓展，未来基于对中国相关内容的评估结果，可以考虑引入上述指标进行综合评估。

（三）主要城市遴选与指标表现

1. 全球学术论文产出的 TOP1000 城市规模分布

基于 Dimensions 中对于出版文献的定义，筛选类型为"Article"（期刊论文）和"Proceedings"（会议论文）的文献，分年度获取 2009～2018 年年度发文数量最多的 1000 个城市（以下简称 TOP1000 城市），学术论文产出相关统计分布见表 3。

从 TOP1000 城市论文产出统计分布可以看出，2009～2018 年 10 年间城市的论文产出规模呈递增趋势。同时，TOP1000 城市呈偏态分布，位于头部的少数城市产出了大多数文章。

2. 全球学术论文产出的 TOP100 城市

将范围缩小至学术论文产出 TOP100（前 10%）城市，依然呈偏态分布，处于头部的城市产出了更多的文章。情况如表 4 所示。

表 3 学术论文产出 TOP1000 城市统计分布（2009～2018 年）

单位：篇

年份	均值 （mean）	标准差 （std）	最小值 （min）	25% 分位数	50% 分位数 （中值）	75% 分位数	90% 分位数	99% 分位数	最大值 （max）
2009	2234.09	3764.37	22	549	1026	2535	4961	14885	50066
2010	2417.17	4070.58	23	626	1123	2675	5274	16145	57928
2011	2629.31	4401.11	36	691	1220	2899	5672	17464	64243
2012	2854.13	4693.45	52	760	1355	3192	6283	18846	69064
2013	3115.11	5174.89	74	841	1479	3434	6776	20533	81653
2014	3365.68	5635.85	73	914	1593	3674	7222	22525	92389
2015	3555.09	5865.43	222	979	1731	3922	7537	23363	94281
2016	3733.94	6129.64	311	1036	1842	4084	7963	23857	101901
2017	4033.75	6672.01	557	1121	1991	4381	8568	26298	112913
2018	4454.48	7472.40	807	1254	2177	4725	9470	32285	132552

资料来源：Dimensions 数据库，2019 年 12 月。

表 4 学术论文产出 TOP100 城市统计分布（2009～2018 年）

单位：篇

年份	均值 （mean）	标准差 （std）	最小值 （min）	25% 分位数	50% 分位数 （中值）	75% 分位数	90% 分位数	99% 分位数	最大值 （max）
2009	10361.22	7559.94	4974	6199	8192	11827	14889	44953	50066
2010	11148.96	8260.10	5286	6459	8601	12276	16191	47018	57928
2011	12075.43	8928.54	5755	6903	9458	13805	17502	48389	64243
2012	12926.02	9493.74	6289	7498	9889	14367	18877	48159	69064
2013	14127.33	10640.56	6905	8097	11118	16178	20549	50298	81653
2014	15251.47	11760.44	7271	8813	11903	17154	22560	55960	92389
2015	16019.69	12124.31	7831	9313	12494	18549	23655	55622	94281
2016	16721.34	12722.02	8004	9774	12544	19565	24372	56496	101901
2017	18065.60	14028.86	8572	10438	13763	20383	26816	61984	112913
2018	20026.92	15950.46	9513	11372	15007	22546	32542	64642	132552

资料来源：Dimensions 数据库，2019 年 12 月。

考察这些城市所属的国家或地区，可以看出美、中两国城市数量在 TOP100 中占比超过 40%，且美国处于下降、中国处于上升趋势中。统计数据如表 5 所示。

表 5　学术论文产出 **TOP100** 城市国家与地区分布（**2009 ~ 2018 年**）

单位：篇

国家与地区	2009 年	2010 年	2011 年	2012 年	2013 年	2014 年	2015 年	2016 年	2017 年	2018 年
美　　国	30	29	27	27	25	25	25	25	25	24
中　　国	13	14	17	16	17	17	17	17	18	19
澳大利亚	4	4	4	4	4	5	6	6	5	5
日　　本	6	6	6	6	6	6	5	5	5	5
英　　国	6	5	5	5	5	5	5	5	5	5
加 拿 大	4	4	4	4	4	4	4	4	4	4
德　　国	3	3	3	4	4	4	4	4	4	4
印　　度	1	1	1	1	2	4	4	4	4	4
巴　　西	2	2	2	2	2	2	2	2	2	2
意 大 利	2	2	2	2	2	2	2	2	2	2
荷　　兰	2	2	2	2	2	2	2	2	2	2
俄 罗 斯	1	1	1	1	1	1	2	2	2	2
韩　　国	2	2	2	2	2	2	2	2	2	2
西 班 牙	2	2	2	2	2	2	2	2	2	2
土 耳 其	2	2	2	2	2	2	2	2	2	2
奥 地 利	1	1	1	1	1	1	1	1	1	1
比 利 时	2	2	2	2	2	1	1	1	1	1
捷　　克	1	1	1	1	1	1	1	1	1	1
丹　　麦	1	1	1	1	1	1	1	1	1	1
芬　　兰	1	1	1	1	1	1	1	1	1	1
法　　国	3	3	2	2	2	1	1	1	1	1
伊　　朗	1	1	1	1	1	1	1	1	1	1
墨 西 哥	1	1	1	1	1	1	1	1	1	1
挪　　威	1	1	1	1	1	1	1	1	1	1
波　　兰	1	1	1	1	1	1	1	1	1	1
葡 萄 牙	0	1	1	1	1	1	1	1	1	1
新 加 坡	1	1	1	1	1	1	1	1	1	1
瑞　　典	1	1	1	1	1	1	1	1	1	1
瑞　　士	1	1	1	2	2	1	1	1	1	1
中国台湾	2	2	2	2	2	1	1	1	1	1
泰　　国	0	0	0	0	0	0	0	0	0	1
希　　腊	1	1	1	1	1	1	1	1	1	0
爱 尔 兰	1	1	1	0	0	0	0	0	0	0
马来西亚	0	0	0	0	0	1	0	0	0	0

资料来源：Dimensions 数据库，2019 年 12 月。

3. 全球学术论文产出的 TOP10 城市

2009～2018 年全球学术论文产出的 TOP10 城市格局基本面不变。北京、伦敦、东京、上海、首尔、纽约、巴黎和波士顿长居榜单。马德里 2015 年后跌出榜单，莫斯科也有一定波动，坎布里奇虽然在 2012 年短暂进入 TOP10，但是由于论文产出数量相对"稳定"——增长速度低于其他城市，因此排名逐渐下滑，2018 年名列第 19 位。需要说明的是本报告中上榜城市基于各个国家及地区的行政区划定义，而非"都市圈"概念（如坎布里奇与波士顿为大波士顿都市圈的两个城市，在本报告中为两个独立分析实体城市，这里出现了 12 个城市是因为某些年份，有新的城市进入前 10，所以2009～2018 年共有 12 个城市成为 TOP10，故表格中均出现 12 个城市），城市的学术论文产出受到行政区划的地理范围及研究人员规模影响。学术论文产出 TOP10 城市年度排名见表 6。

表 6　学术论文产出 TOP10 城市年度排名（2009～2018 年）

单位：篇

年份	北京	伦敦	东京	上海	首尔	纽约	巴黎	莫斯科	南京	波士顿	马德里	坎布里奇
2009	1	3	2	7	5	6	4	9	—	8	10	—
2010	1	3	2	7	5	6	4	9	—	8	10	—
2011	1	3	2	7	5	6	4	9	—	8	10	—
2012	1	3	2	7	5	6	4	—	—	8	9	10
2013	1	3	2	7	5	6	4	—	10	8	9	—
2014	1	3	2	7	5	6	4	—	9	8	10	—
2015	1	2	3	6	4	7	5	9	10	8	—	—
2016	1	2	3	6	4	7	5	10	9	8	—	—
2017	1	3	2	4	5	7	6	8	9	10	—	—
2018	1	2	3	4	5	6	7	8	9	10	—	—

资料来源：Dimensions 数据库，2019 年 12 月。

如图 2 所示，截至 2018 年，学术论文产出 TOP10 城市中有半数在东北亚地区，其中北京、上海及南京分列第一名、第四名和第九名，与其他城市相比依然处于高速增长态势。北京论文数量持续处于领跑状态，与第二、三名伦敦和东京的规模领先优势在持续扩大。处于第二集团的伦敦的增长优于东京，目前产出规模与东京相当并略微胜出。上海从 2009 年的第七名提升到 2018 年的第四名，并且已经从第三集团脱颖而出。南京自 2013 年进入 TOP10，2018 年提升至第九名。

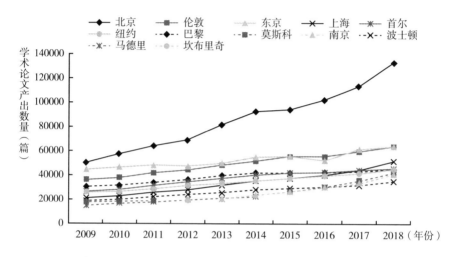

图2　学术论文产出 TOP10 城市发文数量（2009～2018 年）

资料来源：Dimensions 数据库，2019 年 12 月。

4. 全球学术论文产出 TOP10城市的学术影响力

学术论文产出 TOP1000 城市的领域引用率 FCR 均值统计分布（2009～2018 年）如表 7 所示。

表7　学术论文产出 TOP1000 城市的领域引用率（FCR）均值

统计分布（2009～2018 年）

年份	均值（mean）	标准差（std）	最小值（min）	25%分位数	50%分位数（中值）	75%分位数	90%分位数	99%分位数	最大值（max）
2009	2.408	0.868	0.221	1.746	2.429	2.979	3.457	4.487	8.651
2010	2.396	0.895	0.334	1.709	2.452	3.010	3.454	4.505	8.013
2011	2.421	0.875	0.184	1.738	2.486	3.028	3.508	4.552	7.244
2012	2.404	0.840	0.225	1.721	2.463	2.980	3.404	4.513	6.924
2013	2.296	0.764	0.313	1.670	2.357	2.832	3.213	4.213	6.444

续表

年份	均值 （mean）	标准差 （std）	最小值 （min）	25% 分位数	50%分位数 （中值）	75% 分位数	90% 分位数	99% 分位数	最大值 （max）
2014	2.243	0.745	0.209	1.645	2.300	2.771	3.102	3.960	7.011
2015	2.164	0.687	0.302	1.615	2.227	2.657	2.992	3.583	5.868
2016	2.082	0.644	0.188	1.570	2.116	2.556	2.842	3.456	5.450
2017	1.920	0.586	0.160	1.462	1.975	2.344	2.591	3.156	5.883
2018	NA	NA	NA	NA	NA	NA	NA	NA	NA

资料来源：Dimensions 数据库，2019 年 12 月。

　　基于学术论文产出 TOP1000 城市的领域引用率 FCR 均值统计分布，本报告考察了学术论文产出 TOP10 城市的领域引用率 FCR 均值（见图 3）。

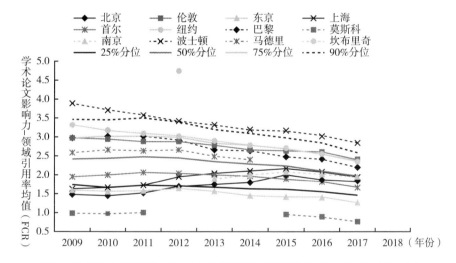

图 3　学术论文产出 TOP10 城市的领域引用率 FCR 均值（2009～2018 年）

资料来源：Dimensions 数据库，2019 年 12 月。

　　美国波士顿的 FCR 均值位于 TOP1000 城市的前 90% 之上，曾在 2012 年进入全球 TOP10 的美国坎布里奇当年 FCR 均值更是达到全球 TOP1000 城市的前 1%。纽约、伦敦以及巴黎在位于全球 TOP1000 城市的前 75% 分位线处波动。截至 2018 年，中国的南京、上海、北京以及韩国的首尔处于分位区间 25%～50%，其中，南京及上海 FCR 均值均高于北京，另外值得注意

的是，上海和北京自 2008 年开始，FCR 均值显著上升，完成了自低于 25%
分位区间至 25% ~ 50% 分位区间的跨越，并且已经接近 50% 分位。日本东
京与俄罗斯莫斯科 FCR 均值处于低于 25% 分位区间内。

5. 全球学术论文产出 TOP10 城市在 Nature Index 收录期刊发表论文的比率

学术论文产出 TOP1000 城市在 Nature Index 收录期刊发表论文的比率统
计分布如表 8 所示。

**表 8　学术论文产出 TOP1000 城市在 Nature Index 收录期刊
发表论文的比率统计分布（2009 ~ 2018 年）**

单位：%

年份	均值 （mean）	标准差 （std）	最小值 （min）	25% 分位数	50%分位数 （中值）	75% 分位数	90% 分位数	99% 分位数	最大值 （max）
2009	4.18	4.17	0.00	1.33	3.23	5.63	8.87	19.29	40.96
2010	4.65	4.50	0.00	1.48	3.57	6.46	9.48	20.61	40.45
2011	5.01	4.85	0.00	1.54	3.77	6.97	10.62	24.33	41.37
2012	5.57	5.38	0.00	1.72	4.20	7.57	12.36	24.84	43.40
2013	5.03	4.74	0.00	1.67	3.90	6.89	10.55	19.81	42.80
2014	5.19	4.95	0.00	1.67	3.82	6.90	10.94	22.72	45.39
2015	5.14	4.99	0.00	1.69	3.95	6.98	10.93	23.44	43.28
2016	5.04	4.84	0.00	1.72	3.78	6.77	10.77	22.52	39.95
2017	4.75	4.61	0.00	1.61	3.68	6.49	9.57	20.51	43.27
2018	4.81	4.71	0.00	1.62	3.70	6.49	9.89	20.59	48.04

资料来源：Dimensions 数据库，2019 年 12 月。

基于学术论文产出 TOP1000 城市在 Nature Index 收录期刊发表文章的比
率，本报告考察学术论文 TOP10 城市发文数量（2009 ~ 2018 年），以衡量
TOP10 城市潜在的学术影响力，详见图 4。

曾在 2012 年进入全球 TOP10 的美国坎布里奇当年在 Nature Index 收录
期刊论文占比达到全球 TOP1000 城市的前 90% 之上。巴黎相关论文占比保
持在 75% 以上分位区间。截至 2018 年，除前述城市及莫斯科之外，其他城
市相关论文占比在分位区间 50% ~ 75%。需要注意的是，中国上海、北京

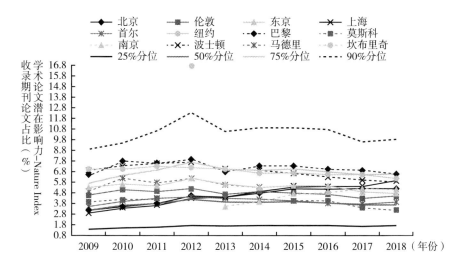

**图4　学术论文产出 TOP10 城市在 Nature Index 收录期刊
论文的比率（2009～2018 年）**

资料来源：Dimensions 数据库，2019 年 12 月。

和南京的比率显著上升，其中上海市增速显著，北京市相关比率低于上海，高于南京。

　　除中国城市上升之外，其他城市的比率呈下降或持平状态，特别是波士顿与纽约从 2009 年分位区间 75% 以上跌入分位区间 50%～75%，莫斯科跌入分位区间 25%～50%。这一变化的潜在原因是，Nature Index 收录期刊载文量恒定或增长缓慢，随着中国城市论文数量的大幅增长，其他区域城市的论文数量将减少或持平。即使其他城市发表论文的数量还在增长，如果其增幅缓于中国城市或期刊载文量的增长，相关比率会降低或持平。

6. 全球论文产出 TOP10城市零引用比率

　　如前所述，城市发表文章中零引用文章比率指一个城市的论文产出中零引用文章（未产生学术影响力）在整体中的占比，这是一个反向指标，占比越低表征相对的影响力越高。

　　学术论文产出 TOP1000 城市零引用论文比率统计分布（2009～2018年）见表9。

表9 学术论文产出 TOP1000 城市零引用论文比率统计分布（2009～2018 年）

单位：%

年份	均值 （mean）	标准差 （std）	最小值 （min）	25% 分位数	50%分位数 （中值）	75% 分位数	90% 分位数	99% 分位数	最大值 （max）
2009	17.26	7.72	3.99	12.65	15.39	19.42	26.91	44.99	78.95
2010	17.92	8.66	4.45	12.74	15.45	19.41	29.96	49.87	78.31
2011	18.12	9.12	4.20	12.71	15.47	20.01	30.45	53.52	83.19
2012	17.96	8.21	3.30	13.01	15.91	20.09	28.21	51.30	80.30
2013	18.54	8.14	3.30	13.40	16.44	21.60	29.06	49.03	76.44
2014	19.45	8.56	4.09	14.10	17.23	22.44	30.59	53.35	82.59
2015	19.73	8.45	4.78	14.44	17.47	22.89	30.01	49.05	76.24
2016	21.21	8.95	5.23	15.56	18.92	24.67	31.50	59.82	84.30
2017	25.68	10.00	7.06	19.14	22.91	29.39	38.76	67.56	88.17
2018	35.26	10.73	11.01	28.34	32.64	39.41	48.67	76.51	92.52

资料来源：Dimensions 数据库，2019 年 12 月。

基于学术论文产出 TOP1000 城市零引用论文比率统计分布，本报告考察学术论文产出 TOP10 城市零引用论文比率（见图 5）。

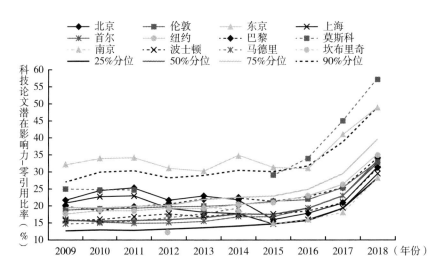

图 5 学术论文产出 TOP10 城市零引用论文比率（2009～2018 年）

资料来源：Dimensions 数据库，2019 年 12 月。

　　曾在 2012 年进入全球 TOP10 的美国坎布里奇当年零引用论文比率处于全球 TOP1000 城市的小于 25% 区间。当前莫斯科与东京的零引用率比率处于分位区间 75% 以上，其他城市零引用比率处于分位区间 25%～50% 或 50% 分位（中位数）附近。值得注意的是，中国南京、上海和北京的零引用率显著下降，其中上海零引用率低于北京，高于南京。

三　提升影响力的方向

　　基于前文中对论文产出规模全球领先城市的分析，可以看出中国城市群体的表现尤为突出，实现了对传统发达国家科学中心城市产出规模的赶超。其中北京的论文产出规模近来持续保持全球第一，并且还处在快速增长趋势中。从学术论文的影响力考察，以北京为代表的中国城市与其他头部城市相比还处于"从量变到质变"的过程中：虽然影响力也在快速增长中，但是目前还没有取得与产出规模相匹配的影响力。

　　由此，科技创新中心城市的建设重点之一是在保持产出规模领先的前提下，更加着重于提升学术论文产出的影响力。学术论文是理论研究的成果，如果通过人为操控引用数据提升影响力，属于学术不端行为。但是可以通过源头的科技政策引导及公共研究基金的倾向性支持，利用"开放"和"合作"提升学术交流效率和效能，从而提升影响力。一方面，学术成果具有公共知识属性，因此提升学术成果的可获得性（"开放"），可以促进学术共同体间的交流以及创新主体间的知识流动和转移，减少公共研究基金的浪费；另一方面，通过"合作"这一杠杆，可以撬动全球其他科学研究资源，包括科研基金、人力资源、基础设施等为我所用，放大公共研究基金的产出效应。此外，从科技创新中心的内涵考察中心城市的影响力及辐射效应，"开放"和"合作"也是两个非常重要的维度。

　　下面从"开放"和"合作"两个角度深入分析这两个因素对学术影响力提升的影响。

（一）开放获取与开放科学

1. 概念

我们所说的"开放获取"（Open Access，OA）是指互联网上公开出版的文献，允许任何用户对其全文进行阅读、下载、复制、传播、打印、检索或者链接，对作品进行索引，将作品作为数据传递给软件，或进行任何其他出于合法目的的使用，而不受经济、法律或者技术的限制，除了网络本身造成的物理障碍。[①]

开放获取是一个法律问题，主要体现在出版过程中的版权的转移和使用过程中的依照知识产权保护而树立的"付费墙"。在传统的学术成果传播领域，研究人员将论文发表在纸本学术期刊上，同时版权也转移到期刊的运营方出版商手中，学术研究机构再通过订阅期刊的方式获取期刊。随着互联网和信息技术的兴起，学术期刊由纸质转为数字载体，在论文的制作及分发模式发生改变的同时，成本急剧降低。但是传统的订阅这一商业模式并没有随之进化，同时手握论文版权的出版商在追求"垄断"超额利益的驱使下大幅提高数字化期刊的订阅费用，造成"期刊危机"。受到公共资金资助的研究成果或学术论文，具有公共知识属性，但是在版权保护的旗号下被置于"付费墙内"。学术共同体作为学术论文的生产者、免费的同行评审服务提供者，却需要为阅读学术论文支付高昂成本。基于传统商业模式的"付费墙"在数字化时代阻碍了学术成果的传播，由此产生了开放获取活动，以及对适应数字化时代的学术交流新商业模式的探索。

近年来，随着一些标志性事件的发生，开放获取以及随之带来的商业模式变化有加速趋势。2009 年，美国国立卫生研究院（National Institutes of Health，NIH）强制执行开放获取的政策被写入法律，NIH 资助论文必须被提交到免费在线数据库 PMC，且必须在发表后 12 个月内对公众开放，开创了政府支持开放获取运动的先河。2013 年，奥巴马政府出台行政令，要求

---

① Budapest Open Access Initiative，https：//www.budapestopenaccessinitiative.org/read，2003.

由纳税人资助的研究论文在学术杂志出版 12 个月后，可以免费获取。2014
年，中国国家自然科学基金委以及中国科学院分别发表政策声明，对公共资
助科研项目发表的论文实行开放获取。2018 年，11 个欧洲国家研究资助机
构发起一项开放获取的科学出版计划，最初称为 cOAlition S，后称 S 计划
（Plan S），要求联盟成员资助的研究项目产生的论文从 2021 年起必须在金
色开放获取期刊或者平台上发表。2018 年，第 14 届柏林开放获取会议上，
37 个国家的 113 个研究机构签署声明，宣布支持 OA2020 倡议，在此次会议
上中国表态支持 S 计划。2019 年，德国主导的全球第一个开放获取转换协
议 DEAL 项目（Project DEAL）取得进展：出版商施普林格·自然集团和威
立分别与该项目组达成了 3 年期开放获取转换（阅读与发表）协议。

随着开放获取运动的兴盛，互联网环境下、数字驱动研究时代的科学研
究新范式——开放科学（Open Science）在近五年也成为新的浪潮。在经济
合作与发展组织（Organization for Economic Co-operation and Development,
OECD）的报告中开放科学是指科研人员、政府、科研资助机构或科学界努
力使公共资助的科研成果（出版物和科研数据）在没有或最小限制的情况
下以数字形式公开获取，以提高科研的透明度，促进科研协作和科研创
新[1]。事实上开放科学框架涵盖了科学研究的整个流程。除了针对学术论文
的开放获取、科研过程数据的开放数据，还包括开放同行评审、开放研究代
码、开放研究材料、开放评价指标、开放研究基础设施等。理想情况下，研
究过程的每一步都需要公开、透明，需要将完整的方法、使用的工具以及数
据面向所有群体开放。

其中，开放数据（Open Data）的 FAIR 原则包括可发现（Findable）、
可获取（Accessible）、可互操作（Interoperable）和可重用（Reusable）[2]。
FAIR 原则更加强调数据能够被机器自动发现、使用以及被研究人员的重复

---

① OECD, Making Open Science a Reality, *OECD Science*, *Technology and Industry Policy Papers*,
No. 25. Paris: OECD Publishing, 2015.

② Wilkinson, M., Dumontier, M., Aalbersberg, I., et al., The FAIR Guiding Principles for
Scientific Data Management and Stewardship, Nature Scientific Data, 2016.

使用，这在数字驱动的研究环境中尤显重要。

2. 意义

开放科学框架下的开放获取以及开放数据可以进一步促进创新环境的形成，并提升科学研究的效率。开放获取使得学术文献的受众扩大，通过让知识在开放的环境下流动，提升了学术影响力。根据相关研究[1]，Unpaywall[2]平台的用户所获取的论文47%为OA论文；OA论文的平均被引频次较所有论文的平均被引频次高18%。开放透明的研究数据与研究方法可以增进科学研究的"可复现性"，起到"去伪存真"的作用。可复用性提升了研究资金的投资效率，避免重复浪费。同时开放的数据环境为基于数据驱动的科学研究提供了创新的基础，基于低成本数据，依托于数据挖掘及人工智能解决方案的数据增值服务可以有效提升科研效率。

3. 主要城市现状

学术论文产出 TOP1000 城市 OA 论文占比（2009～2018 年）情况如表10 所示。

表 10　学术论文产出 TOP1000 城市 OA 论文占比（2009～2018 年）

单位：%

年份	均值（mean）	标准差（std）	最小值（min）	25%分位数	50%分位数（中值）	75%分位数	90%分位数	99%分位数	最大值（max）
2009	34.01	13.71	5.39	25.18	33.36	41.26	51.40	71.44	93.03
2010	36.08	13.94	2.96	27.54	35.40	43.88	53.78	74.50	91.78
2011	38.16	13.89	7.19	29.48	37.74	45.78	55.91	75.91	92.98
2012	41.09	13.07	8.90	32.81	40.57	48.81	57.51	75.53	95.04
2013	41.75	12.83	12.34	33.82	41.31	49.50	57.24	76.69	95.03

[1] Piwowar, H., Priem, J., Larivière, V., Alperin, J. P., Matthias, L., Norlander, B., Farley, A., West, J. and Haustein, S., The state of OA: a large-scale analysis of the prevalence and impact of Open Access articles. PeerJ, 6, e4375. https://doi.org/10.7717/peerj.4375, 2018.

[2] Unpaywall 是一款 Chrome 浏览器插件，可帮助使用者找到论文的 OA 版本，进而免费获取下载方式，由一家名为 Our Research 的非营利机构制作运营。该平台的数据已经被整合进数千个图书馆系统、搜索平台和其他信息产品中（如 Web of Science、Scopus 和 Dimensions）。

年份	均值 （mean）	标准差 （std）	最小值 （min）	25% 分位数	50%分位数 （中值）	75% 分位数	90% 分位数	99% 分位数	最大值 （max）
2014	43.09	12.73	11.67	35.15	42.34	51.53	58.67	73.66	94.79
2015	45.98	12.45	13.25	38.31	45.06	54.00	61.95	78.50	95.12
2016	47.98	12.69	14.84	40.12	47.16	55.47	65.22	80.12	95.81
2017	48.44	12.39	16.18	40.00	47.42	55.22	65.19	81.24	95.10
2018	46.25	11.29	12.45	38.65	44.80	52.30	62.25	76.58	91.09

资料来源：Dimensions 数据库，2019 年 12 月。

基于学术论文产出 TOP1000 城市 OA 论文占比，本报告考察学术论文产出 TOP1000 城市的 OA 论文领域引用率 FCR 均值统计分布及学术论文产出 TOP10 城市 OA 论文占比如图 6 所示。

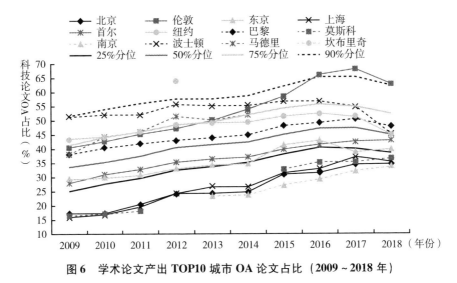

图 6　学术论文产出 TOP10 城市 OA 论文占比（2009～2018 年）

资料来源：Dimensions 数据库，2019 年 12 月。

自 2009 年至 2018 年，OA 论文占比持续攀升，至今超过 45% 的论文已经处于 OA 状态。影响力 FCR 均值相对较高的坎布里奇、波士顿、纽约、伦敦、巴黎的 OA 论文占比超过均值，其中 2012 年进入 TOP10 的坎布里奇当年 OA 论文占比处于 TOP1000 城市大于 90% 的区间。伦敦的 OA 论文占比较其他城市上升趋势更为明显，2008 年处于 TOP1000 城市 50% ～75%，2018 年则处于 TOP1000 城市大于 90% 的区间。首尔、东京的 OA 论文占比虽然处于 TOP1000 城市 25% ～50%，但是仍然大于莫斯科、上海、北京和南京。需要特别指出的是，上海、北京及南京均处于 TOP1000 城市低于25% 的区间内，北京 OA 论文占比低于上海、高于南京。

4. 影响力差异

学术论文产出 TOP1000 城市的 OA 论文领域引用率 FCR 均值统计分布（2009～2018 年）如表 11 所示。

表 11　学术论文产出 TOP1000 城市的 OA 论文领域引用率
（FCR）均值统计分布（2009～2018 年）

年份	均值（mean）	标准差（std）	最小值（min）	25%分位数	50%分位数（中值）	75%分位数	90%分位数	99%分位数	最大值（max）
2009	3.235	1.287	0.110	2.183	3.270	4.212	4.916	5.989	9.335
2010	3.168	1.291	0.130	2.121	3.152	4.118	4.803	6.038	8.794
2011	3.134	1.230	0.122	2.106	3.138	4.058	4.703	5.702	8.031
2012	3.029	1.225	0.133	1.968	3.142	3.919	4.591	5.960	7.623
2013	2.914	1.106	0.191	1.964	2.985	3.704	4.337	5.462	6.774
2014	2.839	1.124	0.163	1.878	2.951	3.652	4.217	5.543	7.713
2015	2.648	1.014	0.133	1.742	2.779	3.432	3.903	4.772	6.395
2016	2.529	0.930	0.128	1.786	2.647	3.257	3.641	4.318	6.038
2017	2.267	0.829	0.130	1.607	2.342	2.912	3.227	3.952	6.163
2018	—	—	—	—	—	—	—	—	—

资料来源：Dimensions 数据库，2019 年 12 月。

比较表 7 学术论文产出 TOP1000 城市的领域引用率 FCR 均值统计分布和表 11 学术论文产出 TOP1000 城市的 OA 论文领域引用率 FCR 均值统计分布，可以看出无论是均值、中值还是各分位数，OA 论文的 FCR 均值都高于该城市所有论文的 FCR 均值，说明 OA 论文的影响力相对较高。

我们将一个城市的 OA 论文与非 OA 论文的领域引用率均值 fcr_gavg 进行比较，定义公式为：

fcr_gavg 提升的比率 =（OA 论文的 fcr_gavg/ 非 OA 论文的 fcr_gavg）－1

基于学术论文 TOP1000 城市 OA 论文较非 OA 论文的领域引用率均值提升的比率（见表12），本报告考察学术论文 TOP10 城市 OA 论文较非 OA 论文的领域引用率均值提升的比率如图 7 所示。

表 12　学术论文 TOP1000 城市 OA 论文较非 OA 论文的

领域引用率均值提升的比率（2009～2017 年）

单位：%

年份	均值 （mean）	标准差 （std）	最小值 （min）	10% 分位数	15% 分位数	20% 分位数	25% 分位数	50% 分位数 （中值）	75% 分位数	90% 分位数	最大值 （max）
2009	63.4	61.1	−95.1	−5.2	8.1	20.3	28.6	59.2	91.0	124.1	637.7
2010	62.3	57.6	−93.9	−7.0	6.8	16.8	26.4	58.6	92.3	133.0	414.8
2011	60.7	60.9	−88.2	−4.1	7.6	16.6	24.0	55.8	85.6	121.1	511.5
2012	55.7	69.0	−87.3	−11.9	0.2	9.7	19.3	50.5	79.3	113.0	944.5
2013	57.2	58.9	−87.2	−5.8	6.6	17.5	25.0	54.6	79.7	113.2	569.7
2014	57.6	60.9	−71.1	−4.7	4.0	12.7	21.4	53.0	84.6	115.6	687.0
2015	50.0	52.1	−89.0	−8.6	3.3	12.7	19.8	45.8	74.1	108.3	665.8
2016	51.9	50.6	−89.8	−10.5	2.0	12.9	21.6	49.8	77.4	109.0	425.4
2017	45.5	50.5	−73.8	−15.3	−4.2	4.5	12.3	43.4	69.9	107.5	300.8

资料来源：Dimensions 数据库，2019 年 12 月。

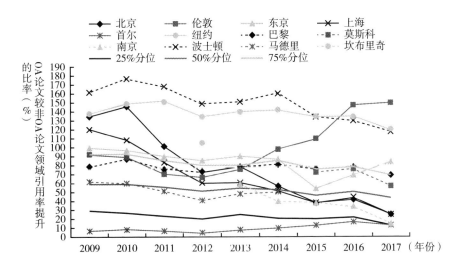

图 7　学术论文 TOP10 城市 OA 论文较非 OA 论文的领域

引用率均值提升的比率（2009～2017 年）

资料来源：Dimensions 数据库，2019 年 12 月。

总体而言，OA 论文的学术影响力高于非 OA 论文的学术影响力，学术论文产出 TOP10 城市的 OA 论文学术影响力全部高于非 OA 论文的学术影响力。

与 TOP1000 城市影响力提升比率的基准相比，大多数 TOP10 城市的提升比率保持相对稳定，但自 2013 年开始，伦敦 OA 论文的影响力较非 OA 论文的影响力更快速地提升。这主要是由于 2013 年 4 月，英国研究理事会（Research Councils UK，RCUK）及英国惠康基金会（Welcome Trust）强制要求基金资助论文需要通过知识共享许可协议，以金色开放获取模式或者绿色开放获取模式发表。中国的上海、北京与南京，OA 论文的影响力较非 OA 论文的影响力虽然更高，但是提升值在快速下降。影响提升比率的一个潜在的原因在于国家是否采取强制 OA 政策。与英国相比，中国高影响力的文章更多地以非 OA 的方式发表，而过多影响力"平庸"的论文以 OA 的方式发表。

（二）学术研究国际合作

学术论文合著的署名可以从一个侧面反映学术研究的国际合作情况。我们定义一篇论文署名中如果出现多于一个国家或者地区，则判定该文章为国际合作论文。

1. 主要城市现状

学术论文产出 TOP1000 城市国际合作论文占比（2009～2018 年）如表 13 所示。

表 13　学术论文产出 TOP1000 城市国际合作论文占比（2009～2018 年）

单位：%

年份	均值（mean）	标准差（std）	最小值（min）	25%分位数	50%分位数（中值）	75%分位数	90%分位数	99%分位数	最大值（max）
2009	40.44	15.74	5.66	28.43	40.34	51.59	60.71	78.63	100.00
2010	41.37	15.87	0.00	29.84	40.46	52.87	61.64	79.47	88.81
2011	42.18	16.22	5.50	29.95	41.40	53.89	63.29	81.73	93.60

年份	均值 （mean）	标准差 （std）	最小值 （min）	25% 分位数	50%分位数 （中值）	75% 分位数	90% 分位数	99% 分位数	最大值 （max）
2012	42.95	16.63	4.95	30.50	42.92	55.30	64.10	82.12	89.44
2013	42.72	16.19	8.45	30.57	42.29	55.08	63.35	81.94	93.17
2014	42.79	16.41	8.03	30.30	42.23	55.17	63.66	80.92	89.77
2015	43.55	16.59	1.74	30.68	43.60	56.31	64.34	82.48	95.50
2016	44.89	16.75	3.05	32.18	45.27	58.02	66.36	80.98	95.33
2017	45.55	16.42	2.35	32.83	46.05	58.08	66.28	80.99	96.35
2018	47.09	16.47	3.32	33.83	48.06	59.62	67.59	81.11	98.15

资料来源：Dimensions 数据库，2019 年 12 月。

　　基于学术论文产出 TOP1000 城市国际合作论文占比，本报告考察学术论文产出 TOP10 城市国际合作论文占比如图 8 所示。2009～2018 年，学术论文 TOP1000 城市的国际合作论文比率在持续上升；其中波士顿、纽约、伦敦、巴黎增速明显。截至 2018 年，巴黎、伦敦的国际合作论文比率在 TOP1000 城市中处于大于 75% 的区间，马德里、坎布里奇、波士顿和纽约，处于 50%～75%；上海、北京、南京、东京及莫斯科处于 25%～50%，国际合作论文比率最低的 TOP10 城市是首尔。莫斯科的国际合作论文占比下降趋势显著，从 2008 年的前 90% 区间下降到 2018 年 25%～50%。中国上海、北京的国际合作论文占比在 40% 左右波动，南京的占比在 36% 左右波动，由于论文总量持续增长，国际合作论文的绝对数量也在持续增长，但是考虑到 TOP1000 城市的占比还处于持续上升的趋势，上海、北京及南京的国际合作论文比率实际上相对在下降。

　　2. 影响力差异

　　比较表 7 学术论文产出 TOP1000 城市的领域引用率 FCR 均值统计分布和表 14 学术论文产出 TOP1000 城市国际合作论文领域引用率 FCR 均值分布，可以看出无论是均值、中值还是各分位数，国际合作论文的 FCR 均值都高于该城市所有论文的 FCR 均值，说明国际合作论文的影响力相对较高。

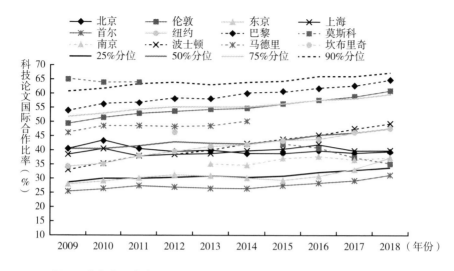

图 8 学术论文产出 TOP10 城市国际合作论文占比（2009～2018 年）

资料来源：Dimensions 数据库，2019 年 12 月。

表 14 学术论文产出 TOP1000 城市国际合作论文领域

引用率（FCR）均值分布（2009～2018 年）

年份	均值（mean）	标准差（std）	最小值（min）	25%分位数	50%分位数（中值）	75%分位数	90%分位数	99%分位数	最大值（max）
2009	3.352	1.002	0.000	2.611	3.297	4.003	4.634	5.745	10.585
2010	3.390	1.018	0.000	2.636	3.347	4.051	4.692	5.879	8.776
2011	3.427	1.007	0.585	2.660	3.392	4.096	4.655	5.925	8.632
2012	3.417	0.997	0.630	2.666	3.358	4.085	4.704	5.846	8.848
2013	3.239	0.864	0.645	2.603	3.221	3.835	4.349	5.177	7.788
2014	3.160	0.866	0.815	2.529	3.119	3.693	4.234	5.373	8.793
2015	3.006	0.764	1.157	2.462	3.028	3.520	3.984	4.755	7.588
2016	2.869	0.676	0.944	2.395	2.890	3.345	3.694	4.406	6.491
2017	2.648	0.627	0.749	2.229	2.666	3.076	3.399	3.978	6.567
2018	NA	NA	NA	NA	NA	NA	NA	NA	NA

资料来源：Dimensions 数据库，2019 年 12 月。

我们将一个城市的国际合作论文与其全部论文的领域引用率均值 fcr_gavg 进行比较，定义公式为：

fcr_gavg 提升的比率 =（国际合作论文的 fcr_gavg/ 全部论文的 fcr_gavg）- 1

基于学术论文 TOP1000 城市国际合作论文较全部论文的领域引用率均值提升的比率（见表 15），本报告考察学术论文 TOP10 城市国际合作论文较全部论文的领域引用率均值提升的比率如图 9 所示。

表 15 学术论文 TOP1000 城市国际合作论文较全部论文的领域引用率均值提升的比率（2009～2017 年）

单位：%

年份	均值（mean）	标准差（std）	最小值（min）	10%分位数	15%分位数	20%分位数	25%分位数	50%分位数（中值）	75%分位数	90%分位数	最大值（max）
2009	48.1	48.6	-100.0	16.9	20.1	22.9	25.1	36.3	56.2	92.2	695.5
2010	51.3	50.7	-100.0	18.3	21.9	24.9	27.3	38.3	57.8	99.7	829.9
2011	51.2	49.2	-41.9	18.5	21.2	24.5	26.8	38.3	57.8	99.2	741.6
2012	49.8	42.4	-37.9	19.1	22.7	25.4	27.6	38.7	60.3	91.4	661.3
2013	47.9	35.2	-21.0	18.9	22.4	24.9	27.3	38.6	57.1	87.5	370.5
2014	47.6	38.3	-8.5	19.6	22.2	24.6	26.7	38.2	57.3	87.9	678.2
2015	45.5	35.3	-5.0	19.6	21.8	24.0	25.9	36.2	54.6	79.6	554.9
2016	45.2	41.8	-2.2	18.6	21.1	23.7	25.4	35.2	54.1	78.3	811.7
2017	44.8	36.8	-1.6	18.7	20.9	23.3	25.4	35.2	54.3	77.9	642.5

资料来源：Dimensions 数据库，2019 年 12 月。

总体而言，国际合作论文的学术影响力高于全部论文的学术影响力，学术论文产出 TOP10 城市的国际合作论文学术影响力全部高于全部论文的学术影响力。

与 TOP1000 城市影响力提升比率的基准相比较，大多数 TOP10 城市的提升比率保持相对稳定。其中国际化比率与整体影响力越高的城市（坎布里奇、波士顿、巴黎、伦敦、纽约），由于国际合作论文所占比例较大、非国际合作的论文相对水平较高，国际合作论文对全部论文领域引用率均值提升的比率相对来说不是特别显著。对于后发城市（上海、南京、首尔、北京、东京、俄罗斯）而言，国际合作论文对全部论文领域引用率均值提升显著。然而，中国相关城市（上海、南京及北京）在国际合作论文比率相

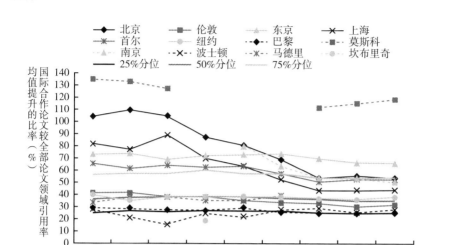

**图 9　学术论文 TOP10 城市国际合作论文较全部论文的领域引用率
均值提升的比率（2009～2017 年）**

资料来源：Dimensions 数据库，2019 年 12 月。

对较低的情况下，国际合作论文对全部论文领域引用率均值提升的比率相对
在下降，考虑到整体论文领域引用率快速提升，可以看出这些城市非国际合
作论文的影响力在持续上升。

四　讨论与建议

（一）政策讨论与建议

综上所述，开放科学所倡导的透明、开放以及广泛的国际合作不但是学
术界的发展趋势，从相关统计指标上来看，二者也是显著提升学术论文影响
力的有效途径。对标处于"头部"的城市，基于开放、国际化以及学术发
展客观规律，我们从人力资源、科研投入以及政策供给等角度就提升学术论
文影响力进行讨论。

1. 人力资源与人才断层

学术论文的产出规模与从事科学研究的人力资源规模密切相关。根据相

关统计①，中国科技人力资源总量达 10154.5 万，规模持续保持第一。其中中美两国是科研人员流动网络的核心，而科研人员跨城市流动方面，北京是科研人员城际流动网络的绝对核心。庞大的科技人力资源是中国相关城市保持科技论文规模快速增长的重要影响因素之一。

从时间维度考察，自"文革"后招收的第一届大学在 1982 年毕业，如果当时毕业生年龄为 21 岁，则截至 2021 年，这届大学毕业生将进入退休年龄。经过改革开放 40 余年的发展，"文革"造成的"人才鸿沟"已经被填平。随着中国科学研究与国际的接轨，越年轻的学者接受的学术训练越严格，越具有国际化视野，并且近年来高校和科研院所的人事制度和薪酬制度改革，引入非升即走、准聘 - 长聘的科研人员晋升路径，会进一步释放改革红利，学术论文的学术影响力保持快速增长是大概率事件。

2. 科技投入

从基础科学研究到工程应用最终到面向市场是一个漫长的周期。基础科学研究是社会发展的最根本动力，投资基础科学研究就是对未来的投资。结合我国科技人力资源现状，我国应着力提升学术论文的影响力。一是尊崇科技发展规律，针对处于创新早期的学术研究，保持长期、稳定的投入。二是加大针对青年科学家群体的科研资金投入强度。相对年长的科学家，青年科学家活跃在科研一线，更富有创造力，但是这一群体在科研生涯起步阶段更需要科研基金的支持。三是投资兴建大科学装置并设立面向全球、支持国际合作的研究基金。目前，基础科学的前沿更多地依靠大科学装置及广泛的国际合作，相关的学术论文也是国际化合作的鲜明指征；同时面向全球设立合作研究基金，有助于吸引、汇聚全球顶尖的智力资源解决国家和地区发展过程中的重大需求及重大问题。

3. 政策供给

在数字化时代，强化知识成果的公开、开放，变革科研评价体系等有效

---

① 中国科协调研宣传部、中国科协创新战略研究院：《中国科技人力资源发展研究报告（2018）——科技人力资源的总量、结构与科研人员流动》，清华大学出版社，2020。

的政策供给对于全球科技创新中心学术影响力的提升具有方向性的指导作用。

确立"开放为常态、不开放为例外"的原则，强制学术研究成果及科学数据开放获取，强化数据治理水平，积极引领全球"开放科学"的趋势。学界理论创新主要由政府部门资助，产出的知识成果（学术论文、学术著作等）具有公共属性。因此，依据《政府信息公开条例》，相关大学及研究机构有义务公开其学术研究成果。学术成果的强制开放存取可在全球范围内提升学术影响力的同时，有效地增进学术交流、增进社会福祉、促进面向产业部门的技术转移。针对研究机构以及研究个体研究成果的强制开放获取可以通过公开、透明及可复现的方式提升学术道德水平，支持完善学术评价体系，促进科学研究健康发展。基于《科学数据管理办法》和 FAIR（可发现、可获取、可互操作、可重用）原则，强化科学数据治理，提供可重用的、机器可读的科学数据，一方面减少科研投资的重复与浪费，另一方面可以利用人工智能等手段，促进数据驱动的创新研究工作流程以提升研究效率。

传统的单一的硬性评价指标应转向多元化、开放、透明的软性科研评价体系。传统的以"期刊影响因子"为代表的简单计算文章数量、以刊代评的评价指标，在特定时期帮助我国科学研究快速与国际接轨、累计量变基础方面具有积极的促进作用，但是在科学研究整体从量变转向质变的时期，继续沿用原有指标必然会带来负面的影响。多元化的科学研究活动势必需要多元化的评价指标体系，但是尊崇学术道德、避免学术不端行为是研究成员需要坚守的"底线"。因此，相关管理部门应设定高的学术道德标准，划定"红线"，通过学术研究成果（论文、数据）的开放透明与可重现性确保评价结果的"公开"，通过事中和事后的监管严厉惩处学术不端行为。与此同时，管理部门应针对基础科学研究，建立以计量指标为辅、以学术共同体同行评议为主的评价机制，对科学研究活动给出更客观全面的评价。

（二）局限性与未来的改进

本报告主要从文献计量学分析的角度论述了提升学术论文产出与影响力的路径，存在以下局限性。

第一，数据源的局限性。文献计量学相关指标的统计结果严重依赖于统计数据源，本报告尽管采用 Dimensions 平台，较传统的文献计量学统计数据源收录更加广泛，但是其收录内容尚未覆盖全球所有的学术论文。由于 Dimensions 集成了多个数据源的数据，数据更新周期不同，此外该平台的数据源还在持续扩展中，因此可能带来统计的偏差。本报告的数据采集时间为 2019 年 12 月，相关统计结果仅仅能够反映采集时间的数据状态。

第二，测度维度的局限性。学术论文作为学术产出的一种结果载体，与科研投入（人力资源、资金、科研基础设施）以及不同国家的科技政策密切相关。学术论文的影响力除了通过论文间的引用来测量，还可以从专利引用、文献下载量和阅读量、被主流和社交媒体转载等多个维度测度。虽然 Dimensions 平台对相关数据源均有涉及，但其对于中国内容的收录有所欠缺，因此目前无法综合相关数据进行多角度的交叉分析。

第三，学科间的差异无法体现。不同国家和地区，乃至城市处于不同的发展阶段，学科发展的侧重点不同，它们的论文产出学科分布以及优势领域有所不同。本报告虽然选用了领域引用影响力均值以及相对比率等技术手段试图去除学科的影响，但是不同学科的开放获取程度以及国际合作的行为模式均有不同。由此本报告提出的影响力路径仅能提供宏观趋势性解读，不能完整地反映不同学科的差异性，未来可以深入相关学科领域进行分析。

第四，对"都市圈"定义的差异。不同国家的行政区划具有差异性，同样作为行政区划的城市人口规模、产业规模、地理范围等具有比较大的差异。本报告的分析基于 Dimensions 采用的 GeoNames 标准，以其对城市的定义作为最小的分析实体单位进行了分析。"都市圈"的概念虽然可以将城市的概念扩展到相似的规模，但是在实际操作中不同国家对于都市圈的定义标准不同，不同统计数据源也无法以"都市圈"为单位提供相关统计结果。单纯从论文统计角度考虑，未来可能的解决方案是结合地理距离及城市间合著关系聚类，以量化的方式定义"都市圈"概念。

最后需要注意的是，本文采用的量化指标以及统计结果仅仅反映了真实情况的一个侧面。需要警惕以偏概全、滥用数据解读的情况发生。

第十一章

学术论文的开放获取：新冠肺炎
疫情中的集体行动及社会影响评估

陈玲 孙君 李鑫*

摘　要： 2020年新冠肺炎疫情暴发催生了数字资源开放获取的集体行
动，并产生了广泛、积极的社会影响。跟踪观察疫情期间开
放获取的数字资源可知，此次开放获取行动主要为民间自发
响应，与疫情直接相关的医学数据库最先响应，随后更为多
元的数字资源迅速跟进。新冠肺炎疫情下不同来源的医学类
数据库的集体开放获取形成了知识创造上的互补效应，促进
了疫情相关的医学研究。更为广泛的知识可获取性亦促进了
公共卫生部门、政府决策部门和全社会的科学决策和疫情应
对。本研究建议充分利用此次契机，通过完善学术评价体
系，加大财政支持力度等政策举措，推动开放获取进程，协
同建立良性持续发展的开放知识生态。

关键词： 开放获取　学术论文　集体行动　社会影响

---

* 陈玲，清华大学公共管理学院长聘副教授，主要研究方向为产业政策、科技创新政策、政策
过程；孙君，清华大学公共管理学院博士生，主要研究方向为科技创新政策；李鑫，清华大
学公共管理学院博士候选人，主要研究方向为产业政策、科技创新政策。

一　引言

2020 年新冠肺炎疫情催生了在家办公和远程教育的爆炸式增长，作为教育、科研和市场决策的基础，各类论文、资料及数据库的开放获取迫在眉睫。

开放获取（Open Access，OA）是一种新的知识传播方式。随着信息技术的迅速发展，人们获取知识习惯的改变，传统期刊出版模式已无法满足科研工作者的需求。开放获取的理念应运而生，"开放获取运动"爆发。开放获取的出版模式与传统的订阅基础上的出版模式相比主要存在两点结构性差异，一是从"向读者收费的运营模式"转向"向作者（或其资助者）收费的运营模式"，二是从使用版权来控制内容的再使用转向使用版权来鼓励文献再出版、保存和翻译。OA 模式允许用户免费阅读、下载、传播、打印文献，极大地促进了学术信息的传播，扩大了学术影响力，但是也损害了传统学术出版集团的利益，并加大了期刊作者发表论文的经济压力。

此次疫情中数字资源的开放既是无奈之举，也成为大规模推动中国 OA 进程的一次契机。开放获取对此次新冠肺炎疫情医学研究有何影响？又对公共卫生部门、政府决策部门以及社会公众的决策与应对产生了何种社会影响？本文在回溯 OA 行动的全球进程及相关实证研究的基础上，对由于疫情开放的数字资源进行梳理，分析数字资源开放获取的影响效应，并对当下数字资源开放获取的不足进行反思，从而为进一步推动中国 OA 行动开展、建立可持续的开放知识生态建言献策。

二　OA 行动的发展历程和效果评价

（一）OA 行动溯源

20 世纪 90 年代末，以"自由扩散科学成果"为主题的"自由科学运动"提出了开放获取的思想和倡议之后，越来越多的人意识到开放获取将在科学成果传播中发挥重要的作用。根据 2001 年 12 月布达佩斯开放获取倡议（Budapest open Access Initiative，BoAI），开放获取被严格定义为在公共互联网上免费提供并允许任何用户阅读、下载、复制、分发、打印、检索或链接这些文章全文，没有财务、法律或技术上的障碍，对复制和发行的唯一限制以及版权的唯一作用是使作者能够控制其作品的完整性以及获得适当承认和引用的权利。开放获取行动的焦点是"经过同行审议的研究文献"（peer reviewed research literature），OA 模式下作者拥有作品的原始版权，该行动试图通过开放共享和协同创作的方式实现知识产品的版权从出版商向科学共同体的回归。

为扩大研究资助产出成果的影响力，目前已有多个国家的资助机构在资助条件中附加了开放获取的强制性要求。2008 年美国国家卫生研究院的开放获取政策以法律形式要求其资助的研究论文必须在发表后 12 个月内通过公共医学中心（PubMed Central，PMC）向公众提供免费开放获取。欧洲以英国、法国、意大利为首的 11 国联合发布 OA 的 S 计划，要求从 2020 年 1 月 1 日起，所有由上述 11 国以及欧洲研究委员会拨款支持的科研项目，都必须将研究成果发表在完全开放获取的期刊或出版平台上，禁止在传统付费订阅期刊发表非开放获取文章。这项举措改变了欧洲学术界的论文发表版图，迅速推动了 OA 期刊的发展。据开放存取资料库授权与政策注册处（Registry of Open Access Repositories Mandatory Archiving Policies，ROARMAP）统计①，截至 2020 年 2 月 23 日，全球资助机构和研究机构已经实施了 1000 余项开放获取政策，强制要求或鼓励研究者将经过同行审议的文章存储在开放获取数据库。然而，中国作为世界发表科学论文数量第一的国家，仅有中国科学院、国家自然科学基金委员会两家机构明确发布实行开放获取的政策声明，少量科技论文 OA 平台如"中国高校机构知识库联盟""中国科技论文在线"等活跃程度较低。基于自然出版集团（Nature Publishing Group）旗下 Dimension 数据库

---

① 开放存取资料库授权与政策注册处（ROARMAP）是一个可搜索的国际注册平台，其记录了大学、研究机构和研究资助者所采用的开放存取授权与政策的增长情况，http://roarmap.eprints.org/。

的研究发现,北京市论文发表中 OA 论文所占比例从 2009 年的 17.57% 缓慢增加至 2019 年的 25.51%,十年增加比例不足 10 个百分点。

随着 OA 行动的发展,开放科学运动(又称 Science 2.0、Open Science 等)逐渐兴起,主要内容是将实验方法、实验结果、实验数据完全对外公开;公众可以获得和利用科学数据;可以参与科学交流;基于网络工具,促进科学合作,通过在线合作与社会分享,激发科学创新,加速科学进步。开放获取是开放科学(Open Science)运动的先锋与核心,为体现本次疫情中最核心科技论文资源的开放,本文不特意区分,将科学数字资源的开放共享统称为开放获取。

(二)OA 的效果评价和争论

既有研究表明,OA 显著提高了知识的可得性和影响力,促进了跨学科的交流与合作,从而加速了科学知识的创造过程,使研究投资更快、更有效地获得回报。传统的出版系统通过准入壁垒来限制知识的传播,OA 则提高了科学知识的全球可及性,有效弥补欠发达地区或发展中国家科研体系不足的短板。究其原因,OA 实质上是还原信息(知识)产品的非竞争性与非排他性,在确保私人知识产品有效供给的前提下,催生资源共享、知识扩散的最大化效应。数据显示,OA 在线文章阅读量是纸质印刷品的 3 倍,显著扩大了读者规模。不仅如此,OA 还通过增加潜在接收者的数量,积极影响知识转换,加速了科学知识的创造过程。同时,OA 缩短了科学数据出版周期,能够提高学术生产力、推动教育改革、减轻学术界出版压力。OA 因其免费、自由、迅速的特点,获得了部分学者的长期信任与青睐,也解决了科研单位的"价格危机""许可危机"等信息垄断问题。

学界的研究争议主要在于 OA 的引用优势。虽在不同学科领域有所差异,诸多研究都支撑了 OA 论文的影响力较大的观点。OA 论文不仅具有总下载量大的巨大优势,而且长期保持稳定下载;非 OA 文章下载次数下降的速度快、降幅大。从数量上来说,OA 文章具有更丰富的读者网络以及更高的被引频次。但是,目前没有明确的证据支持 OA 文章被引用更频繁这一假设。OA 与被引频率之间虽然在统计学上有显著的相关性，但相关系数却很低，且缺乏因果机制的检验。Davis 通过随机试验的方法发现 OA 期刊的下载量比非 OA 更多，但是 OA 论文未出现高被引的情况。Moed 认为论文的引用优势与文章质量有关，而与论文是否开放获取无关。部分学者基于自我选择的假设，认为开放获取引用优势是因为作者有选择性地去推广，即高质量的论文选择了 OA。例如，生理学杂志上的一项随机前瞻性试验发现，在发表后的第一年，开放获取和订阅获取文章的引用率没有差异。但是不同学科的研究又呈现了相互矛盾的结果，如放射学、肿瘤学和牙医学。

另一个关注焦点是 OA 论文质量。在 OA 模式中，出版商将自己重新定位为作者的服务提供者，与作者一起出版，而不是将自己视为读者的内容提供者。作者付钱给出版商，任何人都能免费访问文章，而同行评审实践、布局、索引等在很大程度上保持不变。但部分案例说明，关注论文处理费（Article Processing Charge，APC）的 OA 期刊，往往利用互联网低成本、高覆盖的特点，为作者提供快速发文的途径，却忽视文章质量。这种做法对 OA 生态产生了很大的负面影响，学者将其称为"掠夺性出版商"（predatory publishers）。

综上所述，OA 对于提升学术影响力、推动研究进展、促进跨学科的交流与合作、更好地研究投资回报等方面具有显著优势。传统的知识产权保护模式通过给予创新者财富和名誉上的回报来激励创新，但面对学术造假频发的现象，学术产权的保护体系及其导向作用值得讨论。开放获取不仅能有效促进科学发现，还有助于发现、遏制和清理"坏的科学"，促进系统化的科学诚信。将开放数据置于合适的治理框架下，"出版即完成"转变为"发布才开始"，未来的科学研究者所要考虑的是其内容的存储位置、开放程度以及对全社会的贡献大小，从而对学者产生积极的激励与约束作用。从这个意义上讲，OA 将逐步成为主流并产生日益持久的影响。

三　新冠肺炎疫情下的 OA 行动

2020 年初暴发的新冠肺炎疫情触发了病原学、流行病学、公共卫生等学科领域的科研竞赛，并促使国内外大批的数字资源在疫情期间向公众免费开放，取得了良好的社会效果。

最先行动的是与疫情直接相关的医学数据库，各学术平台纷纷建立新型冠状病毒研究专栏，快速收录并发布最新研究文献（见表1）。

表1 开放获取的国内外疫情研究数据平台

数据库类别	数据库名称	开放内容
科技文献类	中国知网	建立新型冠状病毒肺炎专题研究成果网络首发平台
	万方医学	疫情专题库文献免费下载
	中国科学院文献情报中心	新型冠状病毒（2019－nCoV）科研动态监测
	国家科技图书文献中心	"新型肺炎应急文献信息专栏"专题数据
	科睿唯安	全球制药领域专业媒体BioWorld的"新型冠状病毒（Coronavirus）"专题系列文章及新闻
	《美国医学会杂志》（The Journal of the American Medical Association，JAMA）	"新型冠状病毒"研究资源及相关文献免费阅读下载
	威立（Wiley）	新型冠状病毒相关论文免费阅读下载
	爱思唯尔（Elsevier）	细胞出版社（Cell Press）新型冠状病毒资源中心（Novel Coronavirus Information Center）
	中国生物医学文献服务系统（SinoMed）	中国生物医学文献服务系统免费，中文期刊文献检索、全文下载，西文期刊文献检索、全文开放链接服务；开设冠状病毒专栏
	施普林格·自然集团（Springer Nature）	新型冠状病毒（2019－nCoV）资源中心；Nano数据库冠状病毒相关资源免费获取
	OVID	新型冠状病毒感染肺炎在中国武汉的早期传播动态
实验数据类	国家基因组科学数据中心	2019新型冠状病毒信息库：免费下载基因组序列
	国家微生物科学数据中心	新型冠状病毒国家科技资源服务系统：毒种信息、引物信息、全球冠状病毒序列信息查询及分析
	全球健康药物研发中心（The Global Health Drug Discovery Institute，GHDDI）	新型冠状病毒药物研发相关信息
	全球共享流感数据倡议组织（GISAID Initiative，GISAID）	开放共享所有流感数据

资料来源：根据各数据库官方网站整理。由于篇幅限制，表格未全部列出本次疫情期间开放的所有数据库。

随后跟进的是一般性的教育科研数据库。继2020年1月27日教育部发布全国大中小学延期开学的通知后，为了支持全国学生及科研人员远程开展学习和科研活动，国内各数据资源平台开始陆续开放阅读和下载权限（见表2）。这些数据库均为传统订阅付费式数据库，经营主体多为民办商业机构，大多数在疫情期间免费开放了数字资源的在线浏览甚至下载服务。也有少量数据库仅向正式订购用户开放用于远程登录的IP权限，尚不能被称为真正意义上的OA。

表2　疫情期间开放获取的一般性的教育科研数据库

数据库名称	使用期间	使用权限
中国知网	2020年2月1日至2020年4月3日	中国知网学术资源库，向通过远程访问的正式订购用户开放全国范围的IP权 知网研学平台，每日可在线阅读20篇论文
万方数据	2020年1月30日至2020年2月29日	免费使用站内全部数据资源
社会科学文献出版社	2020年2月1日至2020年2月29日	皮书数据库、村落调查研究数据库、中国百县市调查数据库等全库资源免费畅读
CCER经济金融数据库	2020年2月13日至疫情结束	向通过远程访问的正式订购用户开放全国范围的IP权
EPS（Easy Professional Superior）数据平台	2020年2月3日至疫情结束	免费使用站内全部数据资源
国泰安CSMAR数据库（China Stock Market & Accounting Research Database）	2020年2月12日至2020年2月29日	免费使用站内全部数据资源
中经数据	2020年2月2日至2020年3月15日	免费使用站内全部数据资源
国研网	2020年1月29日至本次疫情得到全面控制	免费使用站内全部数据资源
维普资讯中文期刊服务平台	2020年1月29日至疫情结束	免费开放学术论文下载权限

资料来源：根据各数据库官方网站整理。由于篇幅限制，表格未全部列出本次疫情期间开放的所有数据库。

此外，一些出版社也纷纷开放电子图书数据库。截至2020年2月19日，根据不完全统计，已有包括人民出版社、商务印书馆、中信出版集团、清华大学出版社在内的20余家出版集团在疫情期间开放电子图书数据库库内资源免费在线阅读①。

随着疫情的发展，开放获取的数字资源呈现多元化的趋势，包括基础教育、教育辅导、艺术、新闻、财经等各种类型的数字资源（见表3）。2020年1月29日教育部提出"利用网络平台，停课不停学"的倡导，并在国家网络云课堂开放了中小学电子教材的阅读及下载权限，清华大学、北京大学等高校也开放一系列线上课程资源。一些营利性的民办教育机构也纷纷跟进，宣布开放了部分网络课程资源。一些艺术类数据库、新闻类数据库也相继宣布开放，极大程度地降低了疫情期间社会大众获取数字资源的门槛。

表3　疫情期间开放获取的原营利性数据库

类别	数据库名称	使用期间	使用权限
课程类	中科教育系列数据库	2020年1月31日至疫情结束	全库课程免费开放
	新东方多媒体学习库	2020年2月2日至2020年4月30日	全库课程免费开放
	MET全民英语	2020年2月2日至疫情结束	全库课程免费开放
	设计师之家资源库	2020年2月2日至疫情结束	全库课程免费开放
其他数字资源	全国报刊索引	未说明	中国近代报纸资源全库、图述百年——中国近代文献图库
	ArtLib世界艺术鉴赏库	2020年2月13日至2020年3月10日	全库艺术作品免费开放
	知识视界	2020年1月31日至疫情结束	"知识视界"视频教育资源库和"知识视界"视点周刊免费开放
	库克音乐	2020年2月2日至疫情结束	免费视听库客音乐的所有资源
	TVMVDB天脉电视新闻资讯教研数据库	未说明	取消IP限制，全库免费向全国高校开放

资料来源：根据各数据库官方网站整理。由于篇幅限制，表格未全部列出本次疫情期间开放的所有数据库。

---

① 不完全名单如下：清华大学出版社、北京大学出版社、科学出版社、中国社会科学出版社、机械工业出版社、上海交通大学出版社、电子工业出版社、化学工业出版社、社会科学文献出版社、中国税务出版社、中国工人出版社、商务印书馆、中国人民大学出版社、中信出版集团、人民出版社、中华数字书苑、人民文学出版社、书香中国（中文在线）、外图知识宝、TWB台湾学术书籍数据库。

总体而言，本次 OA 行动主要有以下特点。①多数数据库的开放获取为民间自发响应，而非政府政策强制要求。②直接支持医学界疫情研究的学术资源和疫情科普类数字资源最先响应，并赋予了最大权限的开放获取，几乎所有的疫情研究和科普资源都可以免费检索、阅读、下载、打印，同时未设置开放获取权限结束日期。③面向普通科研人员及社会公众的数字资源开放获取仍附有一定限制条件，如限定用户对象、使用方式、获取数量等。④多数数据资源的开放期限为一个月，即疫情结束后则从开放获取模式再次转变为传统付费订阅模式。此次开放获取行动实际上是一项应急的、公益性质的集体行动。

四 新冠肺炎疫情下 OA 行动的社会影响

开放获取的最大受益者并非少数学术研究团体，而是非订阅用户。本次新冠肺炎疫情开放获取行动改变了传统付费订阅式科学交流中的知识循环过程。传统的科学交流中的知识循环过程（见图 1）中科学知识的生产主体和消费主体都为科学家，科学家一方面通过出版商进行正式交流，另一方面通过电子邮件等形式进行非正式交流，而出版商等交流环节对知识的流动产生了明显的"截流作用"。在此次疫情为代表的网络环境下开放获取的知识交流机制（见图 2）中，虽然科学知识的生产主体依旧主要为科学家，但科学知识消费群体更为多元，主要的科学受益人群由单一科学群体扩展到社会大众、科学家、政务人员和医务人员等多元群体。在知识交流途径上，虽然依旧存在出版商、图书馆等传统订阅媒介，但核心交流渠道是以无门槛的开放获取平台和在线反馈系统为主。由此可见，由于大多数科研机构原本就付费订阅了诸多科学研究数字资源，开放获取带来的边际收益有限，非订阅用户由于知识获取门槛的降低而广泛受益。已有研究通过对照实验发现，开放获取对于增加文章引用量的影响甚小，表明对学术研究的贡献有限；但开放获取极大地增加了科技论文的访问量和下载量。更为广泛的知识可及性亦有利于公共卫生部门、政府决策部门和全社会的科学决策和疫情应对。

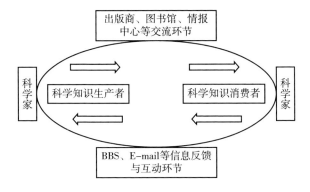

图 1　传统科学交流中的知识循环过程

资料来源：《网络环境下的开放获取知识共享机制——
基于科学社会学视角的分析》，2016。

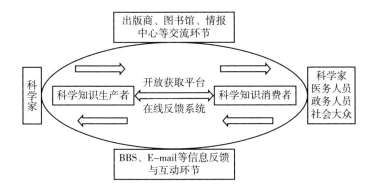

图 2　此次疫情时期开放科学交流的知识循环过程

资料来源：作者自制。

　　首先，开放获取极大地促进了疫情相关的病原学、流行病学的科学研究和知识传播。一些医学数据库及时建立了新型冠状病毒的专题，快速收录并以 OA 形式发布相关专题论文，服务于抗击疫情的研究与防治工作。其中最具影响力的 OA 行动是中国知网上的疫情专题。2020 年 1 月 31 日，中华医学会杂志社、中华预防医学会、中国医师协会、中国药学会、中华中医药学会、《中国学术期刊》（光盘版）电子杂志社有限公司联合发起在中国知网开展"新型冠状病毒感染的肺炎"学术论文 OA 出版的倡议，动员各学会所属期刊和全国各优秀医药卫生学术期刊，将"新型冠状病毒感染的肺炎"科技攻关列为重大选题，组织全国高质量、高水平研究成果在中国知网进行OA出版，以最快的速度将科研成果用于疫情防治与广泛传播。该倡议影响广泛，截至2020年3月31日，中国知网新型冠状病毒肺炎专题研究网络首发平台已刊登中文期刊论文1773篇、外文期刊8篇，涉及杂志303本，累积下载量已超200万次①。疫情暴发之初，人类对新型冠状病毒几乎一无所知。但科学家在极短的时间内逐步揭示了其病毒分型、基因序列、流行病学特征、临床表现、诊疗手段和药物疗效等相关信息，对疾病诊治和疫情控制起到了关键作用。

不同来源的医学数据库集体开放获取，形成了知识创造上的互补效应。研究数据的公开获取提高了科学研究的透明度、可重复性和效率，促进更严谨的科学教育。中国知网OA平台主要对国内疫情研究论文进行网络首发；万方医学数据库则整理提供最新的国内外疫情学术资料；国家基因组科学数据中心新建2019新型冠状病毒资源库，用户可免费下载基因组序列；国家微生物科学数据中心新建新型冠状病毒国家科技资源服务系统，用户可免费查询及分析毒种信息、引物信息、全球冠状病毒序列信息。以上平台形成互补，全方位及时发布关于新型冠状病毒科技资源和科学数据的全球性权威信息，监测全球相关科学动态，为新型冠状病毒科学研究与防治提供了重要支撑。如《柳叶刀》《新英格兰医学杂志》等国际期刊抢先发表疫情相关的病原学和流行病学论文，这些论文也通过数据库的OA行动第一时间在国内广泛介绍和传播，甚至引发舆论热点和政府决策。如2020年1月31日《新英格兰医学杂志》中一文首次证明粪便也可以携带新冠病毒，引起国内舆论广泛重视，随后中国医学界在患者粪便中检测出新型冠状病毒，从而促使公共部门通过各种媒体途径提醒社会公众保持下水道通畅，防止粪口传播。开放获取的病毒基因信息也为国内外检测试剂盒的研制打开大门，大大加快了

---

① 数据统计自新型冠状病毒肺炎专题研究成果网络首发平台（OA），http：//cajn.cnki.net/gzbd/brief/Default.aspx。

病例检测和疫情控制的进度。如 2020 年 1 月 12 日中国在全球流感共享数据库（GISAID）发布了新型冠状病毒基因序列信息，这些基因数据有利于全球协作破译新冠病毒进化与病理机制，同时促进全球在短短几周内建立了新冠病毒的快速检测方法，并实现批量化生产特异性诊断试剂盒。如至 2020 年 2 月 1 日，中国国内试剂盒日产量已达 77.3 万人份，相当于疑似患病者的 40 倍，破解了新冠肺炎早期确诊困局。相比之下，2003 年暴发的 SARS 病毒耗费了将近 6 个月才确立了检测方法。

开放获取提高了有关病毒传播和疫情防控的社会认知。2020 年 2 月 9 日，钟南山团队的论文《2019 年中国新型冠状病毒感染的临床特点》（Clinical characteristics of 2019 novel coronavirus infection in China）在医学预印本平台（medRxiv）上以开放获取形式发表，论文提示新冠肺炎最长潜伏期可达 24 天，相当一部分患者早期没有发烧和放射学异常表现，并不排除"超级传播者"的存在。该论文在国内舆论平台以及推特（Twitter）、脸书（Facebook）等国际社交媒体上引起了广泛热议，为全球疫情研治和防控工作提供了科学借鉴，促进全球公共政策重点转移到疾病发展之前的早期识别和患者管理上。开放获取有利于社会公众甄别信息，提高有关病毒传播和疫情防控的社会认知，如 2020 年 1 月 23 日，广东科技出版社推出首本新型冠状病毒知识读本《新型冠状病毒感染防护》，一周内仅微信公众号上开放获取的电子版本阅读量就已超过 2200 万。掌阅科技联合各大出版社搭建疫情防护电子图书开放获取专栏，截至 2020 年 2 月 20 日，该专栏累计触达人数达到 1.6 亿。以上开放获取行动契合了公众对于防护知识的迫切需求，有效减缓疫情蔓延趋势。

开放获取还推动了公共政策的研究和评估。一些社会科学期刊如《管理世界》《公共管理评论》等纷纷设立专栏、开通快速审稿通道，开展疫情相关的政策研究和理论分析。OA 在一定程度上提高了社会科学科研工作者的学术热情与产出，催生出一大批公共卫生、政府决策、危机管理、经济影响等方面的研究，给相关的公共政策、治理体系与法律制度的改进提供了学术支撑。对研究者来说，增加论文的可见性有利于增加研究对政策的影响，提高公共政策的科学性。

开放获取也在一定程度上缓和了疫情带来的巨大社会损失。科研数据、图书文献以及在线课程等资源的开放获取，为全国教育科研系统提供了有力保障，减少了社会损失。最重要的是，全国数千万大中小学生"停课不停学"，避免了大规模的人员流动和聚集，大大减轻了疫情防控的社会压力，减少了未知损失。

五　结论与政策建议

在新型冠状病毒肺炎疫情下，各大数据库开放获取的集体行动带来了巨大的社会效益。我们认为，当下正是推动中国 OA 进程的重要契机。对政府来说，利用好本次契机，通过设立一系列开放获取政策，敦促更多传统订阅型学术资源向开放获取模式转变，有利于降低知识获取门槛，促进全球性的、跨领域的包容性知识交流。为此，本文主要提出以下三方面的政策建议。

一是完善开放获取政策和学术评价体系，鼓励更多学术产出以开放获取形式出版。尤其是由政府资助的科学研究应逐步向社会开放获取，以提高研究资助的回报率。组织研究和制定符合知识产权相关法律的开放获取政策，支持公共资助科研项目在具备可靠质量控制和合理费用的开放出版学术期刊上发表论文。在学术评价体系中，引入非学术性的引用指标，如学术文章的社会影响力、对社会制度和政策建设的实际贡献，以评估科技论文社会传播和利用的影响力。

二是加大财政支持力度，推动第三方资助的 OA 发展。开放获取模式可持续发展的前提是建立一个可支撑高质量的同行审议的资助模式。政府加大对科研机构和出版部门的财政支持力度，推动第三方资助的 OA 模式，以避免向读者和作者收费。积极鼓励社会公益组织或基金开展 OA 的第三方资助。

三是鼓励更多出版者、高校联合起来，建立开放获取学术联盟，以社会行动实质推动开放获取进程。根据欧美等 OA 行动先行国家的经验，来自图书出版界、大学及其他研究机构的联盟往往是推动 OA 行动的最主要社会力量。本次疫情时期，在中国知网主导下近百家医学杂志实现快速 OA 出版，体现了知识界联盟的力量。

　　OA 行动也存在一些问题和障碍，如缺乏严谨的同行审议，牺牲论文质量的"掠夺性出版商"，图书资源开放获取后的知识产权争议，等等。因此，OA 行动应当放置在一个更为广泛的数据治理框架中，进行细致的政策设计和评估。我们期待，此次新冠肺炎疫情下的 OA 公益浪潮成为中国 OA 行动的里程碑式转折点，未来需要在公共政策和社会努力的协同下，建立起良性持续发展的中国 OA 知识生态。

参考文献

　　丁大尉、胡志强：《网络环境下的开放获取知识共享机制——基于科学社会学视角的分析》，《科学学研究》2016 年第 10 期。

　　顾立平：《科研模式变革中的数据管理服务：实现开放获取、开放数据、开放科学的途径》，《中国图书馆学报》2018 年第 6 期。

　　盛小平、吴红：《科学数据开放共享活动中不同利益相关者动力分析》，《图书情报工作》2019 年第 17 期。

　　赵艳枝、龚晓林：《从开放获取到开放科学：概念、关系、壁垒及对策》，《图书馆学研究》2016 年第 5 期。

　　Antelman，K.，"Do Open-Access Articles Have a Greater Research Impact?，" *College & Research Libraries*，2004：65（5）.

　　Beall，J.，"Predatory Publishers are Corrupting Open Access，" *Nature*，2012：489（7415）.

　　Bernius，S.，The Impact of Open Access on the Management of Scientific Knowledge，" *Online Information Review*，2010：34（4）.

　　Carroll，M. W.，Why Full Open Access Matters. PLoS Biology，2011.

　　Davis，P. M.，"Access，Readership，Citations：A Randomized Controlled Trial of Scientific Journal Publishing，" *The FASEB Journal*，2011：25（7）.

　　Davis，P. M.，"Author-choice Open Access Publishing in the Biological and Medical literature：a Citation Analysis," *Journal of the Association for Information Science & Technology*，2008：60（1）．

Davis，P. M.，"Open Access Publishing，Article Downloads，and Citations：Randomized Controlled Trial," *BMJ*，2008：337．

Guan，W-j.，Ni，Z-y.，Hu，Y.，Liang，W-h.，Ou，C-q.，He，J-x.，Liu，L.，Shan，H.，Lei，C-l.，Hui，D. S.，Du，B.，Li，L-j.，Zeng，G.，Yuen，K-Y.，Chen，R-c.，Tang，C-l.，Wang，T.，Chen，P-y.，Xiang，J.，Li，S-y.，Wang，J-l.，Liang，Z-j.，Peng，Y-x.，Wei，L.，Liu，Y.，Hu，Y-h.，Peng，P.，Wang，J-m.，Liu，J-y.，Chen，Z.，Li，G.，Zheng，Z-j.，Qiu，S-q.，Luo，J.，Ye，C-j.，Zhu，S-y.，Zhong，N-s.，Clinical Characteristics of 2019 Novel Coronavirus Infection in China. *medRxiv*，2020．

Holshue，M. L.，DeBolt，C.，Lindquist，S.，Lofy，K. H.，Wiesman，J.，Bruce，H.，Pillai，S. K.，"First Case of 2019 Novel Coronavirus in the United States," *New England Journal of Medicine*，2020．

Hua，F.，Sun，H.，Walsh，T.，et al.，"Open Access to Journal Articles in Dentistry：Prevalence and Citation Impact," *Journal of Dentistry*，2016．

Hrynaszkiewicz，I.，"Open Access Journals：a Sustainable and Scalable Solution in Social and Political Sciences?," *European Political Science*，2016．

Joint，N.，"The Antaeus Column：Does the "Open Access" Advantage Exist? A Librarian's Perspective," *Library Review*，2009：58（7）．

Kurtz，M. J.，Eichhorn，G.，Accomazzi，A.，et al.，"The Effect of Use and Access on Citations," *Information Processing and Management*，2005：41（6）．

Lawrence，S.，"Free Online Availability Substantially Increases a Paper's Impact," *Nature*，2001．

Moed，H. F.，"Statistical Relationships between Downloads and Citations at the Level of Individual Documents within a Single Journal," *Journal of the American Society for Information Science and Technology*，2005：56（10）．

Moed，H. F.，"The Effect of 'Open Access' upon Citation Impact：An Analysis of ArXiv's Condensed Matter Section," *Journal of the American Society for Information Science and Technology*，2006：58（13）．

Molloy，J. C.，"The Open Knowledge Foundation：Open Data Means Better Science," *PLoS Biology*，2011：9（12）．

Norris，M.，Oppenheim，C.，and Rowland，F.，"The Citation Advantage of Open-access Articles," *Journal of the Association for Information Science & Technology*，2014：59（12）．

Perneger，T. V.，"Relation between Online "Hit Counts" and Subsequent Citations：Prospective Study of Research Papers in the BMJ," *BMJ*，2004：329（7465）．

Rabesandratana，T.，"The World Debates Open-access Mandates," *Science*，2019：

Vol. 363.

Redazione, "Ten Years on from the Budapest Open Access Initiative: Setting the Default to Open," *JLIS. it*, 2012.

Shen, C., Björk, BC., "'Predatory' Open Access: a Longitudinal Study of Article Volumes and Market Characteristics," *BMC Med*, 2015: 13 (1).

Sheridan C., "Coronavirus and the Race to Distribute Reliable Diagnostics," *Nature Biotechnology*, 2020: 38 (4).

Swan, A., "Policy Guidelines for the Development and Promotion of Open Access," *General Collection*, 2012.

Sotudeh, H. and Horri, A., "Great Expectations: The Role of Open Access in Improving Countries' Recognition," *Scientometrics*, 2008.

Swan, A. and Brown, S., "Authors and Open Access Publishing," *Learned Publishing*, 2004: 17 (3).

Wellen, R., "Open Access, Megajournals, and MOOCs: On the Political Economy of Academic Unbundling," *SAGE Open*, 2013.

Wang, X., Liu, C., Mao, W., et al., "The Open Access Advantage Considering Citation, Article Usage and Social Media Attention," *Scientometrics*, 2015: 103 (2).

城 市 篇

City Reports

　　全球科技创新中心指数（Global Innovation Hubs Index，GIHI）采用线性加权法计算出各城市（都市圈）的综合评分，并对一级指标与二级指标的数据进行标准化处理后计算出得分。城市篇以图表的形式展示了 30 个城市（都市圈）的部分指标数据、综合排名，以及各项指标得分。通过将目标城市（都市圈）的单项指标得分与该指标中 30 个城市（都市圈）的平均得分进行比较，有助于观察目标城市（都市圈）在各个维度、各项指标上所处位势。

　　本篇采用的国内生产总值（GDP）指标是 2018 年各城市（都市圈）以购买力平价（Purchasing Power Parity，PPP）法计算后的 GDP（以 2015 年为真实 GDP 基数），GDP（PPP）数据来自 OECD、各国家和城市统计局。本篇人口指标使用的是 2018 年的人口数量，数据来自 OECD、联合国人口署、各国家和城市统计局。个别城市（都市圈）由于 2018 年数据缺失，使用的是其他年份的 GDP（PPP）和人口数据，这些情况会在注释中予以说明。其他指标的数据来源请参考附录一。

1.旧金山-圣何塞（San Francisco–San Jose）

综合排名：1	
科学中心	第3名
创新高地	第1名
创新生态	第1名
所属国家：美国	

2018年城市（都市圈）GDP（PPP）（单位：百万美元）	834203
2018年人口（单位：百万人）	7.664
高被引论文数量（单位：篇）	21707
AI领域PCT专利数量（1970–2019）（单位：件）	1559
国际航班数量（单位：班）	230750
2019年FDI绿地投资项目总额（单位：百万美元）	1911
2019年OFDI绿地投资项目总额（单位：百万美元）	12943
2019年VC总额（单位：百万美元）	15796.83
2019年PE总额（单位：百万美元）	59426.24

旧金山-圣何塞

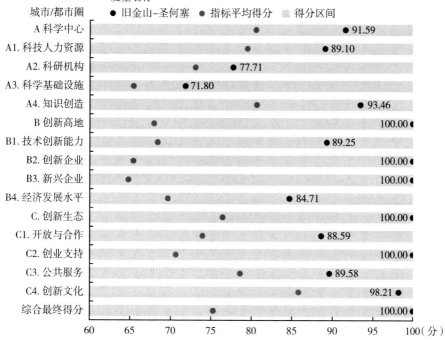

度量名称
城市/都市圈 ● 旧金山-圣何塞 ● 指标平均得分 ▨ 得分区间

指标	得分
A 科学中心	91.59
A1. 科技人力资源	89.10
A2. 科研机构	77.71
A3. 科学基础设施	71.80
A4. 知识创造	93.46
B 创新高地	100.00
B1. 技术创新能力	89.25
B2. 创新企业	100.00
B3. 新兴企业	100.00
B4. 经济发展水平	84.71
C. 创新生态	100.00
C1. 开放与合作	88.59
C2. 创业支持	100.00
C3. 公共服务	89.58
C4. 创新文化	98.21
综合最终得分	100.00

2.纽约（New York）

综合排名：2	
科学中心	第1名
创新高地	第11名
创新生态	第2名
所属国家：美国	

2018年城市（都市圈）GDP（PPP）（单位：百万美元）	1707972
2018年人口（单位：百万人）	21.078
高被引论文数量（单位：篇）	30596
AI领域PCT专利数量（1970–2019）（单位：件）	507
国际航班数量（单位：班）	790751
2019年FDI绿地投资项目总额（单位：百万美元）	4587
2019年OFDI绿地投资项目总额（单位：百万美元）	9014
2019年VC总额（单位：百万美元）	12734.21
2019年PE总额（单位：百万美元）	18035.71

纽约

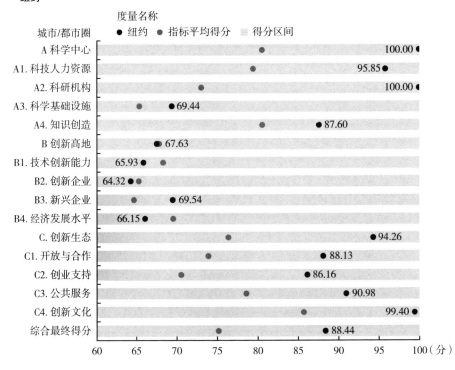

3.波士顿–坎布里奇–牛顿（Boston –Cambridge – Newton）

	综合排名：3	2018年城市（都市圈）GDP（PPP）（单位：百万美元）	413592
科学中心	第2名	2018年人口（单位：百万人）	4.86
创新高地	第10名	高被引论文数量（单位：篇）	26175
		AI领域PCT专利数量（1970–2019）（单位：件）	744
创新生态	第4名	国际航班数量（单位：班）	130987
		2019年FDI绿地投资项目总额（单位：百万美元）	869
所属国家：美国		2019年OFDI绿地投资项目总额（单位：百万美元）	4588
		2019年VC总额（单位：百万美元）	6701.85
		2019年PE总额（单位：百万美元）	7100

波士顿–坎布里奇–牛顿

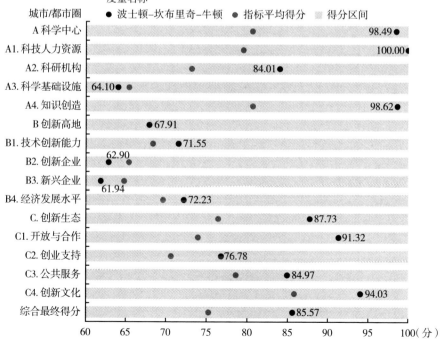

4.东京（Tokyo MA）

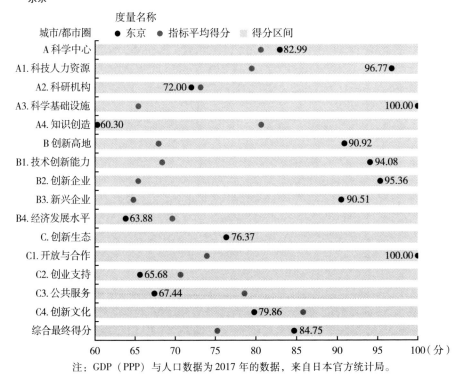

综合排名：4

科学中心	第10名
创新高地	第2名
创新生态	第15名

所属国家：日本

2017年城市（都市圈）GDP（PPP）（单位：百万美元）	1796087
2017年人口（单位：百万人）	33.05
高被引论文数量（单位：篇）	7773
AI领域PCT专利数量（1970–2019）（单位：件）	2877
国际航班数量（单位：班）	622952
2019年FDI绿地投资项目总额（单位：百万美元）	3514
2019年OFDI绿地投资项目总额（单位：百万美元）	27801
2019年VC总额（单位：百万美元）	2157.17
2019年PE总额（单位：百万美元）	2711.59

东京

度量名称
城市/都市圈　● 东京　● 指标平均得分　▨ 得分区间

A 科学中心	82.99
A1.科技人力资源	96.77
A2.科研机构	72.00
A3.科学基础设施	100.00
A4.知识创造	60.30
B 创新高地	90.92
B1.技术创新能力	94.08
B2.创新企业	95.36
B3.新兴企业	90.51
B4.经济发展水平	63.88
C.创新生态	76.37
C1.开放与合作	100.00
C2.创业支持	65.68
C3.公共服务	67.44
C4.创新文化	79.86
综合最终得分	84.75

60　65　70　75　80　85　90　95　100（分）

注：GDP（PPP）与人口数据为2017年的数据，来自日本官方统计局。

5.北京（Beijing）

综合排名：5	
科学中心	第8名
创新高地	第3名
创新生态	第11名
所属国家：中国	

2018年城市（都市圈）GDP（PPP）（单位：百万美元）	770787
2018年人口（单位：百万人）	21.54
高被引论文数量（单位：篇）	11405
AI领域PCT专利数量（1970–2019）（单位：件）	1346
国际航班数量（单位：班）	255274
2019年FDI绿地投资项目总额（单位：百万美元）	1796
2019年OFDI绿地投资项目总额（单位：百万美元）	17177
2019年VC总额（单位：百万美元）	14990
2019年PE总额（单位：百万美元）	28900

北京

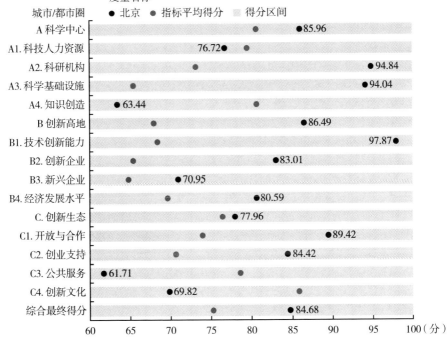

城市/都市圈 度量名称 ● 北京 ● 指标平均得分 ▨ 得分区间	
A 科学中心	85.96
A1.科技人力资源	76.72
A2.科研机构	94.84
A3.科学基础设施	94.04
A4.知识创造	63.44
B 创新高地	86.49
B1.技术创新能力	97.87
B2.创新企业	83.01
B3.新兴企业	70.95
B4.经济发展水平	80.59
C.创新生态	77.96
C1.开放与合作	89.42
C2.创业支持	84.42
C3.公共服务	61.71
C4.创新文化	69.82
综合最终得分	84.68

6.伦敦（London MA）

综合排名：6	
科学中心	第4名
创新高地	第18名
创新生态	第3名
所属国家：英国	

2018年城市（都市圈）GDP（PPP）（单位：百万美元）	851738
2018年人口（单位：百万人）	12.44
高被引论文数量（单位：篇）	19799
AI领域PCT专利数量（1970–2019）（单位：件）	399
国际航班数量（单位：班）	2172348
2019年FDI绿地投资项目总额（单位：百万美元）	6764
2019年OFDI绿地投资项目总额（单位：百万美元）	31458
2019年VC总额（单位：百万美元）	5380
2019年PE总额（单位：百万美元）	11110

伦敦

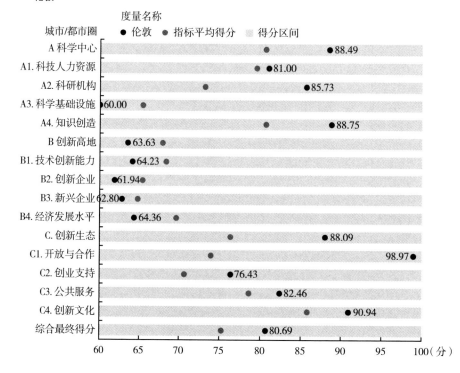

7.西雅图–塔科马–贝尔维尤（Seattle –Tacoma – Bellevue）

综合排名：7	
科学中心	第14名
创新高地	第9名
创新生态	第9名
所属国家：美国	

2018年城市（都市圈）GDP（PPP）（单位：百万美元）	371789
2018年人口（单位：百万人）	3.935
高被引论文数量（单位：篇）	7494
AI领域PCT专利数量（1970–2019）（单位：件）	274
国际航班数量（单位：班）	140150
2019年FDI绿地投资项目总额（单位：百万美元）	210
2019年OFDI绿地投资项目总额（单位：百万美元）	6352
2019年VC总额（单位：百万美元）	2529.6
2019年PE总额（单位：百万美元）	2723.96

西雅图–塔科马–贝尔维尤

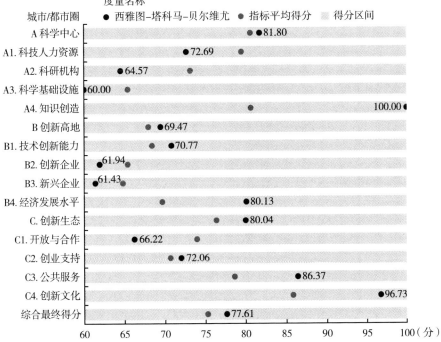

8.洛杉矶-长滩-阿纳海姆（Los Angeles-Long Beach-Anaheim）

综合排名：8	
科学中心	第9名
创新高地	第19名
创新生态	第6名
	所属国家：美国

2018年城市（都市圈）GDP（PPP）（单位：百万美元）	1170998
2018年人口（单位：百万人）	13.25
高被引论文数量（单位：篇）	12438
AI领域PCT专利数量（1970–2019）（单位：件）	236
国际航班数量（单位：班）	388514
2019年FDI绿地投资项目总额（单位：百万美元）	1311
2019年OFDI绿地投资项目总额（单位：百万美元）	1784
2019年VC总额（单位：百万美元）	1995.07
2019年PE总额（单位：百万美元）	3024.38

洛杉矶-长滩-阿纳海姆

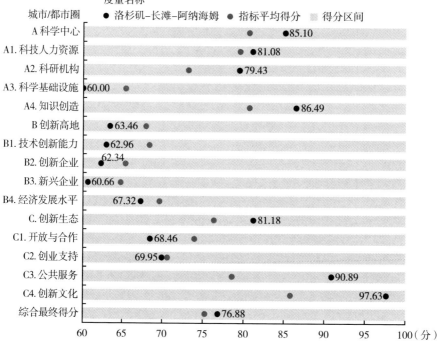

9.巴尔的摩－华盛顿（Baltimore–Washington D.C.）

综合排名：9	
科学中心	第5名
创新高地	第15名
创新生态	第12名
所属国家：美国	

2018年城市（都市圈）GDP（PPP）（单位：百万美元）	973400
2018年人口（单位：百万人）	9.049
高被引论文数量（单位：篇）	22671
AI领域PCT专利数量（1970–2019）（单位：件）	148
国际航班数量（单位：班）	170914
2019年FDI绿地投资项目总额（单位：百万美元）	263
2019年OFDI绿地投资项目总额（单位：百万美元）	6813
2019年VC总额（单位：百万美元）	432.55
2019年PE总额（单位：百万美元）	716.63

巴尔的摩－华盛顿

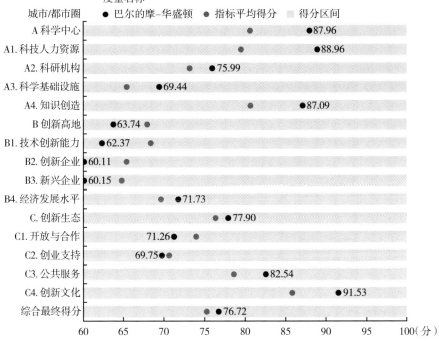

	巴尔的摩–华盛顿
A 科学中心	87.96
A1.科技人力资源	88.96
A2.科研机构	75.99
A3.科学基础设施	69.44
A4.知识创造	87.09
B 创新高地	63.74
B1.技术创新能力	62.37
B2.创新企业	60.11
B3.新兴企业	60.15
B4.经济发展水平	71.73
C.创新生态	77.90
C1.开放与合作	71.26
C2.创业支持	69.75
C3.公共服务	82.54
C4.创新文化	91.53
综合最终得分	76.72

10.教堂山–达勒姆–洛丽（Chapel Hill–Durham–Raleigh）

综合排名：10	
科学中心	第7名
创新高地	第14名
创新生态	第13名
所属国家：美国	

2018年城市（都市圈）GDP（PPP）（单位：百万美元）	124513
2018年人口（单位：百万人）	1.999
高被引论文数量（单位：篇）	9187
AI领域PCT专利数量（1970–2019）（单位：件）	53
国际航班数量（单位：班）	25364
2019年FDI绿地投资项目总额（单位：百万美元）	282
2019年OFDI绿地投资项目总额（单位：百万美元）	2410
2019年VC总额（单位：百万美元）	409.56
2019年PE总额（单位：百万美元）	209.17

教堂山–达勒姆–洛丽

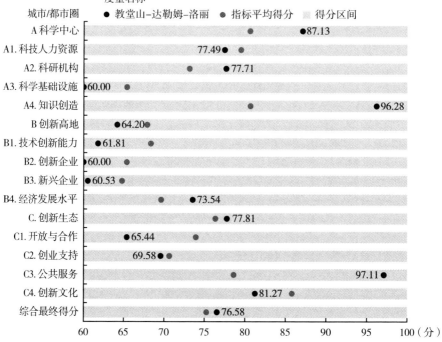

11.巴黎（Paris MA）

综合排名：11	2018年城市（都市圈）GDP（PPP）（单位：百万美元） 913737
	2018年人口（单位：百万人） 12.915
科学中心　第6名	高被引论文数量（单位：件） 11957
	AI领域PCT专利数量（1970–2019）（单位：件） 375
创新高地　第12名	国际航班数量（单位：班） 1757469
	2019年FDI绿地投资项目总额（单位：百万美元） 2592
创新生态　第20名	2019年OFDI绿地投资项目总额（单位：百万美元） 31187
	2019年VC总额（单位：百万美元） 2041.46
所属国家：法国	2019年PE总额（单位：百万美元） 2810

巴黎

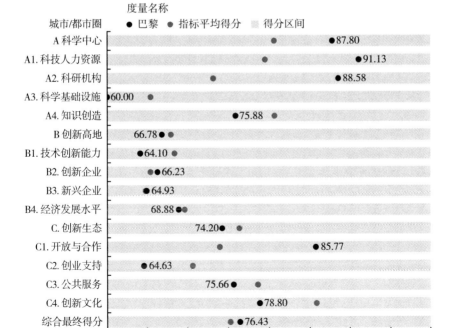

12.阿姆斯特丹（Amsterdam MA）

综合排名：12	
科学中心	第11名
创新高地	第22名
创新生态	第7名
所属国家：荷兰	

2018年城市（都市圈）GDP（PPP）（单位：百万美元）	200944
2018年人口（单位：百万人）	2.769
高被引论文数量（单位：篇）	6041
AI领域PCT专利数量（1970–2019）（单位：件）	108
国际航班数量（单位：班）	1898045
2019年FDI绿地投资项目总额（单位：百万美元）	3670
2019年OFDI绿地投资项目总额（单位：百万美元）	6740
2019年VC总额（单位：百万美元）	347.94
2019年PE总额（单位：百万美元）	489.52

阿姆斯特丹

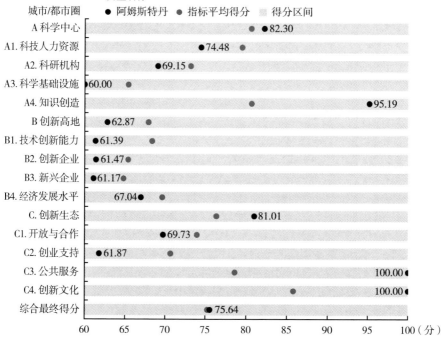

度量名称
城市/都市圈　● 阿姆斯特丹　● 指标平均得分　得分区间

度量	得分
A 科学中心	82.30
A1.科技人力资源	74.48
A2.科研机构	69.15
A3.科学基础设施	60.00
A4.知识创造	95.19
B 创新高地	62.87
B1.技术创新能力	61.39
B2.创新企业	61.47
B3.新兴企业	61.17
B4.经济发展水平	67.04
C.创新生态	81.01
C1.开放与合作	69.73
C2.创业支持	61.87
C3.公共服务	100.00
C4.创新文化	100.00
综合最终得分	75.64

60　65　70　75　80　85　90　95　100（分）

13.芝加哥–内珀维尔–埃尔金（Chicago–Naperville–Elgin）

综合排名：13	
科学中心	第15名
创新高地	第23名
创新生态	第5名
所属国家：美国	

2018年城市（都市圈）GDP（PPP）（单位：百万美元）	653856
2018年人口（单位：百万人）	9.484
高被引论文数量（单位：篇）	9038
AI领域PCT专利数量（1970–2019）（单位：件）	193
国际航班数量（单位：班）	252507
2019年FDI绿地投资项目总额（单位：百万美元）	1022
2019年OFDI绿地投资项目总额（单位：百万美元）	8144
2019年VC总额（单位：百万美元）	1550
2019年PE总额（单位：百万美元）	1740

芝加哥–内珀维尔–埃尔金

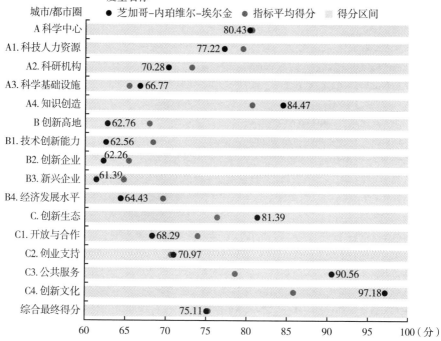

14.新加坡（Singapore）

综合排名：14	
科学中心	第18名
创新高地	第16名
创新生态	第8名
所属国家：新加坡	

2018年城市（都市圈）GDP（PPP）（单位：百万美元）	536403
2018年人口（单位：百万人）	5.639
高被引论文数量（单位：篇）	5312
AI领域PCT专利数量（1970—2019）（单位：件）	145
国际航班数量（单位：班）	1148312
2019年FDI绿地投资项目总额（单位：百万美元）	6486
2019年OFDI绿地投资项目总额（单位：百万美元）	19853
2019年VC总额（单位：百万美元）	250.81
2019年PE总额（单位：百万美元）	10100

新加坡

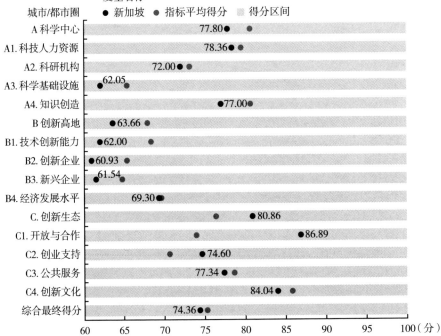

15.哥本哈根（Copenhagen）

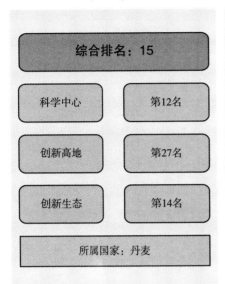

2018年城市（都市圈）GDP（PPP）（单位：百万美元）	118944
2018年人口（单位：百万人）	1.919
高被引论文数量（单位：篇）	4858
AI领域PCT专利数量（1970–2019）（单位：件）	8
国际航班数量（单位：班）	501623
2019年FDI绿地投资项目总额（单位：百万美元）	537
2019年OFDI绿地投资项目总额（单位：百万美元）	2150
2019年VC总额（单位：百万美元）	369.47
2019年PE总额（单位：百万美元）	218.83

哥本哈根

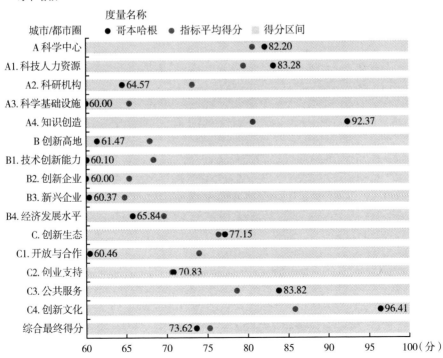

16.首尔（Seoul MA）

综合排名：16	
科学中心	第19名
创新高地	第7名
创新生态	第24名
所属国家：韩国	

2017年城市（都市圈）GDP（PPP）（单位：百万美元）	812093
2017年人口（单位：百万人）	20.114
高被引论文数量（单位：篇）	5030
AI领域PCT专利数量（1970–2019）（单位：件）	1378
国际航班数量（单位：班）	749393
2019年FDI绿地投资项目总额（单位：百万美元）	1136
2019年OFDI绿地投资项目总额（单位：百万美元）	29134
2019年VC总额（单位：百万美元）	20483
2019年PE总额（单位：百万美元）	3238.5

首尔

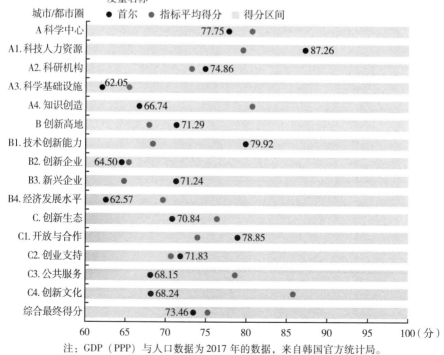

注：GDP（PPP）与人口数据为2017年的数据，来自韩国官方统计局。

17.上海（Shanghai）

综合排名：17	
科学中心	第23名
创新高地	第5名
创新生态	第23名
所属国家：中国	

2018年城市（都市圈）GDP（PPP）（单位：百万美元）	827870
2018年人口（单位：百万人）	24.24
高被引论文数量（单位：篇）	4546
AI领域PCT专利数量（1970–2019）（单位：件）	233
国际航班数量（单位：班）	441678
2019年FDI绿地投资项目总额（单位：百万美元）	8838.11
2019年OFDI绿地投资项目总额（单位：百万美元）	3494.2
2019年VC总额（单位：百万美元）	9940
2019年PE总额（单位：百万美元）	11920

上海

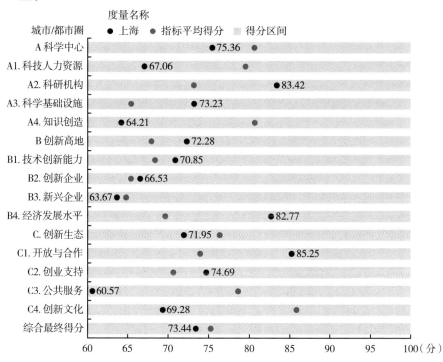

度量名称
城市/都市圈　● 上海　● 指标平均得分　▨ 得分区间

A 科学中心	75.36
A1. 科技人力资源	67.06
A2. 科研机构	83.42
A3. 科学基础设施	73.23
A4. 知识创造	64.21
B 创新高地	72.28
B1. 技术创新能力	70.85
B2. 创新企业	66.53
B3. 新兴企业	63.67
B4. 经济发展水平	82.77
C. 创新生态	71.95
C1. 开放与合作	85.25
C2. 创业支持	74.69
C3. 公共服务	60.57
C4. 创新文化	69.28
综合最终得分	73.44

60　65　70　75　80　85　90　95　100（分）

18.费城（Philadelphia MA）

综合排名：18

科学中心	第21名
创新高地	第26名
创新生态	第10名

所属国家：美国

2018年城市（都市圈）GDP（PPP）（单位：百万美元）	451645
2018年人口（单位：百万人）	6.091
高被引论文数量（单位：篇）	9037
AI领域PCT专利数量（1970–2019）（单位：件）	42
国际航班数量（单位：班）	86163
2019年FDI绿地投资项目总额（单位：百万美元）	132
2019年OFDI绿地投资项目总额（单位：百万美元）	1385
2019年VC总额（单位：百万美元）	1970
2019年PE总额（单位：百万美元）	42.19

费城

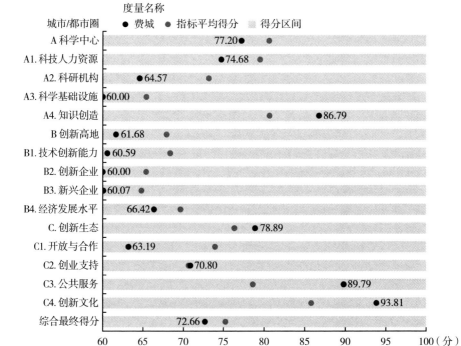

度量名称	
城市/都市圈 ● 费城	● 指标平均得分 ▨ 得分区间

A 科学中心 77.20
A1. 科技人力资源 74.68
A2. 科研机构 64.57
A3. 科学基础设施 60.00
A4. 知识创造 86.79
B 创新高地 61.68
B1. 技术创新能力 60.59
B2. 创新企业 60.00
B3. 新兴企业 60.07
B4. 经济发展水平 66.42
C. 创新生态 78.89
C1. 开放与合作 63.19
C2. 创业支持 70.80
C3. 公共服务 89.79
C4. 创新文化 93.81
综合最终得分 72.66

60 65 70 75 80 85 90 95 100（分）

19.慕尼黑（Munich）

综合排名：19	
科学中心	第20名
创新高地	第17名
创新生态	第17名
所属国家：德国	

2018年城市（都市圈）GDP（PPP）（单位：百万美元）	241407
2018年人口（单位：百万人）	2.883
高被引论文数量（单位：篇）	5544
AI领域PCT专利数量（1970–2019）（单位：件）	214
国际航班数量（单位：班）	849344
2019年FDI绿地投资项目总额（单位：百万美元）	1410
2019年OFDI绿地投资项目总额（单位：百万美元）	12080
2019年VC总额（单位：百万美元）	386.21
2019年PE总额（单位：百万美元）	1220

慕尼黑

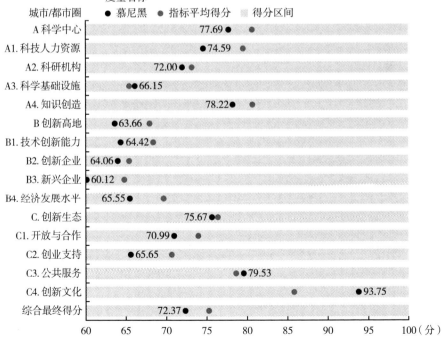

20.斯德哥尔摩（Stockholm）

综合排名：20		2018年城市（都市圈）GDP（PPP）（单位：百万美元）	158200
科学中心	第13名	2018年人口（单位：百万人）	2.308
		高被引论文数量（单位：篇）	4497
		AI领域PCT专利数量（1970–2019）（单位：件）	281
创新高地	第20名	国际航班数量（单位：班）	366402
		2019年FDI绿地投资项目总额（单位：百万美元）	251
创新生态	第22名	2019年OFDI绿地投资项目总额（单位：百万美元）	3529
		2019年VC总额（单位：百万美元）	1200
所属国家：瑞典		2019年PE总额（单位：百万美元）	1320

斯德哥尔摩

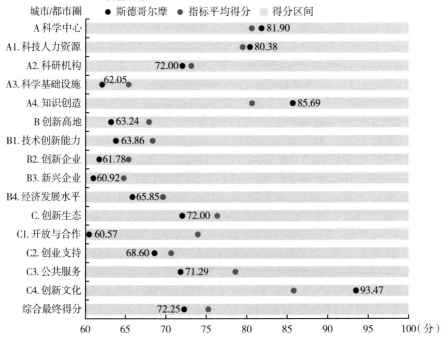

21.多伦多（Toronto MA）

综合排名：21	
科学中心	第17名
创新高地	第21名
创新生态	第18名
所属国家：加拿大	

2016年城市（都市圈）GDP（PPP）（单位：百万美元）	349297
2016年人口（单位：百万人）	7.12
高被引论文数量（单位：篇）	7846
AI领域PCT专利数量（1970–2019）（单位：件）	90
国际航班数量（单位：班）	579761
2019年FDI绿地投资项目总额（单位：百万美元）	2239
2019年OFDI绿地投资项目总额（单位：百万美元）	4378
2019年VC总额（单位：百万美元）	1391.39
2019年PE总额（单位：百万美元）	766.65

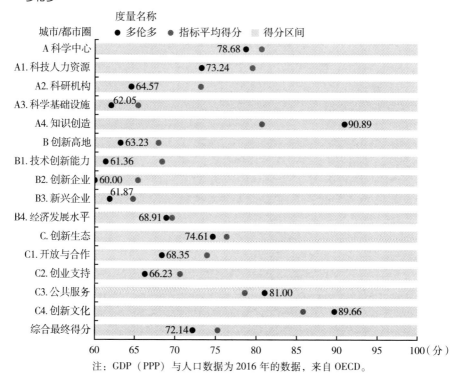

注：GDP（PPP）与人口数据为2016年的数据，来自OECD。

22.香港（Hong Kong）

综合排名：22	
科学中心	第22名
创新高地	第13名
创新生态	第19名
所属国家：中国	

2018年城市（都市圈）GDP（PPP）（单位：百万美元）	448778
2018年人口（单位：百万人）	7.486
高被引论文数量（单位：篇）	5200
AI领域PCT专利数量（1970-2019）（单位：件）	147
国际航班数量（单位：班）	847756
2019年FDI绿地投资项目总额（单位：百万美元）	3522
2019年OFDI绿地投资项目总额（单位：百万美元）	11258
2019年VC总额（单位：百万美元）	0.15
2019年PE总额（单位：百万美元）	745

香港

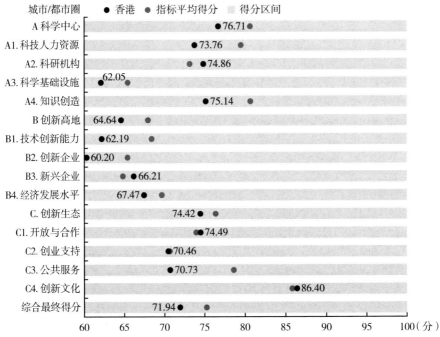

23.特拉维夫（Tel Aviv）

综合排名：23	
科学中心	第24名
创新高地	第6名
创新生态	第27名
所属国家：以色列	

2018年城市（都市圈）GDP（PPP）（单位：百万美元）	159956
2018年人口（单位：百万人）	4.011
高被引论文数量（单位：篇）	1953
AI领域PCT专利数量（1970–2019）（单位：件）	53
国际航班数量（单位：班）	198345
2019年FDI绿地投资项目总额（单位：百万美元）	947
2019年OFDI绿地投资项目总额（单位：百万美元）	1674
2019年VC总额（单位：百万美元）	918.51
2019年PE总额（单位：百万美元）	1150

特拉维夫

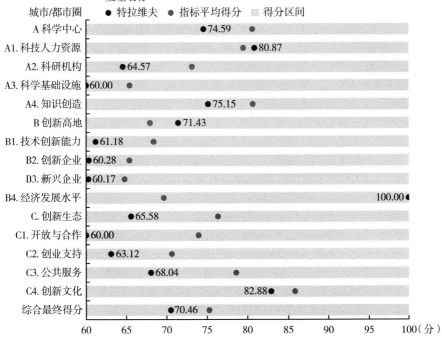

度量名称
城市/都市圈　●特拉维夫　●指标平均得分　▨得分区间

	得分
A 科学中心	74.59
A1.科技人力资源	80.87
A2.科研机构	64.57
A3.科学基础设施	60.00
A4.知识创造	75.15
B 创新高地	71.43
B1.技术创新能力	61.18
B2.创新企业	60.28
D3.新兴企业	60.17
B4.经济发展水平	100.00
C.创新生态	65.58
C1.开放与合作	60.00
C2.创业支持	63.12
C3.公共服务	68.04
C4.创新文化	82.88
综合最终得分	70.46

24.柏林（Berlin MA）

综合排名：24	
科学中心	第27名
创新高地	第25名
创新生态	第16名
所属国家：德国	

2018年城市（都市圈）GDP（PPP）（单位：百万美元）	238308
2018年人口（单位：百万人）	5.259
高被引论文数量（单位：篇）	5307
AI领域PCT专利数量（1970–2019）（单位：件）	45
国际航班数量（单位：班）	293582
2019年FDI绿地投资项目总额（单位：百万美元）	1487
2019年OFDI绿地投资项目总额（单位：百万美元）	3729
2019年VC总额（单位：百万美元）	2354.23
2019年PE总额（单位：百万美元）	3140

柏林

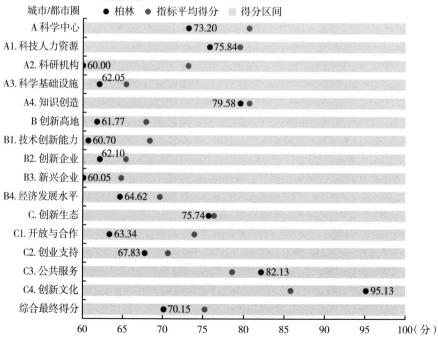

度量名称

城市/都市圈　● 柏林　● 指标平均得分　▨ 得分区间

A 科学中心	73.20
A1.科技人力资源	75.84
A2.科研机构	60.00
A3.科学基础设施	62.05
A4.知识创造	79.58
B 创新高地	61.77
B1.技术创新能力	60.70
B2.创新企业	62.10
B3.新兴企业	60.05
B4.经济发展水平	64.62
C.创新生态	75.74
C1.开放与合作	63.34
C2.创业支持	67.83
C3.公共服务	82.13
C4.创新文化	95.13
综合最终得分	70.15

25.深圳（Shenzhen）

综合排名：25		2018年城市（都市圈）GDP（PPP）（单位：百万美元）	573640
科学中心	第29名	2018年人口（单位：百万人）	13.027
		高被引论文数量（单位：篇）	714
创新高地	第4名	AI领域PCT专利数量（1970–2019）（单位：件）	1924
		国际航班数量（单位：班）	66966
创新生态	第26名	2019年FDI绿地投资项目总额（单位：百万美元）	1891
		2019年OFDI绿地投资项目总额（单位：百万美元）	5195
所属国家：中国		2019年VC总额（单位：百万美元）	3410
		2019年PE总额（单位：百万美元）	4440

深圳

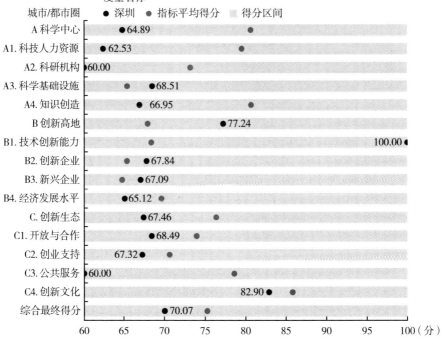

度量名称	
城市/都市圈	● 深圳　● 指标平均得分　▨ 得分区间

A 科学中心	●64.89
A1. 科技人力资源	●62.53
A2. 科研机构	●60.00
A3. 科学基础设施	●68.51
A4. 知识创造	●66.95
B 创新高地	●77.24
B1. 技术创新能力	100.00●
B2. 创新企业	●67.84
B3. 新兴企业	●67.09
B4. 经济发展水平	●65.12
C. 创新生态	●67.46
C1. 开放与合作	●68.49
C2. 创业支持	67.32●
C3. 公共服务	●60.00
C4. 创新文化	82.90●
综合最终得分	●70.07

60　65　70　75　80　85　90　95　100（分）

26.悉尼（Sydney）

综合排名：26	
科学中心	第16名
创新高地	第30名
创新生态	第25名
所属国家：澳大利亚	

2018年城市（都市圈）GDP（PPP）（单位：百万美元）	260785
2018年人口（单位：百万人）	5.23
高被引论文数量（单位：篇）	6441
AI领域PCT专利数量（1970–2019）（单位：件）	60
国际航班数量（单位：班）	308412
2019年FDI绿地投资项目总额（单位：百万美元）	3683
2019年OFDI绿地投资项目总额（单位：百万美元）	5215
2019年VC总额（单位：百万美元）	295.3
2019年PE总额（单位：百万美元）	306.53

悉尼

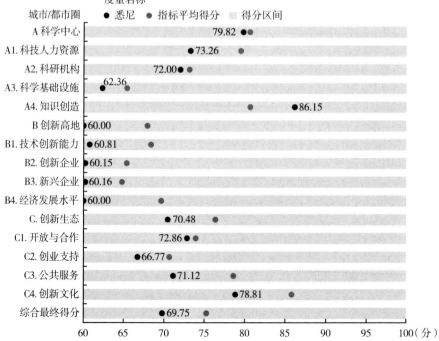

27.赫尔辛基（Helsinki）

综合排名：27	
科学中心	第25名
创新高地	第28名
创新生态	第21名
所属国家：芬兰	

2018年城市（都市圈）GDP（PPP）（单位：百万美元）	87217
2018年人口（单位：百万人）	1.49
高被引论文数量（单位：篇）	2928
AI领域PCT专利数量（1970–2019）（单位：件）	21
国际航班数量（单位：班）	349765
2019年FDI绿地投资项目总额（单位：百万美元）	680
2019年OFDI绿地投资项目总额（单位：百万美元）	5150
2019年VC总额（单位：百万美元）	90.32
2019年PE总额（单位：百万美元）	205.39

赫尔辛基

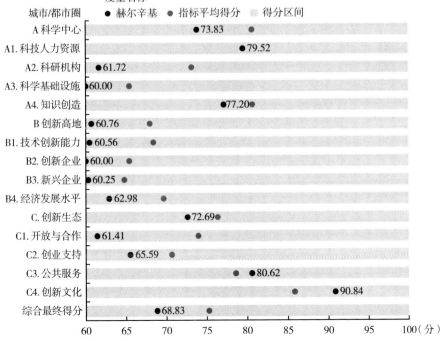

度量名称

城市/都市圈　● 赫尔辛基　● 指标平均得分　 得分区间

A 科学中心	●73.83
A1.科技人力资源	●79.52
A2.科研机构	●61.72
A3.科学基础设施	●60.00
A4.知识创造	●77.20
B 创新高地	●60.76
B1.技术创新能力	●60.56
B2.创新企业	●60.00
B3.新兴企业	●60.25
B4.经济发展水平	●62.98
C. 创新生态	●72.69
C1.开放与合作	●61.41
C2.创业支持	●65.59
C3.公共服务	●80.62
C4.创新文化	●90.84
综合最终得分	●68.83

60　65　70　75　80　85　90　95　100（分）

28.京都–大阪–神户（Kyoto–Osaka–Kobe）

综合排名：28

科学中心	第26名

创新高地	第8名

创新生态	第29名

所属国家：日本

2017年城市（都市圈）GDP（PPP）（单位：百万美元）	323314
2017年人口（单位：百万人）	5.728
高被引论文数量（单位：篇）	4084
AI领域PCT专利数量（1970–2019）（单位：件）	857
国际航班数量（单位：班）	271630
2019年FDI绿地投资项目总额（单位：百万美元）	656
2019年OFDI绿地投资项目总额（单位：百万美元）	4213
2019年VC总额（单位：百万美元）	93.15
2019年PE总额（单位：百万美元）	75.76

京都–大阪–神户

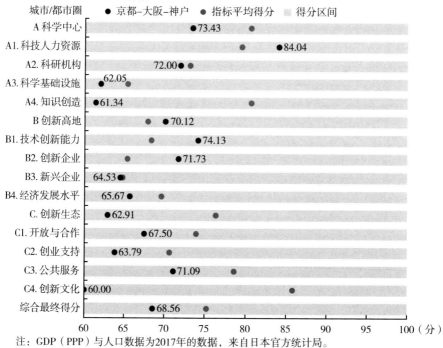

度量名称
城市/都市圈　● 京都–大阪–神户　● 指标平均得分　▨ 得分区间

A 科学中心　73.43
A1.科技人力资源　84.04
A2.科研机构　72.00
A3.科学基础设施　62.05
A4.知识创造　61.34
B 创新高地　70.12
B1.技术创新能力　74.13
B2.创新企业　71.73
B3.新兴企业　64.53
B4.经济发展水平　65.67
C.创新生态　62.91
C1.开放与合作　67.50
C2.创业支持　63.79
C3.公共服务　71.09
C4.创新文化　60.00
综合最终得分　68.56

60　65　70　75　80　85　90　95　100（分）

注：GDP（PPP）与人口数据为2017年的数据，来自日本官方统计局。

29.里昂–格勒诺布尔（Lyon–Grenoble）

综合排名：29	
科学中心	第28名
创新高地	第29名
创新生态	第28名
所属国家：法国	

2018年城市（都市圈）GDP（PPP）（单位：百万美元）	139855
2018年人口（单位：百万人）	2.766
高被引论文数量（单位：篇）	3230
AI领域PCT专利数量（1970–2019）（单位：件）	7
国际航班数量（单位：班）	123988
2019年FDI绿地投资项目总额（单位：百万美元）	340
2019年OFDI绿地投资项目总额（单位：百万美元）	119
2019年VC总额（单位：百万美元）	156.34
2019年PE总额（单位：百万美元）	0

里昂–格勒诺布尔

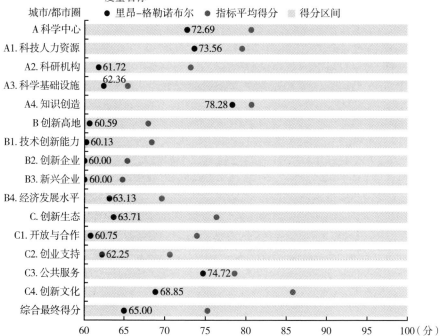

度量名称

城市/都市圈　● 里昂–格勒诺布尔　● 指标平均得分　▨ 得分区间

A 科学中心	72.69
A1.科技人力资源	73.56
A2.科研机构	61.72
A3.科学基础设施	62.36
A4.知识创造	78.28
B 创新高地	60.59
B1.技术创新能力	60.13
B2.创新企业	60.00
B3.新兴企业	60.00
B4.经济发展水平	63.13
C.创新生态	63.71
C1.开放与合作	60.75
C2.创业支持	62.25
C3.公共服务	74.72
C4.创新文化	68.85
综合最终得分	65.00

60　65　70　75　80　85　90　95　100（分）

30.班加罗尔（Bengaluru）

综合排名：30	

科学中心	第30名
创新高地	第24名
创新生态	第30名
所属国家：印度	

2017年城市（都市圈）GDP（PPP）（单位：百万美元）	258161
2017年人口（单位：百万人）	11.44
高被引论文数量（单位：篇）	489
AI领域PCT专利数量（1970–2019）（单位：件）	2
国际航班数量（单位：班）	48777
2019年FDI绿地投资项目总额（单位：百万美元）	2558
2019年OFDI绿地投资项目总额（单位：百万美元）	569
2019年VC总额（单位：百万美元）	2140
2019年PE总额（单位：百万美元）	6030

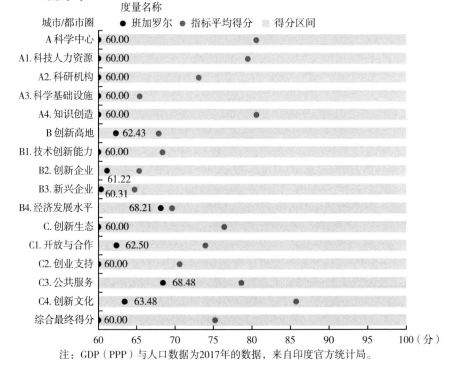

注：GDP（PPP）与人口数据为2017年的数据，来自印度官方统计局。

附录一
GIHI 指标界定与数据来源

A. 科学中心部分

1. 研究开发人员数量（每百万人）

定义：被评估城市所在国家 2017 年或 2018 年每百万人研究开发（R&D）人员数量。

数据来源：世界银行世界发展指数（https：//datacatalog. worldbank. org/dataset/world – development – indicators）。

2. 高被引科学家数量

定义：2000 年至 2018 年期间该城市所拥有的高被引科学家数量，高被引科学家是指在五年中有三年的时间里至少在相应领域发表一篇在前 1% 的论文的研究人员，下同。

数据来源：Digital Science – Dimensions 数据库。

3. 顶级科技奖项获奖人数

定义：顶级科技奖项分别是诺贝尔奖（不包括诺贝尔文学奖、和平奖）、菲尔兹奖、图灵奖，三大奖按照获奖者当前（工作/居住）所在城市统计。统计方式为：（1）通过各奖项官网确定获奖者名单；（2）通过维基百科中的"人物生平"和"所在机构"确定其最新工作单位或机构，从而定位城市，后进行加总。

数据来源：图灵奖官网（https：//amturing. acm. org/byyear. cfm），诺贝尔奖官网（https：//www. nobelprize. org/），菲尔兹奖官网（https：//www. mathunion. org/imu – awards/fields – medal）。

4. 世界一流大学200强数量

定义：本研究选用软科世界大学学术排名（ShanghaiRanking's Academic Ranking of World Universities，ARWU）TOP200 上榜数量作为表征城市一流大学的指标。ARWU 榜单由中国上海交通大学教育研究生院（原高等教育研究所）世界一流大学中心（CWCU）发布，它基于一所学校的教育质量、教师质量、科研成果以及师均表现等客观指标对世界大学进行排名。ARWU 榜单是四大权威大学世界排名之一，每年被排名的大学超过 1800 所，发布世界前 1000 名大学。

数据来源：世界大学学术排名（http：//www. shanghairanking. com/ARWU2019. html）。

5. 世界一流科研机构200强数量

定义：自然指数（Nature Index）2019 年全球科学论文发表量科研机构200 强数量。

数据来源：自然指数（Nature Index）。

6. 大科学装置数量

定义：本报告统计的大科学设施包括两大类：第一类为专用研究装置，即为特定学科领域的重大科学技术目标建设的研究装置；第二类为公共实验平台，即为多学科领域的基础研究、应用基础研究和应用研究服务的、具有强大支持能力的大型公共实验装置。具体领域包括能源、材料、地理、天文、生物、环境、核物理与高能物理。

数据来源：各国大科学设施规划、各国大科学设施主要管理机构官网、相关研究文献等渠道收集资料，最后经清华大学组织各院系专家进行确认和补遗。

7. 超算中心500强数量

定义：超级计算机是指由数百数千甚至更多的处理器（机）组成、能计算普通 PC 机和服务器不能完成的大型复杂课题的计算机。本研究通过测量各城市拥有的世界算力 500 强的计算机台数，并将位于同一机构的超级计算机记为同一个超算中心，评估各城市 IT 科学设施发展水平。

数据来源：全球超级计算机 TOP 500 榜单 2019 年 11 月排名，https：//www. TOP500. org/list/2019/11/。

8. 高被引论文比例

定义：2000 年至 2018 年间的各学科领域前 1% 的高被引论文数量占该城市发文总量的比例。

数据来源：Digital Science – Dimensions 数据库。

9. 论文被专利、政策报告、临床试验引用的比例

定义：该城市 2015 ~ 2019 年所发表的科学论文被其他数据库来源的专利、政策报告、临床试验所引用的比例，这一指标主要考察科技论文在学术界以外的影响力和知识转化水平。

数据来源：Digital Science – Dimensions 数据库。

B. 创新高地部分

1. 专利相关指标：有效发明专利存量（每百万人）、PCT 专利数量

定义：本研究以机器学习、计算机视觉、自然语言处理、专家系统、机器人等五个领域作为人工智能主要领域，并通过人工智能产业专家和专利检索专家的多轮讨论制定人工智能专利检索关键词。在此基础上，利用 Derwent Innovation 专利数据库平台对人工智能申请专利检索，考虑到人工智能专利产生的时间和专利从申请到公开之间的时滞问题，本文专利公开年限在 1970 年到 2019 年期间。通过删除重复数据等专利数据预处理，获得人工智能申请专利 281585 件，其中机器学习 87514 件，计算机视觉 56948 件，自然语言处理 63616 件，专家系统 48614 件，机器人 31136 件，据此对全球主要城市群人工智能创新能力进行初步探索。

有效专利主要包括以下两类。一类是指专利申请被授权后，仍处于有效状态的专利（专利权还处在法定保护期限内，并且专利权人需要按规定缴纳年费。这也是通常意义上有效专利的范畴）。另一类是指虽然专利尚未获得授权，但已经通过初审并处于公开阶段的专利。在专利公开阶段中，申请

人若存在"撤回或放弃、无正当理由逾期不请求实质审查、未能通过实质审查"等情况，公开专利则转为无效。

以专利优先权国/地区字段来表征技术来源地，以此统计各个城市群的专利申请量。并以专利家族字段来表征专利技术的国际布局情况，以此统计出各个城市的专利技术的向外输出情况。

数据来源：Derwent Innovation 专利数据库。

2. 创新100强企业数量

定义：该城市所拥有的德温特 2018~2019 年度全球百强创新机构总部数量。表1 展示了 2018~2019 年 30 个城市（都市圈）创新 100 强企业的数量。表2 列出了 30 个城市（都市圈）中入围的创新 100 强企业名单，排名不分先后。

表1　30 个城市（都市圈）内创新 100 强企业数量（2018~2019 年）

单位：家

城市/都市圈	国家	创新 100 强企业数量
东京	日本	24
京都－大阪－神户	日本	8
旧金山－圣何塞	美国	6
巴黎	法国	4
首尔	韩国	2
深圳	中国	2
波士顿－坎布里奇－牛顿	美国	1
北京	中国	1
西雅图－塔科马－贝尔维尤	美国	1
阿姆斯特丹	荷兰	1
芝加哥－内珀维尔－埃尔金	美国	1
慕尼黑	德国	1
斯德哥尔摩	瑞典	1
柏林	德国	1

资料来源：《德温特 2018~2019 年度全球百强创新机构》评估报告。

表2 30 个城市（都市圈）内创新 100 强企业名单（2018～2019 年）

国家	创新 100 强机构名称	城市/都市圈
日本	AGC	东京
日本	CANON（佳能公司）	东京
日本	FUJIFILM（富士胶片株式会社）	东京
日本	FUJITSU（富士通株式会社）	东京
日本	FURUKAWA ELECTRIC（古河电气工业株式会社）	东京
日本	HITACHI（日立公司）	东京
日本	HONDA MOTOR（本田汽车公司）	东京
日本	JAPAN AVIATION ELECTRONICS（日本航空电子工业株式会社）	东京
日本	JFE STEEL（JFE 钢铁株式会社）	东京
日本	TDK（TDK 株式会社）	东京
日本	TORAY（东丽株式会社）	东京
日本	TOSHIBA（东芝公司）	东京
日本	SHIN-ETSU CHEMICAL（信越化学工业株式会社）	东京
日本	SONY（索尼公司）	东京
日本	MITSUBISHI CHEMICAL（三菱化学株式会社）	东京
日本	MITSUBISHI ELECTRIC（三菱电机）	东京
日本	MITSUBISHI HEAVY INDUSTRIES（三菱重工）	东京
日本	MITSUI CHEMICAL（三井化学株式会社）	东京
日本	NEC（日本电气）	东京
日本	NIPPON STEEL &（新日铁住金）	东京
日本	OLYMPUS（奥林巴斯）	东京
日本	RENESAS（瑞萨电子）	东京
日本	NISSAN MOTOR（日产汽车公司）	东京
日本	NTT（日本电信电话株式会社）	东京
日本	KAWASAKI HEAVY INDUSTRIES（川崎重工业株式会社）	京都－大阪－神户
日本	KOBE STEEL（神户制钢公司）	京都－大阪－神户
日本	KYOCERA（京瓷集团）	京都－大阪－神户
日本	OMRON（欧姆龙）	京都－大阪－神户
日本	DAIKIN INDUSTRIES（大金工业株式会社）	京都－大阪－神户
日本	NITTO（日东电工）	京都－大阪－神户
日本	PANASONIC（松下公司）	京都－大阪－神户
日本	JTEKT（捷太哥特）	京都－大阪－神户
美国	CISCO（思科公司）	旧金山－圣何塞
美国	DOLBY LABORATORIES（杜比实验室）	旧金山－圣何塞
美国	INTEL（英特尔公司）	旧金山－圣何塞
美国	MARVELL（美满公司）	旧金山－圣何塞
美国	XILINX（塞灵思公司）	旧金山－圣何塞

续表

国家	创新 100 强机构名称	城市/都市圈
美国	ADVANCED MICRO DEVICES(AMD 超微半导体公司)	旧金山－圣何塞
法国	COMMISSARIAT À L'ENERGIE ATOMIQUE(法国原子能委员会)	巴黎
法国	SAFRAN(赛峰集团)	巴黎
法国	SAINT-GOBAIN(圣戈班公司)	巴黎
法国	TOTAL S. A. (道达尔公司)	巴黎
韩国	LG ELECTRONICS	首尔
韩国	SAMSUNG ELECTRONICS(三星电子)	首尔
中国	BYD(比亚迪)	深圳
中国	HUAWEI(华为公司)	深圳
美国	GENERAL ELECTRIC(通用电气)	波士顿－坎布里奇－牛顿
中国	XIAOMI(小米公司)	北京
美国	BECTON DICKINSON(贝克顿－迪金森公司)	西雅图－塔科马－贝尔维尤
荷兰	PHILIPS(飞利浦公司)	阿姆斯特丹
美国	BOEING(波音公司)	芝加哥－内珀维尔－埃尔金
德国	FRAUNHOFER(弗劳恩霍夫应用研究促进协会)	慕尼黑
瑞典	ERICSSON(爱立信公司)	斯德哥尔摩
德国	SIEMENS(西门子公司)	柏林

资料来源:《德温特 2018～2019 年度全球百强创新机构》评估报告。

3. 独角兽企业估值

定义:独角兽公司指那些估值达到 10 亿美元以上的初创企业,并且创办时间相对较短(一般为十年内)还未上市的公司的称谓。本报告采用中国人民大学中国民营企业研究中心与北京隐形独角兽信息科技院(BIHU)联合发布《2019 全球独角兽企业 500 强发展报告》中独角兽企业估值数据。

数据来源:人大独角兽榜单。

4. 高技术制造业企业市值

定义:本研究通过计算各城市(都市圈)拥有的 2020 福布斯 2000 强企业中高科技制造行业的企业市值总额来作为评估创新型企业的指标之一,《福布斯》被誉为美国经济的"晴雨表",被评为财经界四大杂志之一,福布斯全球企业 2000 强榜单基于企业销售额、利润、资产及市值等 4 项衡量指标。本研究依据全球行业分类标准(Global Industry Classification Standard,

GICS）系统二级行业对高科技制造业企业进行分类，包括医药化工企业、电子信息企业与高端制造企业三大类，其中医药化工企业包含行业为 GICS、二级行业为"化学""生物医药""健康设施和服务"的公司，电子信息企业包含 GICS 二级行业为"IT 软件和服务""半导体""技术硬件和设备""通信服务"的公司，高端制造企业包含 GICS 二级行业为"航空航天与国防""材料""交通"的公司。

数据来源：福布斯中国（https：//www.forbeschina.com/lists/1735）。

5. 新经济行业上市公司营业收入

定义：新经济行业是指具备"高人力资本投入、高科技投入、轻资产，可持续的较快增长，符合产业发展方向"等三大特质的前瞻性产业，结合相关行业研究，本研究结合 GICS 全球行业分类标准，将新经济行业界定为"信息技术""通信服务""卫生保健"等前瞻性、赋能型产业，具体行业代码与子行业如表 3 所示，选取的测量指标为城市"新经济行业上市公司2019 年营业收入"。

表3　新经济行业界定（GICS 分类标准）

45 信息技术	4510 软件与服务	451020	IT 服务
		451030	软件
	4520 技术硬件和设备	452010	通信设备
		452020	技术硬件,存储和外围设备
		452030	电子设备,仪器和零件
	4530 半导体与半导体设备	453010	半导体与半导体设备
50 通信服务	5010 电信服务	501010	多元化信息服务
		501020	无线电信服务
35 卫生保健	3510 医疗保健设备与服务	351010	保健设备及用品
		351020	医疗保健提供者和服务
		351030	医疗保健技术
	3520 制药,生物技术与生命科学	352010	生物技术
		352020	医药品
		352030	生命科学工具与服务

资料来源：Osiris 全球上市公司分析库。

6. GDP 增速

定义：本研究采用的是 2018 年各城市以购买力平价口径计算的 GDP 增速（以 2015 年为真实 GDP 基数）。

数据来源：（1）GDP（PPP）来自 OECD、各国家和城市统计局；（2）PPP 指数来自世界银行。

7. 劳动生产率

定义：劳动生产率即每单位劳动的产出，计算方式为地区生产总值除以劳动力数量。本研究采用的地区生产总值为 2018 年的 GDP（PPP）数据（以 2015 年为基准）。

数据来源：（1）部分城市数据直接采用 OECD 的统计值。（2）不可直接获取的，通过劳动力数据计算得出。如中国城市的劳动力数据来源于《中国城市统计年鉴 2019》，香港、新加坡、波士顿 – 坎布里奇 – 牛顿来源于 Trading Economics、美国经济普查局，特拉维夫数据来自 Tel Aviv government 官网，（3）莫斯科、班加罗尔因数据缺失，采用所在国家的数据代替。

C. 创新生态部分

1. 论文合著网络中心度

定义：论文合著是指两个或两个以上科研人员共同写作、发表科学论文，论文合著网络中心度体现了一个城市科学研究的开放性和国际化程度，本研究基于 30 个被评估城市（都市圈）2019 年城市间论文发表合作矩阵，计算每个城市的特征向量中心度（Eigenvector Centrality）来测量该城市在论文合著网络中的节点重要性。特征向量中心度中一个节点的重要性既取决于其邻居节点的数量（即该节点的度），也取决于其邻居节点的重要性，可以较为精确地反映出节点在网络中的位势。特征向量中心度基于相邻节点的中心度来计算节点的中心度，节点 i 的特征向量中心度是 $Ax = \lambda x$，A 是指具有特征值 λ 的图 G 的邻接矩阵。特征向量中心度计算方式参考以下链接：

https：//networkx. github. io/documentation/stable/reference/algorithms/
generated/networkx. algorithms. centrality. eigenvector_ centrality_ numpy. html?
highlight = eigenvector_ centrality_ numpy。

数据来源：Digital Science – Dimensions 数据库。

2. 专利合作网络中心度

定义：专利合作是指两个或两个以上科研人员或组织共同申请专利。本研究选用专利合作网络中心度的度数中心度，具体是指该城市与其他城市合作申请专利的城市数量，其测度公式如下：

$$C_i = \sum_{j=1}^{n} D_{ij}, D_{ij} = 0 \text{ 或 } 1$$

数据来源：Derwent Innovation 专利数据库。

3. 外商直接投资额（FDI）和对外直接投资额（OFDI）

定义：本研究聚焦于外商直接投资绿地投资项目，选取被评估城市2019 年"绿地投资项目总额"（FDI）测量城市外资吸引力，选取本地企业"走出去"的"对外绿地投资项目总额"（OFDI）测量一城市的资本国际辐射力。绿地投资是指跨国公司等投资主体在东道国境内依照东道国的法律设置的部分或全部资产所有权归外国投资者所有的企业。

数据来源：跨境绿地投资在线数据库 fDi markets（https：//www. fdimarkets. com/）。

4. 创业投资金额

定义：本研究选用被评估城市"2019 年该地企业接受的创业投资金额"测量该地创业投资活跃度，创业投资金额具体界定为企业发展早期所接受的Pre-Seed、Seed、Angel、Series A、Series B 等五轮融资总额。

数据来源：CB Insights（https：//www. cbinsights. com/）。

5. 私募基金投资金额

定义：私募基金（Private Equity，简称 PE）是指拟上市公司 Pre-IPO 时期所接受的成长资本（Growth Capital）。本研究选用被评估城市"2019 年该地企业接受的私募基金投资总额"首字母大写测量该地投资活跃度，PE 投资金额由 Series C、D、E、F、G、H、I、J、K 共九轮融资加总而得。

数据来源：CB Insights（https：//www. cbinsights. com/）。

6. 营商环境便利度

定义：世界银行《营商环境报告》结合"开办企业、办理施工许可证、获得电力、登记财产、获得信贷、保护少数投资者、纳税、跨境贸易、执行合同和办理破产"等 10 个商业监管领域的数据形成"营商环境便利度"（ease of Doing Business score），以表明一个经济体相对于最佳监管实践的位置，分数越高代表营商环境越便利。本研究采用世界银行《2020 年营商环境报告》中各城市所在经济体"营商环境便利度"得分来衡量各城市的营商便利度。世界银行在做此项评估时，是以国家为单位来测量，但部分城市是该报告的样本城市，则直接采用城市数据。

数据来源：世界银行（https：//www. doingbusiness. org/）。

7. 数据中心（公有云）数量

定义：数据中心托管是一种外包的数据中心解决方案，企业 IT 资源有限的中小型公司为节约成本，通常选择托管数据中心来扩展自己数据中心的容量而非构建自己的数据中心。本研究选取该城市所在国家托管数据中心（Colocation Data Centers）数量作为测量指标体现城市数字经济发展水平。

数据来源：Cloudscene（https：//cloudscene. com/）。

8. 宽带连接速度

定义：指网络宽带技术上所能达到的最大理论速率值，一般包括上传速率和下载速率，以 Mbps 为单位。本研究采用的是上传和下载的平均速率。

数据来源：https：//testmy. net/list，测速时间为 2020 年 7 月 17 日。

9. 国际航班数量（每百万人）

定义：2019 年当年以该城市为起点和终点的所有直达航班数量。

数据来源：世界领先的航空情报资讯机构 OAG（https：//www. oag. com/）。

10. 人才吸引力

定义：引用洛桑国际管理学院 The IMD World Talent Ranking 的吸引力指标作为衡量城市创新竞争力的指标之一。WTR 的吸引力评估主要基于生活成本、高技能人才拥有量、人才流失等11项指标。

数据来源：IMD世界竞争力中心，The IMD World Talent Ranking 2019（https：//www.imd.org/research－knowledge/reports/imd－world－talent－ranking－2019/）。

11. 企业家精神

定义：引用世界经济论坛（World Economic Forum，WEF）全球竞争力指数4.0中"企业家文化"（Entrepreneurial culture）作为衡量地区企业家文化的指标之一。该指标主要包括：①对待创业风险的态度；②管理权限下放程度；③创新型公司的成长环境；④公司接受颠覆性想法的程度。

数据来源：世界经济论坛（http：//reports.weforum.org/global－competitiveness－report－2019/downloads/）。

12. 文化相关产业的国际化程度

定义：全球化与世界城市研究网络（GaWC），是以"高级生产服务业机构"在世界各大城市中的分布为指标对世界城市进行排名，主要包括金融、法律、咨询管理、广告和会计，关注的是该城市在全球活动中的主导作用和带动能力，以衡量城市在全球高端生产服务网络中的地位及其融入度。

GaWC将世界城市分为四个大的档级——Alpha（一线城市）、Beta（二线城市）、Gamma（三线城市）、Sufficiency（四线城市），而每个大的档级中又依评分区分出多个次等级（Alpha＋＋、Alpha＋、Alpha、Alpha－、Beta＋、Beta、Beta－、Gamma＋、Gamma、Gamma－、High Sufficiency、Sufficiency）。

Alpha代表的是综合性较强的世界城市，在世界经济中连接着大的经济区或国家。Beta城市的全球影响力相对较弱，但仍有助于将其地区或国家与世界经济联系起来。Gamma主要是连接较小的地区或国家进入世界经济的城市，或者虽是主要的世界城市，但其主要的全球能力不是先进的生产性服务业。Sufficiency城市尚处于踏入世界城市的门槛阶段，在提供服务上，无须明显地依赖其他世界城市，通常是较小的首都或传统的制造业中心城市。

数据来源：The World According to GaWC 2020（https：//www.lboro.

ac. uk/gawc/world2020t. html)。

13. 公共博物馆与图书馆数量（每百万人）

定义：本研究选用城市（都市圈）2019 年当年开放的公共博物馆与公共图书馆数量来测量一个城市艺术文化公共服务环境。

数据来源：①公共博物馆包括官方发布的博物馆名录、官方旅游欢迎页面、博物馆爱好者的平台，以及网络地图等。②公共图书馆包括官方统计年鉴或统计公报、图书馆官方网站、政府网站、官方旅游欢迎页面，以及网络地图等（记录向公众开放的图书馆数量，不包括大学图书馆）。

附录二
城市定义与样本筛选

一　城市定义

本报告采用都市圈的定义来界定评估对象。都市圈（Metropolitan Area，MA）是指由人口稠密的城市核心区和人口稀少的周边地区组成的区域，区域内共享产业、基础设施和住房。大都市区通常由多个行政辖区和直辖市组成，如街区、乡镇、行政区、城市、城镇、郊区、县、地区、州等，有的欧洲都市圈甚至跨越国家界限，常以通勤模式来衡量。

根据联合国《2016 世界城市》（The World's Cities in 2016）①，对于城市目前主要有三种定义方式：一是"城市市区"（city proper），即根据行政边界描述一个城市；二是"城市群"（urban agglomeration），以连续的城市区域或建成区的范围来划定城市边界；三是"大都市区"（metropolitan area），即根据周边地区的经济社会联系程度来定义其边界，如通过相互联系的商业或通勤方式来识别地区经济社会联系程度（见图 1）。

本研究使用都市圈定义的主要原因有三点。①契合科技创新中心的内涵。"具有全球影响力的科技创新中心"要体现出中心城市的影响力，意味着核心区域对周边区域具有辐射带动作用，因此根据经济社会联系而划分的评估对象更能体现一个区域对周边的影响力，而行政区划分割的单个城市评估则容易人为切割核心区的影响范围。②符合城市空间体系演化趋势。领先城市的空间由单一中心城市向多元中心都市圈扩散，再到连绵城市群，及至

---

① United Nations Department of Economic, The World's Cities in 2016. UN, 2016.

图1 城市地理边界定义区分

资料来源：联合国《2016 世界城市》。

形成一体的城市带。① ③保持评估对象指标评估口径的一致性。自然指数
（Nature Index）根据各国政府部门的官方规范或法律文件中对都市圈的定义
界定评估对象，为保持各指标之间统计口径的一致性，本报告对都市圈的定
义与 Nature Index 保持一致。

二 样本筛选

本报告城市遴选的步骤如下。首先基于 Nature Index 2018 科学城市评估
（Nature Index 2018 Science Cities）选取排名前 100 的科学城市，再与中国社
会科学院《全球城市竞争力报告 2017～2018》、上海市信息中心《全球科技
创新中心评估报告 2017》进行交叉比对，并删除百万人口以下的城市，遴

---

① 中国社会科学院（财经院）与联合国人居署共同发布《全球城市竞争力报告 2019～2020：跨
入城市的世界 300 年变局》，http：//gucp. cssn. cn/zjwl/hzhb/201911/t20191118_ 5044016.
shtml。

选出首批 137 个候选城市。

为了谨慎起见，我们采取两套方案对 137 个候选城市进行二次遴选并交叉比对，形成预评估城市名单。两套遴选方案如下。

方案一核心指标均衡排名。综合考虑核心指标的均衡排名和单项特色，选择 GDP、GDP 增速、顶级科技奖项获奖者数量、科技论文总量、创新领先企业数量（世界独角兽 500 强、创新企业 50 强、数字经济企业 100 强）等五个指标，选出任意三项指标进入排名前 30 的城市，然后选出单项指标进入排名前 10 的城市。

方案二核心指标分类逐层排名。考察城市经济增长、科学研究和创新经济的表现。首先选择 GDP、人均 GDP、GDP 增速三个指标，分别代表经济规模、质量和趋势，其中两项指标进入排名前 10 的城市入选；其次，选择科技论文总量、Nature Index 和顶级科技奖项获奖者数量三个指标，分别代表科技创新规模、质量和顶尖人力资源，其中两项指标进入排名前 10 的城市入选；选择世界独角兽 500 强、创新企业 50 强、数字经济企业 100 强这三项指标，其中两项指标排名靠前的城市入选。

综合比对上述两套方案形成了预评估城市名单，共 39 个城市，邀请 23 名创新领域的专家和企业家进行问卷调查，以期得到符合专家直觉和普遍认同的创新中心城市名单。问卷采取"城市画像"的方式，邀请专家选出他/她心目中的全球科技创新中心城市，进而对上述城市进行画像式的特征描述，形成最终评估城市名单，共 30 个城市（都市圈），覆盖 153 个行政城市。

附录三
30个评估对象的城市（都市圈）范围

序号	城市（都市圈）	行政区划城市	国家
1	纽约 New York MA	纽约市 New York City	美国
		史泰登岛 Staten Island	美国
		帕特森 Paterson	美国
		布里奇波特 Bridgeport	美国
		爱迪生 Edison	美国
		纽黑文 New Haven	美国
		斯坦福 Stamford	美国
		布鲁克林区 Brooklyn	美国
		布朗克斯 The Bronx	美国
		皇后 Queens	美国
		纽瓦克 Newark	美国
		泽西市 Jersey City	美国
2	波士顿–坎布里奇–牛顿 Boston-Cambridge-Newton	洛厄尔 Lowell	美国
		坎布里奇 Cambridge	美国
		波士顿 Boston	美国
3	旧金山–圣何塞 San Francisco-San Jose	伯克利 Berkeley	美国
		康科德 Concord	美国
		安条克 Antioch	美国
		圣何塞 San Jose	美国
		费利蒙 Fremont	美国
		列治文 Richmond	美国
		圣罗莎 Santa Rosa	美国
		奥克兰 Oakland	美国
		海沃德 Hayward	美国
		圣马刁 San Mateo	美国
		瓦列霍市 Vallejo	美国
		圣克拉拉 Santa Clara	美国
		旧金山 San Francisco	美国
		森尼韦尔 Sunnyvale	美国

序号	城市（都市圈）	行政区划城市	国家
4	巴尔的摩 - 华盛顿 Baltimore-Washington D. C.	巴尔的摩 Baltimore	美国
		华盛顿哥伦比亚特区 Washington，D. C.	美国
		阿灵顿 Arlington	美国
		亚历山德里亚 Alexandria	美国
5	洛杉矶 - 长滩 - 安纳海姆 Los Angeles-Long Beach-Anaheim	托伦斯 Torrance	美国
		圣安娜 Santa Ana	美国
		库卡蒙格牧场 Rancho Cucamonga	美国
		波莫纳 Pomona	美国
		帕萨迪纳 Pasadena	美国
		橙县 Orange	美国
		洛杉矶 Los Angeles	美国
		长滩 Long Beach	美国
		亨廷顿比奇 Huntington Beach	美国
		格伦代尔 Glendale	美国
		富勒顿 Fullerton	美国
		艾尔蒙地 El Monte	美国
		唐尼 Downey	美国
		科斯塔梅萨 Costa Mesa	美国
		安纳海姆 Anaheim	美国
6	芝加哥 - 内珀维尔 - 埃尔金 Chicago-Naperville-Elgin	内珀维尔 Naperville	美国
		芝加哥 Chicago	美国
		奥罗拉 Aurora	美国
7	费城 Philadelphia MA	费城 Philadelphia	美国
8	西雅图 - 塔科马 - 贝尔维尤 Seattle-Tacoma-Bellevue	塔科马 Tacoma	美国
		西雅图 Seattle	美国
		伦顿 Renton	美国
		肯特 Kent	美国
		埃弗里特 Everett	美国
		贝尔维尤 Bellevue	美国
9	多伦多 Toronto MA	多伦多 Toronto	加拿大
		奥沙华 Oshawa	加拿大
		旺市 Vaughan	加拿大
		列治文山 Richmond Hill	加拿大
		伯灵顿 Burlington	加拿大
		万锦市 Markham	加拿大
		宾顿 Brampton	加拿大
		密西沙加 Mississauga	加拿大
		奥克维尔 Oakville	加拿大

序号	城市（都市圈）	行政区划城市	国家
10	巴黎 Paris MA	巴黎 Paris	法国
		赛尔吉 Cergy	法国
		蓬图瓦兹 Pontoise	法国
		伊夫林省圣康坦 Saint-Quentin-en-Yvelines	法国
		布洛涅-比扬古 Boulogne-Billancourt	法国
11	伦敦 London MA	伦敦 London	英国
		沃特福德 Watford	英国
		克罗伊登 Croydon	英国
		恩菲尔德镇 Enfield Town	英国
12	柏林 Berlin MA	柏林 Berlin	德国
		波茨坦 Potsdam	德国
13	斯德哥尔摩 Stockholm	斯德哥尔摩 Stockholm	瑞典
14	特拉维夫 Tel Aviv	特拉维夫 Tel Aviv	以色列
15	北京 Beijing	北京 Beijing	中国
16	东京 Tokyo MA	东京 Tokyo	日本
		朝霞市 Asaka	日本
		座间市 Zama	日本
		镰仓市 Kamakura	日本
		茅崎市 Chigasaki	日本
		青梅市 Ōme	日本
		日野市 Hino	日本
		厚木市 Atsugi	日本
		藤泽市 Fujisawa	日本
		野田市 Noda	日本
		横须贺市 Yokosuka	日本
		市原市 Ichihara	日本
		柏市 Kashiwa	日本
		千叶县 Chiba	日本
		草加市 Sōka	日本
		埼玉市 Saitama	日本
		越谷市 Koshigaya	日本
		我孙子市 Abiko	日本
		上尾市 Ageoshimo	日本
		所泽市 Tokorozawa	日本
		川崎市 Kawasaki	日本

续表

序号	城市(都市圈)	行政区划城市	国家
16	东京 Tokyo MA	松户市 Matsudo	日本
		成田市 Narita	日本
		东村山市 Higashimurayama	日本
		武藏野市 Musashino	日本
		狭山市 Sayama	日本
		横滨市 Yokohama	日本
		流山市 Nagareyama	日本
		川越市 Kawagoe	日本
		佐仓市 Sakura	日本
		调布市 Chōfu	日本
		町田市 Machida	日本
		川口市 Kawaguchi	日本
		伊势原市 Isehara	日本
		木更津市 Kisarazu	日本
		平冢市 Hiratsuka	日本
		八王子市 Hachiōji	日本
		本町 Honchō	日本
17	上海 Shanghai	上海 Shanghai	中国
18	首尔 Seoul MA	首尔 Seoul	韩国
		乌山 Osan	韩国
		城南市 Seongnam-si	韩国
		九里市 Guri-si	韩国
		高阳市 Goyang-si	韩国
		安山市 Ansan-si	韩国
		水原 Suwon	韩国
		仁川 Incheon	韩国
		华城市 Hwaseong-si	韩国
		富川市 Bucheon-si	韩国
		议政府市 Uijeongbu-si	韩国
		安养市 Anyang-si	韩国
		河南市 Hanam	韩国
19	京都－大阪－神户 Kyoto-Osaka-Kobe	京都 Kyoto	日本
		大阪 Osaka	日本
		神户 Kobe	日本
20	新加坡 Singapore	新加坡 Singapore	新加坡

续表

序号	城市（都市圈）	行政区划城市	国家
21	香港 Hong Kong	香港 Hong Kong	中国
22	深圳 Shenzhen	深圳 Shenzhen	中国
23	班加罗尔 Bengaluru	班加罗尔 Bengaluru	印度
24	悉尼 Sydney	悉尼 Sydney	澳大利亚
25	里昂－格勒诺布尔 Lyon-Grenoble	里昂 Lyon	法国
		格勒诺布尔 Grenoble	法国
26	教堂山－达勒姆－洛丽 Chapel Hill-Durham-Raleigh	教堂山 Chapel Hill	美国
		达勒姆 Durham	美国
		洛丽 Raleigh	美国
27	阿姆斯特丹 Amsterdam MA	阿姆斯特丹 Amsterdam	荷兰
28	慕尼黑 Munich	慕尼黑 Munich	德国
29	赫尔辛基 Helsinki	赫尔辛基 Helsinki	芬兰
30	哥本哈根 Copenhagen	哥本哈根 Copenhagen	丹麦

注：以上都市圈的范围界定与 Nature Index 基本一致。

附录四
数据标准化与计算方法

GIHI 指标体系各项指标数据量纲存在差异，因此需首先对所有指标原始数据进行标准化处理。本报告主要采用 Z-score 方法，公式如下。

$$y_{ij}^s = \frac{x_{ij} - \bar{x_i}}{\text{Std}(x_i)}$$

y_{ij}^s 是 j 城市第 i 个三级指标的 Z-score 标准化的值，x_{ij} 是第 j 个城市第 i 个三级指标的原始数据，$\bar{x_i}$ 是所有城市第 i 个三级指标原始数据的均值，Std (x_i) 是所有城市第 i 个三级指标原始数据的标准差。对所有指标进行以上无量纲处理，处理后的指标数据均值为 0，标准差为 1。

对各三级指标的 Z 值得分按指标权重进行线性加权，可计算出其一级指标 Z 值评分和 GIHI 指数 Z 值评分。由于 Z 值评分存在 0 值和负值，为使最后评分结果更清晰、直观，本报告在 Z 值评分基础上利用 min-max 归一化，使被评估城市评分映射在 [0，1] 区间：

$$Y_{aj}^n = \frac{X_{aj} - X_{\min}}{X_{\max} - X_{\min}}$$

Y_{aj}^n 是 j 城市第 a 个一级指标 Z 值得分进行 min-max 归一化的值，X_{aj} 是 j 城市第 a 个一级指标得分的 Z 值得分，$X_{\min}$ 是所有城市第 a 个一级指标 Z 值得分的最小值，$X_{\max}$ 是所有城市第 a 个一级指标 Z 值得分的最大值。

在此基础上，本报告将被评估对象的基础得分设置为 60 分，使被评估城市一级指标以及 GIHI 指标综合得分范围为 [60，100]，即排名第一的城市得分为 100 分，排名最后的城市得分为 60 分。

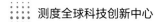

一级指标得分如下公式所示，最终 j 城市 A、B、C 三个一级指标得分分别是 Y_{Aj}、Y_{Bj}、Y_{Cj}。

$$Y_{Aj} = 60 + Y_{Aj}^n \times 40$$
$$Y_{Bj} = 60 + Y_{Bj}^n \times 40$$
$$Y_{Cj} = 60 + Y_{Cj}^n \times 40$$

GIHI 指数综合得分为 Y_j，是 j 城市基于所有三级指标 Z 值加权得分再进行 min-max 归一化并映射到 $[60，100]$ 的结果。Y_j 计算公式如下所示：

$$Y_j^s = \sum_{i=1}^{n} w_i\, y_{ij}^s$$

$$Y_j = 60 + \left(\frac{Y_j^s - Y_{min}}{Y_{max} - Y_{min}} \right) \times 40$$

Y_j^s 是 j 城市三级指标加总的 GIHI 指数 Z 值评分，w_i 是第 i 个三级指标的权重，y_{ij}^s 是 j 城市第 i 个三级指标的 Z-score 标准化的值，$n = 31$，为三级指标的个数，$i = 1$ 表示从第一个三级指标开始计算。

Abstract

The world is now in a critical period of significant changes. Human development is facing major challenges in society, the environment, technology, and in ethics. The rapid development of the digital economy has gradually broken the distribution map of innovative resources; a new wave of technological revolution is reshaping the world economic structure. The global science and technology innovation hubs are the key anchor points for leading global innovation in the great changes of human development.

Since the 18th National Congress of the Communist Party of China, the innovation-driven development strategy has become the main line in China's national development. The fifth plenary session of the 19th Central Committee of the Communist Party of China proposes to build comprehensive national science centers and a regional innovation economy, and plans to establish the Beijing, Shanghai and the Guangdong-Hong Kong-Macao Greater Bay areas into international science and technology innovation hubs. Planning and building innovation hubs are an important measure to effectively respond to changes in the world, and to the pattern of industrial competition. It is also an inevitable requirement for the implementation of the innovation-driven development strategy of the Communist Party in China.

In order to better promote the development of China's innovation hubs and enhance the city's technological innovation capabilities, the Global Innovation Hubs Index (GIHI), developed by the Center for Industrial Development and Environmental Governance at Tsinghua University, with support from Nature Research, will primarily assess a total of 30 cities (metropolitan areas) worldwide in three dimensions: research innovation, innovation economy, and innovation ecosystem.

As the first research report to systematically explain the Global Innovation

Hubs Index（GIHI）, *Mapping Global Science and Technology Innovation Hubs—Matrix*, *Methods and Results* not only presents a global overview of technological innovation center, but also commits itself to developing international urban development and innovation evaluation methods, and research on new trends in international science and technology innovation centers. On this basis, the study further discusses the current situation and strategy of Beijing and other domestic cities to build global science and technology innovation hubs.

The book consists of four parts: general report, indicator construction reports, case study reports and city reports.

The general report introduces GIHI's indicator system, evaluation objects and evaluation results, and presents the innovation performance and ranking of 30 major cities（metropolitan areas）in various dimensions such as research innovation, innovation economy, and innovation ecosystem.

The indicator construction section aims to elaborate the research and ideas of the research team when constructing GIHI-related indexes. In particular, the research team systematically investigated the theoretical basis and measurement methods of index design processes in terms of scientific research capabilities, digital economy and digital governance, and innovation ecosystem; this is in anticipation of providing new methodological guidance for the measurement of urban innovation capabilities.

The case study section focuses on the innovation capabilities of global artificial intelligence city clusters, open access actions in the COVID – 19 epidemic, and uses the construction of the Beijing Innovation Hub as a case to examine the strategic positioning of China's technological innovation.

The city section displays the basic data and various indicator scores of 30 major cities（metropolitan areas）in the form of charts, and observes the strengths and weaknesses of different cities in depth, which provides a detailed reference for researchers and practitioners.

Keywords: Global Innovation Hubs; Innovation Measurement; Innovation Capability

Contents

I General Report

Chapter 1: Global Innovation Hubs Index (GIHI) 2020

GIHI 2020 *Research Group* / 001

Abstract: The Global Innovation Hubs Index (GIHI) aims to set up an index system based on scientific methods and objective data; to reflect the characteristics and development of the laws of science and in technological innovation; to measure innovation capabilities and development potential; and to conduct evaluations accordingly. This process provides an important reference basis and path guidance for China's implementation of the innovation-driven development strategy, and for speeding the establishment of global science and technology innovation centers. GIHI assesses the development level and innovation capabilities of global science and technology innovation centers from three dimensions within the research innovation, innovation economy and innovation ecosystem, and from evaluating 30 cities (metropolitan areas) selected from around the world. The evaluation results show the following features. First, the global innovation cities have varied development paths and positionings; big international metropolises and smaller cities with their distinctive features are complementary to each other in the progress of innovation. Second, major European and American cities (metropolitan areas) hold significant positions in the global innovation network; Beijing has shown strong development momentum in its research innovation and innovation economy, presenting outstanding achievements in scientific research institutions and scientific research infrastructure, and remarkable technological innovation capabilities in artificial intelligence field. Third, basic research and technological innovation capacities remain important elements that determine a city or metropolitan area's position in the global innovation network. Fourth, digitalization has accelerated technological innovation and research translation, and the geographic layout of the innovation economy is quietly changing. The rapid progress of the digital economy has highlighted Asian cities' advantages in innovation economy. Fifth, the overall innovation in ecological development of Asian cities is lagging, which contrasts with the outstanding performance of their innovative economy.

Keywords: Technological Innovation; Research Innovation; Innovation Economy; Innovation Ecosystem

II Indicator Construction Reports

Chapter 2: Theoretical Basis and Measurement Model of Innovation Evaluation　　*GIHI* 2020 *Research Group* / 039

Abstract: This chapter researches on the existing innovation system theory and innovation evaluation model on the basis of relevant domestic and foreign literature. This chapter first reviews the evolution of regional innovation system theory and cluster innovation system theory based on the development context of innovation theory; then reviews the input-output model, the innovation chain model and the "Oslo Handbook" innovation measurement model. The research found that: Firstly, the fit between the theory of regional innovation and the measurement model is low; Secondly, the existing innovation measurement model ignores the interaction between the elements and structure of innovation. Through discussion from theory and practice, this chapter provides a foundation for the construction of the Global Innovation Hubs Index (GIHI).

Keywords: Regional Innovation System; Innovation Measurement Model

Abstract: This chapter sorts out the existing index system for evaluating innovation capabilities on a global scale, classifies and summarizes the evaluation objects, and briefly describes the index composition and characteristics of each set of index systems. By horizontally comparing various index systems, analyzing their advantages and shortcomings, it provides reference for the construction of the Global Innovation Hubs Index (GIHI).

Keywords: Innovation Index; Innovation Ability; Innovation Hubs

Abstract: Scientific research is the resource for innovation, and the foundation of a global science and technology innovation center. It provides the necessary support for the development of an innovation economy and the cultivation of innovation ecosystem. In regard to the measurement of the Global Innovation Hubs Index (GIHI) in research innovation, beginning from the two dimensions of scientific research capability and performance, it focuses on the statistics of stock, quality, and emphasizes the key elements with lasting influence. Secondly, centering on the core connotation of the global science and technology innovation center, it focuses on the innovation elements that can promote important scientific innovation and have significant influence, with the characteristics of influence and foresight as the foothold. Finally, the main measurement indicators are introduced and sorted out in order to provide some directions and suggestions for a city's research ability measurement.

Keywords: Research Innovation; Knowledge Creation; Global Innovation Hubs Index (GIHI)

Chapter 5: Measuring the Digital Economy and Digital

Governance-Consensus and Disagreement   *Sun Jun* / 081

Abstract: The digital economy is an increasingly important driving force for global economic growth. The sustainable development of the digital economy requires digital governance. This article summarizes the evaluation methods and results of the government, industry, and academia on the digital economy and governance; trying to systematically present the current overall picture, analyze the consensus and differences, and propose the development path for the evaluation of the digital economy and governance. This paper provides policy recommendations towards fighting for the right to speak in the digital age.

Keywords: Digital Economy; Digital Governance; Indicator System

Chapter 6: Measuring Model and Index Design

in Innovation Ecosystem   *Li Xin, Sun Jun* / 104

Abstract: Innovation ecosystem is the environmental support of global science and technology innovation centers, the key path to improving innovation efficiency, stimulating innovation creativity, and enhancing innovation ability; it is the key variable to attract more and higher-end resource elements. The GIHI index in the measurement of the innovation ecosystem, around the core connotation of science and technology innovation center, combining with the innovation of the existing evaluation research, from the open and cooperation, business support, public services and innovative culture four dimensions of global science and technology innovation center of ecological measure has carried on the beneficial attempt. It is expected to provide data method support and policy decision-making suggestions for urban scientific and technological progress and cultivating innovation ecosystem.

Keywords: Innovation Ecosystem; Innovation Environment; Global Innovation Hubs Index (GIHI)

Ⅲ Case Study Reports

Chapter 7: China's National Strategy and City Positioning
for Building International Science
and Technology Innovation Hubs   *Wang Jiahui* / 123

Abstract: Building international science and technology innovation hubs has become an important component within implementing the innovation-driven development strategy. In recent years, Beijing, Shanghai, and the Guangdong-Hong Kong-Macao Greater Bay Area have played leading roles in the construction process of China's international science and technology innovation hubs. This is based on their unique advantages, and these cities' scientific and technological innovation capabilities have been steadily improved. This report first sorts out the evolution process of China's science and technology policy; secondly, it introduces the regional development strategy and development positioning for cities (metropolitan areas) in the national innovation development strategy, and proposes the development strategy for building national science and technology innovation hubs; the present situation of the international science and technology innovation hubs and policy support systems within Beijing, Shanghai, and the Guangdong-Hong Kong-Macao Greater Bay Area are compared and analyzed, and the strategic positioning, characteristics and development paths of different cities are clarified.

Keywords: Scientific Innovation; Global Innovation Hubs Index (GIHI); Beijing; Shanghai; the Guangdong-Hong Kong-Macao Greater Bay Area

Chapter 8: Analysis of the Strategy and Positioning of Beijing
        in the Construction of International Science
        and Technology Innovation Hubs

Li Fang, Wang Jiahui / 143

Abstract: Under the guidance of the innovation-driven development strategy, Beijing has been given the mission of building an international innovation hub. The transformation from a national science and innovation center to a global science innovation center has become the current main task. This report analyzes the current situation in Beijing based on the evaluation results of the GIHI index. The results show that from the perspective of research innovation, Beijing ranks the 8th; from the perspective of innovation economy, Beijing ranks the 3rd; from the perspective of innovation ecosystem, Beijing ranks the 11th. By benchmarking Beijing with other international scientific and technological innovation cities, the advantages and shortcomings of Beijing in the global innovation net are clarified, providing a reference for the exploration of future development paths.

Keywords: Global Innovation Hubs Index (GIHI); Research Innovation; Innovation Economy; Innovation Ecosystem; Beijing

Chapter 9: Tech Mining to Explore Global Innovation Capacity
        on Artificial Intelligence at Urban Agglomeration Level

Jiang Lidan, Huang Ying and Zou Fan / 159

Abstract: Based on global patent data from the Derwent Innovation patent database, this study introduces Tech Mining to explore the innovation capacity of global representative urban agglomeration on Artificial Intelligence (AI) by introducing three dimensions: quantity indicators represented by the number of patent applications and patent grants, quality indicators represented by the number of oversea patent applications and overall patent citations, and networking indicators represented by joint applications and technology similarities. The study also explores the innovation capability of 34 representative urban agglomerations. It is found that firstly, the urban agglomerations in China are at the forefront of the global AI field in terms of quantitative indicators, and this scale advantage is becoming more and more obvious; Secondly, there is a big gap between the quality of AI technology innovation in Chinese urban agglomerations that in Europe and the United States, especially in the number of oversea patents, which has started to show a "counter-trend decline" trend; Thirdly, China's urban agglomerations maintain a strong and stable technological cooperation, while the intensity of international cooperation lags far behind the United States and Japan, and the advantages of the cooperation network are not very prominent.

Keywords: Technology Mining; Artificial Intelligence (AI); City Cluster; Innovation Capacity

Chapter 10: Explore New Evaluation Indicators and the Path to Improve the Influence of Academic Papers

Sun Xiaopeng / 184

Abstract: This report is based on bibliometrics and uses the Dimensions data platform to construct an evaluation index system for academic output and influence of global science and technology innovation hubs (cities). It uses the TOP 1000 global cities for academic output as a reference system to analyze in detail the performance of TOP 10 cities in terms of global academic output scale and influence. This report focuses on an in-depth analysis of the differences in academic influence from the two dimensions of "open access" and "international cooperation". Finally, it proposes to increase the intensity of investment in young scientists, invest in the construction of large scientific devices, and establish research funds for global support for international cooperation, to push open access to academic achievements, strengthen scientific data governance, and build an open and transparent soft scientific research evaluation system to enhance the city's academic influence.

Keywords: Academic Output; Co-authoring Relationship; Open Access; Influence

Chapter 11: Open Access to Academic Papers: The Collective Action and its Social Impact Assessment During Coronavirus Pandemic

Chen Ling, Sun Jun and Li Xin / 220

Abstract: The outbreak of coronavirus disease within China in 2020 has brought out the collective action of open access to digital resources and has had a broad social impact. Tracking the digital resources of open access during the epidemic period shows that the response subjects are mostly private sectors, and the medical database directly related to the epidemic responds first, followed by more diversified databases. The collective open access of medical databases from different sources under the new crown epidemic situation has formed a complementary effect on knowledge creation, promoted epidemic related medical research, and the wider access to knowledge has also promoted scientific decision-making and epidemic response of public health departments, government decision-making departments and the whole society. It is suggested to make full use of this opportunity, improve the academic evaluation system, increase financial support and other policy measures to promote the process of open access, and jointly build a sustainable open knowledge ecology in China.

Keywords: Open Access; Coronavirus Pandemic; Collective Action; Social Impact

图书在版编目（CIP）数据

测度全球科技创新中心：指标、方法与结果／陈玲，
薛澜主编. －－北京：社会科学文献出版社，2021.4
（全球科技创新中心指数报告丛书）
ISBN 978 - 7 - 5201 - 8171 - 6

Ⅰ.①测… Ⅱ.①陈… ②薛… Ⅲ.①科技中心 - 建
设 - 研究 - 世界 Ⅳ.①G321

中国版本图书馆 CIP 数据核字（2021）第 055040 号

全球科技创新中心指数报告丛书
测度全球科技创新中心
——指标、方法与结果

主　　编／陈　玲　薛　澜
副 主 编／李　芳

出 版 人／王利民
组稿编辑／邓泳红
责任编辑／宋　静

出　　版／社会科学文献出版社·皮书出版分社（010）59367127
　　　　　地址：北京市北三环中路甲 29 号院华龙大厦　邮编：100029
　　　　　网址：www. ssap. com. cn
发　　行／市场营销中心（010）59367081　59367083
印　　装／三河市东方印刷有限公司

规　　格／开本：787mm × 1092mm　1/16
　　　　　印张：19.75　字数：300 千字
版　　次／2021 年 4 月第 1 版　2021 年 4 月第 1 次印刷
书　　号／ISBN 978 - 7 - 5201 - 8171 - 6
定　　价／128.00 元

本书如有印装质量问题，请与读者服务中心（010 - 59367028）联系